유 압 기 계

편집부 편

BM 성안당

도서 A/S 안내

당사에서 발행하는 모든 도서는 독자와 저자 그리고 출판사가 삼위일체가 되어 보다 좋은 책을 만들어 나갑니다.

독자 여러분들의 건설적 충고와 혹시 발견되는 오탈자 또는 편집, 디자인 및 인쇄, 제본 등에 대하여 좋은 의견을 주시면 저자와 협의하여 신속히 수정 보완하여 내용 좋은 책이 되도록 최선을 다하겠습니다.

구입 후 14일 이내에 발견된 부록 등의 파손은 무상 교환해 드립니다.

본서 기획자 e-mail : hck8181@hanmail.net(황철규)

홈페이지 : http://www.cyber.co.kr

전화 : 031)955-0511

수정판 발행에 즈음하여

그간 유압기술이 많이 진보되어 구판의 내용으로는 곤란해진 것 같고 또한 1970년 ISO/TC 131 (유공압기기)이 설치된 이래 국제적으로도 표준화의 작업이 활발히 수행되어 유공압용어·도기호가 대폭 개정되었다. 따라서 새로운 용어·도기호를 전면적으로 채용하고 최근 정착한 유압공학으로서의 기본사항을 새로 소개하여 공학으로서의 체계적인 기술에 유의하였다. 단위도 SI에 익숙하기 전의 준비로서 KS에 의한 중력단위와 SI단위를 병기하였다.

이번 판에서는 몇몇 장에 대해서 다시 쓰거나 삭제, 추가집필을 하였다. 특히 제6장 제어밸브, 제8장 작동유, 제14장 서보밸브회로, 제16장 신뢰성과 수명은 메카트로닉스의 중요한 핵심기술이기 때문에 참신한 내용을 상술하였다. 그리고 이것들이 대학이나 전문대학 학생 및 일반기계기술자용의 참고서나 교과서로서 이용되도록 정리하였다.

본서의 대폭 개정에 있어서 미비한 점이나 오기가 없기를 바라면서 앞으로 더욱 충실한 도서가 되도록 계속 노력하겠다.

머 리 말

처음으로 유압을 다루는 사람에게 이른바 유압기술은 그 카테고리가 막연하여 친숙해지기 어렵다. 그렇지만 유압은 그 본래의 특성에서 공작기계, 산업기계, 토목건설기계, 차량, 선박, 항공기, 미사일 등의 각 방면에 이용되고 있다. 이들 기계의 성능을 향상시켜야 한다는 요구가 유압의 이용에 박차를 가하게되어 유압기술의 진보가 여러 기계에 이용 확대되고 있다. 따라서 유압기술은 일반 기계기술자의 기초기술로서, 이제 누구나 알지 않으면 안될 중요한 요소가 되고 있다. 이와 같은 시기에 이들 기능의 합리적인 표시라든가, 기기의 이용보급을 위해서 전기회로의 기호와 같이 표시기호의 통일도 필요 불가결한 요구사항이 되고 있다.

본서는 1983년 초판발행 이후 독자들로부터 호평을 받아왔으나 그간 유압기술이 많이 진보되어 구판의 내용으로는 곤란해진 것 같고 또한 1970년 ISO/TC 131(유공압기기)이 설치된 이래 국제적으로도 표준화의 작업이 활발히 수행되어 유공압용어·도기호가 대폭 개정되었다. 따라서 새로운 용어·도기호를 전면적으로 채용하고 최근 정착한 유압공학으로서의 기본사항을 새로 소개하여 공학으로서의 체계적기술에 유의하였다. 단위도 SI에 익숙하기 전의 준비로서 KS에 의한 중력단위와 SI단위를 병기하였다.

이번 판에서는 몇몇 장에 대해서 다시 쓰거나 삭제, 추가집필을 하였다. 특히 제6장 제어밸브, 제8장 작동유, 제14장 서보밸브회로, 제16장 신뢰성과 수명은 메카트로닉스의 중요한 핵심기술이기 때문에 참신한 내용을 상술하였다. 그리고 이것들이 대학이나 전문대학 학생 및 일반기계기술자용의 참고서나 교과서로서 이용되도록 정리하였다.

본서의 대폭 개정에 있어서 미비한 점이나 오기가 없기를 바라면서 앞으로 더욱 충실한 도서가 되도록 계속 노력하겠다.

차 례

제1장 유압기기의 개요

제2장 유압의 기초지식

제3장 유 압 펌 프

제4장 유압액추에이터

부　　록

제 *1* 장

유압기기의 개요

1.1 서   언

유압기술은 액체를 동력전달의 매체로 사용하는 기술이며, 이에 관한 기초가 수력학이나 유체역학 등이다.

동력전달의 매체로서 물을 이용하기 시작한 것은 기원전(BC) 3,000년경 부터이다. 고대 이집트의 농부들은 나일강에서 물을 끌어 올리기 위해서 수차(水車)나 여러가지 양수장치(揚水裝置)를 고안 해 내었다. 이 수차(水車)는 서기 200년 경에 중국에서 시작하여 고려, 일본으로 건너 가서 중세(中世)까지 주요 동력의 하나로 이용 되었다.

로터리

그림 1·1 Ramelli의 로터리 펌프 (1588년)

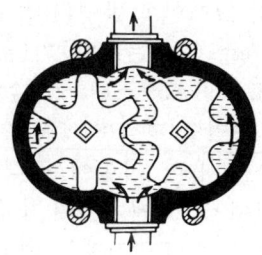

그림 1·2 Serviere의 기어 펌프 (1593 년)

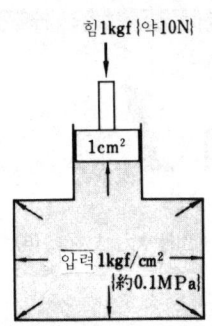

그림 1·3 Serviere의 윙펌프
(1593년 아이디어 발
표, 1800년에 실현화)

그림 1·4 파스칼의 원리(1653년 발표)

　　BC 250년경 그리스의 아르키메데스가 통에 꽉 끼는 나사를 돌
려 물을 끌어내는 펌프를 고안하였다.
　　동력원이나 동력전달기구로서 물을 이용하는 기본적인 구조, 기
능에 대한 새로운 아이디어가 1600년경에 제시되었다. 라멜리(Ra-
melli)의 로터리 펌프(그림 1·1), 세르비에(Serviere)의 기어펌
프(그림 1·2), 윙펌프(그림 1·3) 등이 유명하다.
　　이즈음 파스칼(Pascal)이 정압(靜壓)기계의 기본인 파스칼의 원
리를 1653년에 발견하고 증력(增力)기계(그림 1·4)를 시사(示唆)
했으나 이의 실용화에는 150년이 소요되었다. 영국의 죠셉 브래머
(Joseph Bramah)가 컵패킹을 발명(1795년)하여 간단한 수동펌프
를 이용한 수압프레스를 만들어서 그 실용성을 제시하였다. 이 프
레스는 와트(Watt)가 발명(1765년)한 증기동력으로 구동하는 왕
복펌프와 조립하여 운전되도록 하였다. 암스트롱(W·G·Armstrong)
은 수압 크레인을 발명(1845년)하였고, 비커스·암스트롱社(Vickers
Amstrong Co.)는 축압기(蓄壓器)(1845년), 위트워스는 수압단조
(水壓鍛調) 프레스(1860년)를 개발하였으며 독일의 Max Hasse &
Co.는 수압을 평삭반(平削盤)의 왕복보내기에 이용하는(1882년) 등,
수압을 이용한 기술이 급격히 발달하게 되었다. 그러나 1800년대
중반기에 들어 에너지의 수송과 제어에 많은 장점을 가진 전기기계
의 출현으로 수력기계는 쇠퇴해 버렸다(표 1·1).

표 1·1 유압과 관련기술의 역사

년도	유압의 원리·발명의 명칭(인명)	년도	관련기술의 원리·발명의 명칭(인명)
BC 255	나 사 펌 프 (Archimedes)		
1588	로 터 리 펌 프 (Ramelli)		
1593	윙펌프(Serviere) (아이디어만. 실물은 1800년경)		
1593	기 어 펌 프 (Serviere)		
1653	파스칼의 원리 (Pascal)		
1738	베루누이의 정리 (Bernoulli)		
		1765	蒸気機関 (제임스와트, 영국)
		1763) 1769)	蒸気自動車 (니코라스코오뇨오, 프랑스)
1795	수압프레스 (Joseph Bramah)		
		1820	가스기관 (세실, 영국)
1830	나 사 펌 프 (Revillion)	1831	電磁誘導의 発見 (파라데이, 영국)
		1831	発電機 (지멘스, 독일)
1845	수압크레인 (W.G. Armstrong)	1835	発電機 (토마스·데븐포트.)
1850	蓄圧器 (Vickers Armstrong Co.) 가변토출량 펌프(Hall)	∼ 1900	
		1879	電車 (지멘스, 독일)
		1883	가솔린엔진 (디젤, 독일)
1892	로 터 리 펌프(Wilkin)	1893	디젤엔진 (디젤, 독일)
1900	액셜피스톤 펌프(Thoma)	1900	電気自動車 (보르셰, 독일)
1903	油圧伝動装置 (Williams and Jenney)	1903	飛行機 (라이트형제, 미국)
1907	레이디얼 피스톤펌프·모터 (Dr. Henry S. Hele Shaw)	1903	自動車의 量産化 (헨리포드, 미국)
		1914 ∼ 1918	第一次世界大戦
1925	베인펌프(Harry F. Vickers)		
1936	書籍 『工作機械』(G. Schlesinger 著)	1940 ∼ 1945	第二次世界大戦
1949	書籍 『Oil Hydraulic Power and its Industrial Applications』 (Walter Ernst 著)		
1961	書籍 『油圧機器와 応用回路』(金子敏夫著)		

    1900년대에 와서 좋은 윤활유가 만들어지고 내유성(耐油性) 및 내구성(耐久性)이 우수한 합성고무로 된 시일(seal)의 출현에 의해 물대신 기름을 사용하는 유압기기(油壓機器)가 제작되어 갑자기 그 이용가치가 증대하여 유압기술의 기반이 만들어졌다.

1900년경 독일의 토마교수의 발명에 의한 유압전동장치(油壓電動裝置), 미국 하베이·윌리암(Williams)교수와 쟌네(Jenney)기사 (技師)의 공동설계에 의한 유압전동장치(1903년), 원 스페리 사장 (社長) 비커스(Vickers)에 의한 평형형 베인펌프의 발명(1925년)은 특히 유명한데, 이것들은 그 후 약간의 개량은 있었으나 유압펌프·모터의 기본구조는 변하지 않았다.

이와 같은 각종의 유압펌프·모터도 처음에는 주로 군사용으로 사용되었으며 이미 제1차 세계대전(1914~1918년)에는 군함이나 전차의 포의 구동장치, 항공기의 인입각장치(引込脚裝置) 등에 사용되어 그 성능이 높이 평가되었다. 제2차 세계대전(1940~1945년)에는 각종 병기용으로 고도로 발전하여 오늘의 산업용 유압기술의 기반이 될 수 있었다. 그 후 산업부흥에 따른 설비의 근대화, 자동화에 수반되어 유압동력의 수요가 급속히 증대했으며 특히 근년에는 토목건설 차량, 하역운반 기계, 수지가공 기계, 공업용 로봇, 선박, 항공기 등에서의 응용이 확대되고 있다.

1·2 유압의 원리

그림 1·5에 있어서 수압면적 1cm²의 피스톤을 1kgf{약 10N}의 힘으로 밀폐 용기 내의 작동유를 가압하면 1kgf / cm²{0.1MPa}의 압력을 발생하며 그대로 어느 부분에나 전달된다. 이 원리는 1653년 파스칼이 발견하였기 때문에 「파스칼(Blaise Pascal:1623~1662년)의

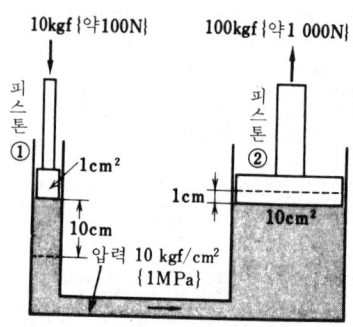

그림 1·5 피스톤면적과 힘의 관계

---

* Blaise Pascal (1623~1662)

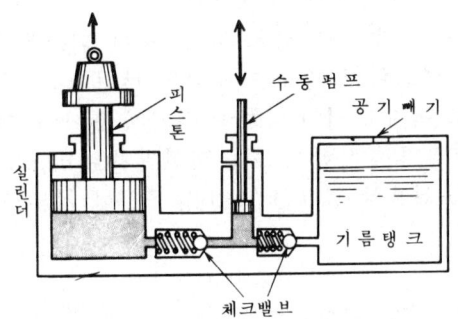

그림 1·6 수동펌프와 실린더의 조합

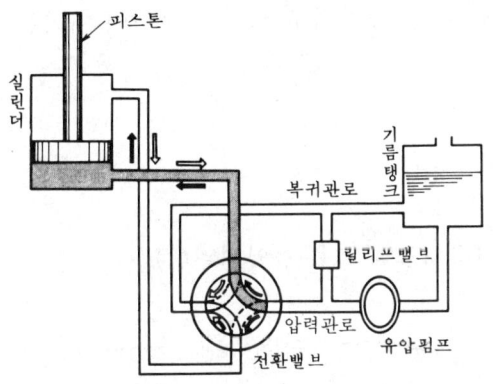

그림 1·7 유압구동의 원리도

원리」라고 한다. 즉 「정지(静止)액체내의 압력은 어느 방향으로나 같은 크기로 작용하며 또 용기의 각 면에 직각으로 작용한다」.

그림 1·5와 같이 크기가 다른 실린더를 배관으로 연결한 경우를 생각해 본다. 수압면적 1㎠의 피스톤 ①을 외부에서 10kgf{약 100N}의 힘으로 밀면 수압면적 10㎠의 피스톤 ②에는 100kgf{1000N}의 힘이 전달된다. 이 경우 피스톤 ①의 이동량은 10㎝인데 비해서 피스톤 ②의 이동량은 1㎝가 된다. 이 원리를 실용화한 것이 유압프레스이다.

그림 1·5와 같이 작은 피스톤을 수동펌프로 대치하면 그림 1·6과 같이 피스톤에 작동유를 계속 송입할 수가 있다. 그러나 이대로는 피스톤을 상승시킨 후 이를 강화시킬 수가 없다.

그림 1·7은 유압펌프에 비해 연속적으로 작동유를 송출하므로 그림 1·6의 체크 밸브는 필요 없다. 또한 피스톤이 상한(上限)에 도달하면 유압펌프의 토출유는 릴리프 밸브에서 기름탱크에 복귀되어 압력관로 내의 압력이 너무 올라가지 않게 하고 있다. 피스톤을 강화시키려면 방향전환 밸브를 점선위치로 바꾸면 된다.

그림 1·7은 실용상 필요한 조건을 구비한 기본적인 유압구동의 원리도이다.

1·3 유압장치의 기본적 구성

실용적인 유압장치를 구성하고 있는 기본적인 기기는 그림 1·8과 같이
① 기름탱크
② 유압펌프
③ 전동기 또는 엔진
④ 제어밸브
⑤ 액추에이터(유압모터 또는 유압실린더)
⑥ 배관류

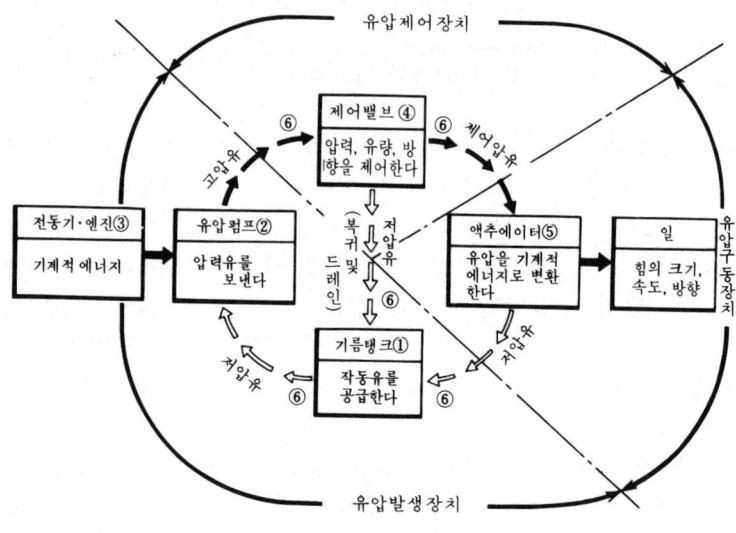

그림 1·8 유압장치의 구성

등이다. 물론 이 밖에 여러가지 목적을 위한 부속기기, 예를 들면 압력계, 축압기, 냉각기, 유압필터 등이 있다.

그림 1·8에서 유압펌프는 전동기 등의 기계적 에너지를 받아 기름탱크의 기름을 흡상하고 이 작동유를 고압으로 연속해서 흐르는 유체에너지로 바꾼다. 이 압력유체에너지를 배관으로 소요 액추에이터에 보내고 여기서 재차 기계적 에너지로 바꾸어 요구하는 일을 시킨다. 이 일에는 목적에 따른 조건, 즉 힘의 세기, 속도 및 방향이 있으며, 이것들을 제어하기 위해 각종 제어밸브가 사용된다. 유압장치에서는 힘의 크기를 압력제어밸브, 속도를 유량제어밸브, 일의 방향을 방향제어밸브로 제어하고 있다.

액추에이터에서 일로 변환된 작동유는 저압유로 되어 배관에 의해 기름탱크로 복귀되고 재차 유압펌프로 송입된다.

1·4 유압기기의 종류

유압기기에는 여러가지의 구조와 기능을 가지고 있는 것이 있는데, 이를 기능이나 용도면에서 대별해 보면 표 1·2와 같다. 이 책에서는 이 분류에 따라 주요 요소에 대해서 설명해 나가기로 한다.

표 1·2 유압기의 분류

유압펌프	회전펌프	기어펌프
		나사펌프
		베인펌프
	피스톤펌프	액셜 피스톤펌프
		레이디얼 피스톤펌프
		직동왕복펌프
(油圧) 액추에이터	유압모터	기어모터
		베인모터
		피스톤모터 → 액셜형 / 레이디얼형
	요동 액추에이터	베인형
		피스톤형
	(유압)실린더	피스톤실린더
		램형실린더
		벨로우즈형 실린더
		다이어프램형 실린더
유압전동장치		가변용량형 펌프와 정용량형 모터
		정용량형 펌프와 가변용량형 모터
		가변용량형 펌프와 가변용량형 모터

〈 유압기기의 분류 〉

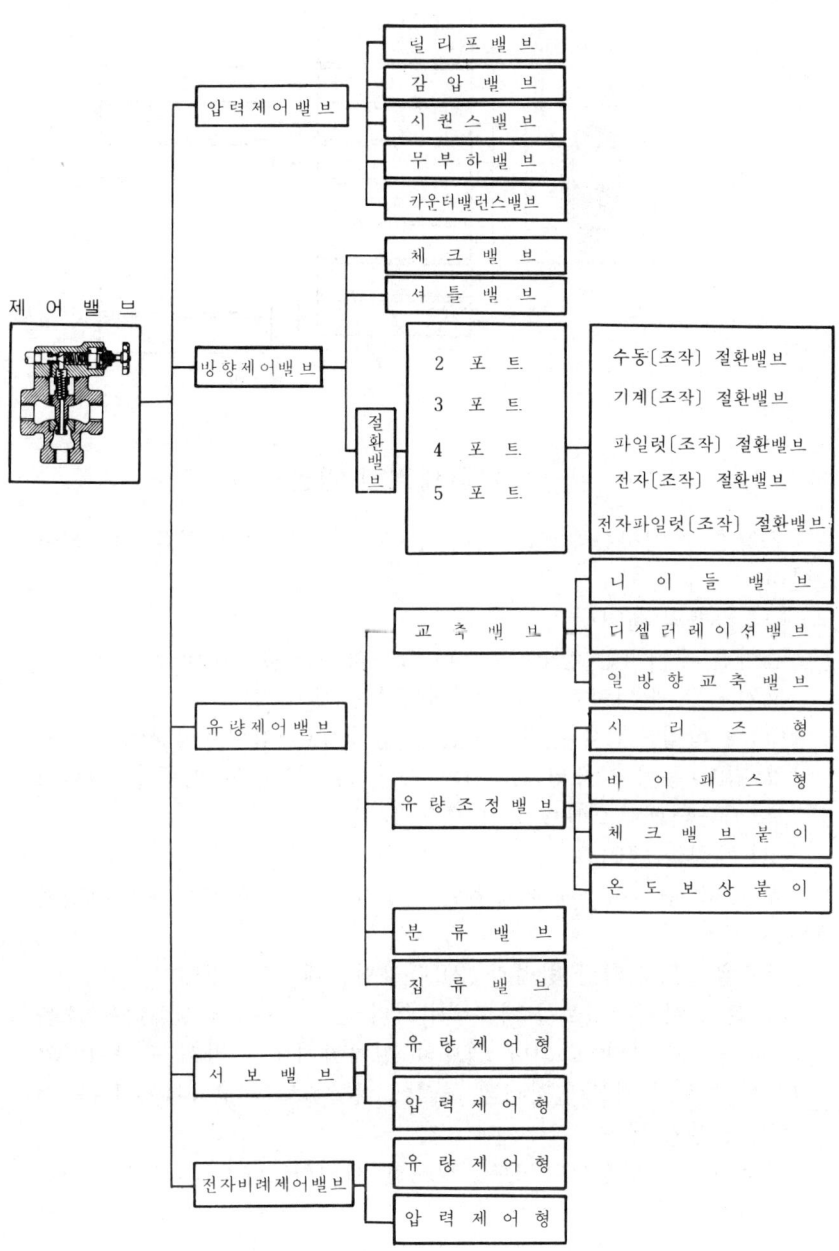

제어밸브

압력제어밸브
- 릴리프밸브
- 감압밸브
- 시퀀스밸브
- 무부하밸브
- 카운터밸런스밸브

방향제어밸브
- 체크밸브
- 셔틀밸브
- 절환밸브
  - 2 포 트
  - 3 포 트
  - 4 포 트
  - 5 포 트
    - 수동[조작] 절환밸브
    - 기계[조작] 절환밸브
    - 파일럿[조작] 절환밸브
    - 전자[조작] 절환밸브
    - 전자파일럿[조작] 절환밸브

유량제어밸브
- 교축밸브
  - 니이들밸브
  - 디셀러레이션밸브
  - 일방향교축밸브
- 유량조정밸브
  - 시 리 즈 형
  - 바 이 패 스 형
  - 체 크 밸 브 붙 이
  - 온 도 보 상 붙 이
- 분류밸브
- 집류밸브

서보밸브
- 유량제어형
- 압력제어형

전자비례제어밸브
- 유량제어형
- 압력제어형

표 1 · 2의 계속

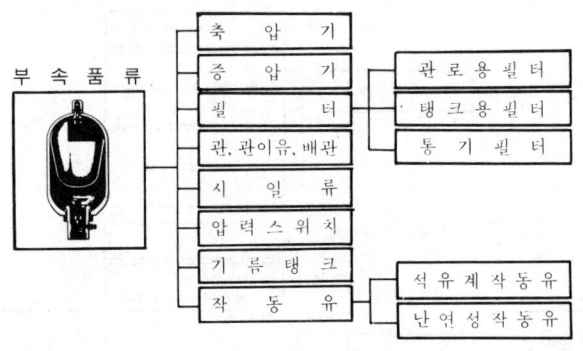

1 · 5 유압제어의 방법

유압을 제어하는데 있어서는 압력, 유량과 그 방향을 제어해야
한다.

[1] 압력의 제어

압력을 제어하는 방법에는 (1) 압력의 크기를 제어하는 것과 (2)
설정된 신호에 의하여 2차압을 제어하는 것이 있다.

(1)의 방법으로서는 릴리프밸브, 감압밸브, 압력보상붙이 가변용
량형 펌프 등이 사용된다. (2)의 방법으로서는 무부하밸브, 시퀀스
밸브, 카운터밸런스밸브 등이 사용된다.

[2] 유량의 제어

유량, 즉 단위시간에 이동하는 작동유의 체적을 제어하는 방법에
는

(1) 밸브류에 의한 방법과 (2) 유압펌프에 의한 방법이 있다.

(1)은 유량제어밸브를 액추에이터의 앞 또는 뒤에 설치하여 흐름
을 교축하고 있다. 그러나 밸브의 설치위치에 따라서 유량제어의
특성이 다르기 때문에 각각의 목적에 적합하도록 정하여야 한다.

[3] 방향의 제어

기름의 흐름방향이나 발진, 정지를 제어하는 수단으로서는 주로
방향제어밸브가 사용된다. 이들의 구조와 기능에는 여러가지가 있
지만 이들 외에 가변용량형펌프를 사용하는 방법도 있다.

이상의 각종 제어기기를 적당히 조합하여 원하는 제어를 할 수 있다. 자세한 것은 제3장~제6장에서 설명한다.

1 · 6 유압화의 효용

여러가지 기계의 대형화, 구동의 정밀화, 자동화에 따라 유압을 이용한 장치가 나와서 이른바 유압화 붐을 이루고 있는데, 왜 유압이 이용되는가, 어떠한 효용이 있는가를 알아보면 다음과 같은 이점(利点)을 들 수 있다.

(1) 작동하는 힘이 강하고 확실하여 전달의 응답이 빠르다.

(2) 소형이고 강력하므로 일반적으로 설계나 구조가 간단하다.

(3) 공기압, 유압 및 전기신호로 자동원격조작이 용이하다.

(4) 회전운동이나 직선운동 모두 광범위한 속도제어와 힘의 제어가 간단하다.

(5) 여러가지 움직임의 동기(同期)나 연속운동이 용이하다. 또한 그 운동이 복잡할수록 그 특징을 발휘한다.

(6) 과부하에 대한 안전장지가 산난하고 확실히 힐 수 있다.

(7) 대단히 큰 힘을 작은 힘으로 제어할 수 있다.

(8) 작동유는 윤활성, 방청성이 우수하기 때문에 가동부의 마모나 마찰손실이 적다.

이상과 같은 특징을 유압 用語로 요약해 보면 다음과 같다.

(1) 압력제어에 의한 힘의 제어가 용이

(2) 유량제어에 의한 속도의 제어가 용이

(3) 방향제어에 의한 운동방향의 전환, 정지가 용이

(4) 축압기를 사용하면 큰 에너지의 축적, 유지가 용이하고 안전장치가 간단.

(5) 증압기를 사용하면 작은 힘으로 큰 힘의 제어가 용이

그러나 유압기기의 바른 선택방법이나 회로의 조합방법에 대한 착오때문에 충분한 성능이 얻어지지 않고, 유압이 고가이고 취급하기 어렵다고 평가하는 일도 있다. 그러나 유압기기는 그 용도나 사용조건에 따라 바르게 사용하면 결코 값이 비싸지도 않고 보다 간결하게 만들수가 있다.

제 2 장

유압의 기초지식

 액체를 사용해서 동력을 전달하거나 힘을 확대하는 기기를 액압 (液壓)기기라고 하며, 액체로서 물을 사용하고 있는 것을 수력기계 라고 하고 작동유를 사용하고 있는 것을 유압기기라고 한다. 물은 부식되기 쉽고 윤활성이 적으며 효율이 나쁘고 기계의 수명을 짧게 하는 등의 결점이 있다. 작동유는 이와 같은 결점이 없으며 고속 · 고압 작동에 대해서도 우수한 성질을 가지고 있다.

 유압의 기본적인 성질은 수력학, 유체역학 등에 설명되어 있지만, 유압기기를 바르게 이해하고 고장이 발생했을 때의 원인조사 등 유체의 성질에 대한 지식이 필요하게 된다. 그러므로 그 주요성질에 대해서 간단히 설명하기로 한다.

2 · 1 유압에 관한 단위

 유압기기나 회로의 설계 또는 성능을 조사하는 경우 길이, 무게, 힘, 토오크, 회전속도, 압력, 유량, 동력 등의 양을 문제로 한다. 이들의 역학적인 문제에서는 기본량으로서 길이, 질량, 시간을 취하고, 이들의 단위를 기본으로 하여 다른 양을 도출한 것을 절대단위라고 한다. 이에 대해서 기본량으로서 길이, 힘, 시간을 취한 단위를 중력 단위 또는 공학단위라고 한다(표 2 · 1).

표 2·1 단위계의 비교

단위계	基本 單位 길이	質量	時間	溫度	力	誘導 單位 (기본단위에 의한 표시) 質量	力	壓力 應力	에너지 일	공율 동력	振動數 周波數	補助 單位 平面角	立體角
SI	m 미터	kg 킬로그램	s 秒	K 켈빈	—	—	N 뉴우톤	Pa 파스칼	J 주울	W 와트	Hz 헤르츠	rad 라디안	sr 스테라디안
MKS	m 미터	kg	s	°C	—	—	m·kg/s²	kg/m·s²	m²·kg/s²	m²·kg/s³	1/s		
CGS	cm 센티미터	g 그램	s 초	°C 도	—	—	dyn / cm·g/s²	dyn/cm²	erg	erg/s	1/s		
重力單位 (工學單位)	m	—	s	°C	kgf 중량킬로그램	kgf·s²/m	—	kgf/cm² kgf/mm²	kW·h m·kgf	PS m·kgf/s	1/s	° ′ ″	
고유명칭을 가지는 SI 단위의 정의							m·kg/s²	N/m²	N·m	J/s	1/s	원주상에서 그 반경의 길이와 같은 길이의 원호를 잘라내는 2개의 반경 간에 포함되는 평면각 (약 57.3°)	구(球)의 중심을 정점으로 하고 그 반경을 1변으로 하는 정사각형과 같은 면적의 면을 밑면으로 하고 구의 표면상에서 구의 표면을 잘라내는 입체각 (약 65°)

---

* SI는 "Le Système International d'Unités" 의 약칭. 영어로는 "The International System of Units".

** 부록 2 SI 단위 및 병용해도 좋은 단위, 부록 1 SI 단위의 환산용표 참조

현재 미터조약 가맹국에서는 길이에 미터(m), 질량에 킬로그램 (kg), 시간에 초(s), 전류에 암페어(A), 열역학 온도에 켈빈(K), 물질량에 몰(mol), 광도에 칸델라(cd)의 7개를 기본단위로 한 국제단위계(SI:Le Systéme International d'Unités. 영어는 The International System of Unites)가 널리 사용되고 있다.

절대단위는 객관성이 있기 때문에 물리학에서 주로 사용되고 있다. 중력단위(공학단위)는 실용상 편리하여 기계공학이나 일반산업계에서 널리 사용되어 왔다. 그러나 중력가속도는 지표상에서도 때와 장소에 따라 상이하여 우주개발이 현실화된 현재, 어떤 물체에 대한 중량과 질량의 수치가 일치하지 않으므로 중력단위의 의의가 저하되었다. 이 책에서는 공업규격에 입각해서 SI단위를 사용하며 { }를 사용해서 SI의 수치를 표시하여 종래 사용되어 오던 중력단위와 병기하기로 한다(부록2 SI 단위 및 병용해도 되는 단위, 부록1 SI 단위의 환산율표 참조).

2 · 2 압력의 정의와 측정

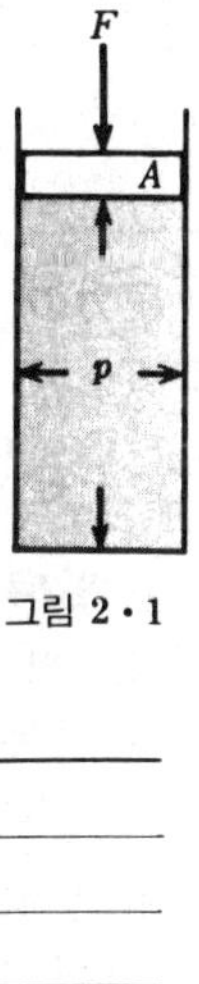

"단위면적당에 작용하는 유체의 힘"을 압력이라고 한다. 그림 2 · 1에서 면적 $A[\text{m}^2]$에 힘 $F[\text{N}]$가 작용하고 있다고 하면 압력 $p[\text{Pa}]$ 는 다음 식으로 된다.

$$p = F/A \qquad\qquad (2 \cdot 1)$$

그림 2 · 1

표 2 · 2 압력환산

단 위 의 명 칭	단 위	환 산
파 스 칼	Pa	$1\ \text{Pa} = 1\ \text{N/m}^2 = 1\ \text{kg/ms}^2$
바 아	bar	$1\ \text{bar} = 0.1\ \text{MPa}$
기 압 (標準気圧)	atm	$1\ \text{atm} = 101\ 325\ \text{Pa}$
단위면적당 중량킬로그램 (공 학 기 압)	kgf/m² (at)	$1\ \text{at} = 1\ \text{kgf/cm}^2 = 98\ 066.5\ \text{Pa} \fallingdotseq 0.1\ \text{MPa}$
水柱미터	mH₂O mAq	$1\ \text{mH}_2\text{O} = 9\ 806.65\ \text{Pa}$
水銀柱미터	mHg	$1\ \text{mHg} = \dfrac{1}{0.76}\ \text{atm}$
토 르	Torr	$1\ \text{Torr} = 1\ \text{mmHg}$

압력의 SI단위는 파스칼(Pa)이며, 종래에 사용되어 오던 압력의 단위 kgf / cm², bar, 표준기압, 공학기압 등의 관계를 표 2·2에 나타낸다.

압력에는 게이지압력과 절대압력이 있다. 그림 2·2와 같이 절대압력은 완전진공을 0으로 한 압력의 크기를 말하며, 게이지압력은 대기압을 0으로 한 압력의 크기를 말한다. 따라서

게이지 압력=절대압력-대기압　　　　　　　　　　　　　　(2·2)

과 같은 관계가 있다.

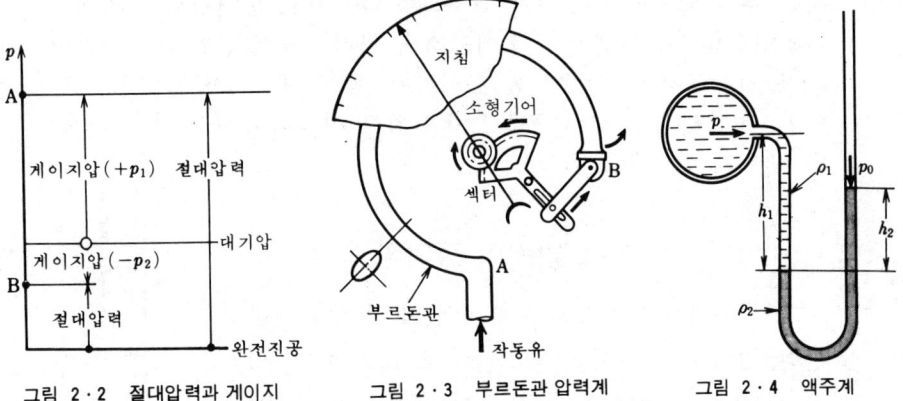

그림 2·2 절대압력과 게이지　　　그림 2·3 부르돈관 압력계　　　그림 2·4 액주계

압력의 측정에는 부르돈관 압력계(그림 2·3)가 사용된다. 이것은 편평한 단면의곡 관내에 유체를 유도하여 그 압력에 비례해서 생기는 곡관 선단의 변위를 확대 지시하는 계기이다.

펌프 흡입압력(펌프 입구압력)과 같이 대기압과의 차가 작은 압력측정에는 액주계(液柱計:마노미터) 등이 사용된다. 그림 2·4에 있어서 압력측정구의 압력 p는

$$p + \rho_1 g h_1 = p_0 + \rho_2 g h_2$$
$$\therefore p = p_0 + \rho_2 g h_2 - \rho_1 g h_1 \qquad\qquad (2\cdot3)$$

여기서　p : 관내의 압력[Pa]
　　　　　p_0 : 대기압[Pa]
　　　　　h_1, h_2 : 액주의 높이[m]
　　　　　ρ_1 : 작동유의 밀도[k g / m³]

ρ_2 : 액체(수은 또는 물)의 밀도$[kg / m^3]$

g : 중력가속도$[m / s^2]$

그리고 시간과 더불어 변동하는 압력측정에는 반도체소자나 저항선 변형계를 응용한 변형압력계가 흔히 사용된다.

2 · 3 압 축 성

작동유는 작은 압력변화에서는 체적이 그리 변화하지 않으나 압력변화가 큰 경우에는 무시할 수 없다. 이 유체에 가하는 압력의 증가분 Δp[Pa]에 대한 체적 V[m³]의 감소분 $-\Delta V/V$를 압축률[Pa^{-1}]이라고 정의하고 있다. 즉 압축률 β[Pa^{-1}]이라는

$$\beta = \lim_{\Delta p \to 0} \left(\frac{-\Delta V/V}{\Delta p} \right) = -\frac{1}{V} \cdot \frac{dV}{dp} \qquad (2 \cdot 4)$$

압축률 β의 역수를 체적 탄성계수라고 하며 K로 표시한다. 체적 탄성계수의 SI 단위는 Pa로서, 압력과 동일한 단위이다. 즉,

$$K = \frac{1}{\beta} = \frac{압력증가량(압력변화)}{체적감소분 / 본래체적(체적변화율)} [Pa] \qquad (2 \cdot 5)$$

표 2 · 3 체적탄성계수표*

	체적탄성계수 kgf/cm² {MPa}		비 고
石油系作動油	$1.39 \sim 1.92 \times 10^4$	$\{1.39 \sim 1.92 \times 10^3\}$	공기를 거의 포함하지 않은 경우 (이하동일)
航空作動油 (MIL H 5606A)	2.0×10^4	$\{2.0 \times 10^3\}$	壓力 40~60 kgf/cm² {4~6 MPa}
水-글리콜	3.45×10^4	$\{3.45 \times 10^3\}$	20°C, 700 kgf/cm² {70 MPa}
W/O 형 에멀션	2.3×10^4	$\{2.3 \times 10^3\}$	〃
인산에스테르	3.0×10^4	$\{3.0 \times 10^4\}$	〃
鋼	2.1×10^6	$\{2.1 \times 10^5\}$	
물	2.10×10^4	$\{2.10 \times 10^3\}$	20°C, 0~500 kgf/cm² {50 MPa}
공 기	1.43	$\{0.143\}$	1 bar 일 때

* 新井澄夫 : 유압작동유, 일간공업신문사, p.75, 78, 79.

일반적으로 석유계 작동유는 비압축성에 가까운 유체로서 취급할 수 있다. 그러나 고압(예컨대 200kgf / cm²{20Mpa})의 경우에는 압축성을 무시할 수 없다.

체적탄성계수에 관한 일례를 표 2·3에 들었다.

2 · 4 흐름에 대한 두가지 특성

[1] 연속의 식

질량불변의 법칙을 작동유의 흐름에 적용한 식으로서, 작동유가 그림 2·5와 같은 유선관로(流線管路)를 흐르는 경우, 임의의 단면적을 A_1, A_2,……, 정상흐름의 평균 유속을 u_1, u_2,……, 유량을 q_V라고 하면

$$A_1u_1 = A_2u_2 = \cdots = q_V = 일정 \tag{2 · 6}$$

이것을 연속의 식이라고 한다.

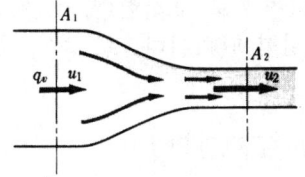

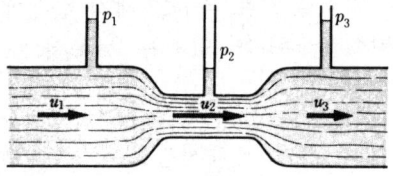

그림 2·5 유선관의 정상흐름   그림 2·6 베르누이의 정리

[2] 베르누이의 정리

점성이 없는 비압축성인 액체가 수평관을 흐르는 경우(그림 2·6) 에너지 보존법칙으로부터 다음 식이 성립된다.

$$\frac{u_1^2}{2} + \frac{P_1}{\rho} + gh_1 = \frac{u_2^2}{2} + \frac{P_2}{\rho} + gh_2$$

$$= 속도수두 + 압력수두 + 높이$$
$$= 일정 \tag{2 · 7}$$

이 식이 제시하는 특성을 베르누이의 정리라고 한다.

여기서 p_1, p_2 : 압력

        h_1, h_2 : 수관의 높이

u_1, u_2 : 유속

ρ : 액체의 밀도

g : 중력가속도

h_1, h_2 : 높이

식(2 · 7)에서 수평관로내에서는 단면적이 작은 곳의 압력은 낮다. 이것은 압력에너지의 일부가 속도에너지로 변하기 때문이다.

제 **3** 장

유압 펌프

3·1 종   류

전동기나 엔진 등과 같은 기계적 에너지를 액체에너지로 변환하는 기기를 펌프라고 하며 유압회로에 사용하는 것을 유압펌프라고 한다. 유압장치는 이 유압펌프에서 토출되는 유량과 압력을 이용하고 있다.

펌프의 형식은 일반적으로 용적식과 비용적식으로 대별된다. 용적식 펌프는 그 구동회전수에 의해 결정되는 토출량이 부하압력에 관계없이 거의 일정한데 비하여 비용적식 펌프는 일정하지 않은 것이다. 이것을 구조 및 기능면으로 분류하면 표 3·1과 같다.

유압장치의 동력원으로서는 용적식 펌프(약칭 펌프)를 사용한다.

3·2 기 본 식

[1] 동 력[kW] {1kW＝1.35962PS＝101.972kgf · m/s}

$$P_p = pq_v [\text{W}] = \frac{pq_v}{735.5} [\text{PS}] \qquad (3 \cdot 1)$$

펌프 동력 $P_p = pq_v$[W]=$\frac{pq_v}{735.5}$[PS]

＝기름에 유효하게 전달되는 마력

표 3 · 1 유압펌프의 분류

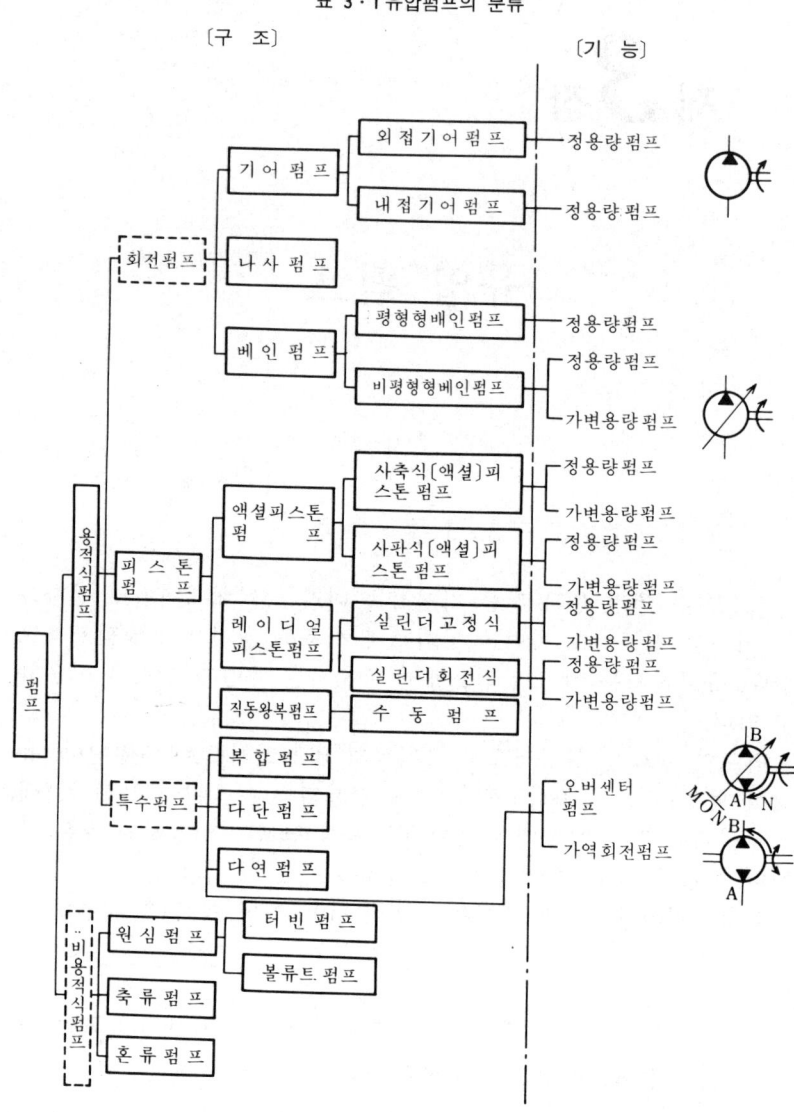

액체동력 $P_h = p_0 q_{vo} [\text{W}] = \dfrac{p_0 q_{vo}}{735.5} [\text{PS}]$ (3 · 2)

   $=$펌프 내부에 손실이 전혀 없을 때의 동력

축 동 력 $P_s = \dfrac{pq_v}{\eta} [\text{W}] = \dfrac{pq_v}{735.5\eta} [\text{PS}]$ (3 · 3)

   $=$펌프축을 구동하는데 요하는 마력

[2] 효 율

용적효율 $\eta_v = \dfrac{q_v}{q_{vo}}$ (3 · 4)

압력효율 $\eta_p = \dfrac{p}{p_0}$ (3 · 5)

기계효율 $\eta_m = \dfrac{P_h}{P_s}$ (3 · 6)

전 효 율 $\eta = \dfrac{P_p}{P_s} = \dfrac{P_p}{P_h} \eta_m = \dfrac{pq_v}{p_0 q_{vo}} \eta_m = \eta_v \eta_p \eta_m$ (3 · 7)

여기서 p_0 :펌프에 손실이 없을 때의 토출압력[kgf / ㎠]{MPa}
   p :실제의 펌프 토출압력[kgf / ㎠]{MPa}
   q_{vo}:이론펌프 토출량[㎤ / s]
   q_v :실제의 펌프 토출량[㎤ / s]
   η:펌프의 전효율

3·3 기어펌프

기어펌프는 2개 이상의 기어가 케이싱 내에서 맞물려 회전하며 기름을 흡입구에서 토출구로 압출하는 형식의 펌프이다.

기어펌프는 구조가 간단하고 값이 싸기때문에 각종 건설차량 등에 널리 사용되고 있다. 이 펌프는 외접 기어펌프와 내접 기어펌프로 대별된다. 또 기어의 종류에 따라 평 기어, 특수 기어 등이 있다.

치형에는 인볼류우트, 사인커어브, 사이클로이드, 트로코이드 등을
사용하여 각각 펌프의 특징을 나타내고 있다.

[1] 외접 기어펌프

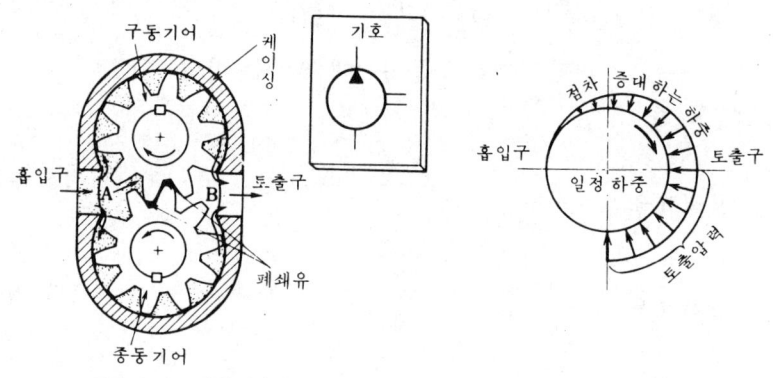

그림 3·1 외접기어펌프의 원리도   그림 3·2 기어펌프의 베어링에
                                              걸리는 하중분포

그림 3·1과 같이 기어가 외접(外接)하여 맞물림을 하고 있는 기
어펌프이다. 펌프축이 돌아가면 흡입구 A로부터 기어홈안으로 흡
입된 기름이 케이싱 내주를 따라 토출측으로 운반되어 기어의 맞
물림에 의해 압출된다. 이 경우 토출측까지 운반된 기름의 일부는
양측 이사이에 폐쇄되어(해칭한 부분) A로 복귀된다. 이 폐쇄현상
이 펌프 토출량을 감소시키고 또한 토출압력의 맥동이나 소음의 원
인이 되고 있다. 이를 제거하는 수단으로는 케이싱측벽이나 측판
의 적당한 곳에 릴리프홈을 만들거나 전위 기어를 사용하는 방법
이 있다.

기어펌프는 역학적으로 비평형이며 토출압력이 고압으로 될수록
베어링 하중이 커져서 그림 3·2와 같이 편하중(偏荷重)이 축과 베어
링에 걸린다. 지금 기어의 외경을 D로 하고 이의 폭을 b, 기름의
압력을 p로 하면 베어링 하중 F는 대략 $F=0.8pDb$가 된다. 토출압
력 p가 높아질수록 F가 커지므로 동일토출량의 펌프라면 기어 외경
D를 작게 하는 것이 좋고 고압 소형화에 따라 기어의 잇수를 감소
시켜 이의 높이를 크게 하고 이의 폭을 넓게 하면 된다. 최근의 기어
펌프에는 잇수가 8~9매 정도의 것이 있으나 잇수가 적으면 토출압

력에 맥동이 생긴다.

[2] 내접 기어펌프

그림 3·3과 같이 기어가 내접(內接)맞물림을 하고 있는 기어펌프이다. 그림은 치형에 트로코이드곡선을 이용한 내접기어펌프(통칭 트로코이드펌프)로서, 잇수가 6매인 외측 기어 A가 잇수 7매인 내측 기어 B와 맞물려 동일방향으로 회전하여 펌프 작용을 하고 있다. 이의 홈 체적은 한쪽의 반주(半周)에서 서서히 증가하고 다른 쪽의 반주에서 감소하므로 로우터 측면에 접하는 케이싱에 설치된 원호상의 흡입구 및 토출구에서 흡입과 토출을 하고 있다. 기어 B 는 기어 A보다 잇수가 1매 많기때문에 두 기어의 상대회전속도비 는 $\frac{1}{4}$이 되며 외접형에 비하여 미끄럼속도가 작아지므로 치형의 마모가 적다. 또 작동유를 채우고 있는 공간 x, y, z 및 z′, y′, x′의 체적 변화가 연속적으로 이루어지므로 소음이 낮아지고 동일토출량의 외접 기어펌프에 비해 소형으로 된다.

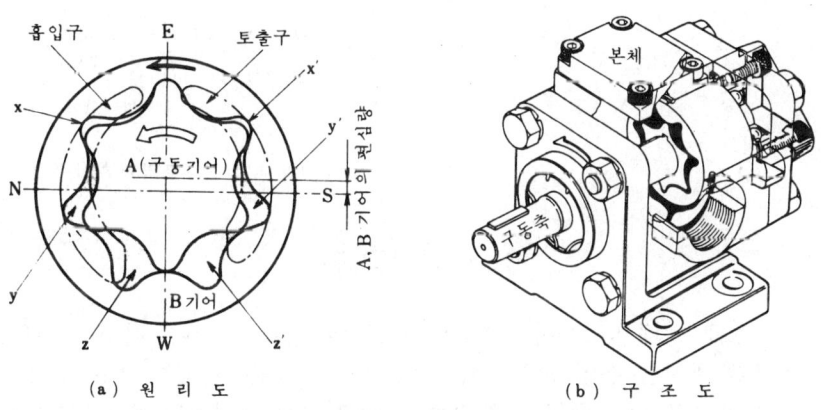

(a) 원 리 도   (b) 구 조 도

그림 3·3 내접기어펌프 (트로코이드 펌프)

3·4 나사 펌프

나사펌프는 외접 기어펌프와 본질적으로는 같은 구조이고 기름 이 회전방향으로 운반된다는 점이 다를 뿐이다(그림 3·4). 토출흐 름은 완전한 연속흐름이기 때문에 진동이나 소음이 적으며 고속운

전을 하여도 정숙하다. 이 것은 대용량의 펌프로서 적합하며 상당
히 낮은 점도에서도 사용할 수 있는 특징을 가지고 있다.

　스웨덴의 IMO사가 개발한 이모점프가 유명하다. 그림 3·5는 나
사펌프의 특성예이다.

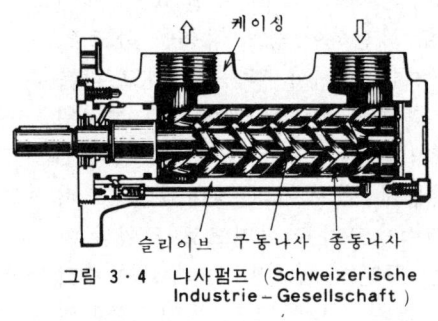

그림 3·4 나사펌프 (Schweizerische
Industrie–Gesellschaft)

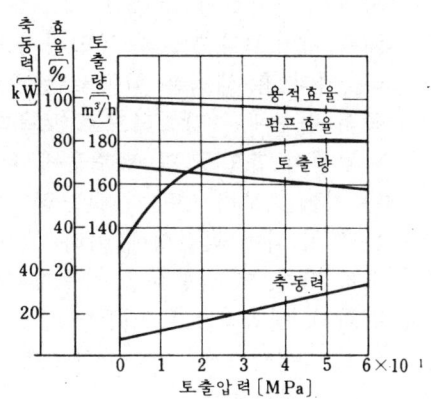

펌 프 정 격 : 160 m³/h, 0.4 MPa
　　　　　　　1 170 rpm, 30 kW
흡 입 압 력 : −0.05 MPa
사 　용 　유 : ＃ 140 터어빈유
점 　　　도 : 62 cSt

그림 3·5 나사펌프의 특성 곡선

3·5 베인펌프

　캠링에 접해 있는 베인(날개)이 로우터내에 있으며, 베인사이에
흡입한 액체를 흡입측에서 토출측으로 압축하는 형식의 펌프를 말
한다. 베인펌프는 표 3·1과 같이 구조면에서 평형형(平衡形)과 비
평형형(非平衡形), 펌프의 기능면에서 정용량형(定容量形)과 가변
용량형(可變容量形)으로 분류된다.

[1] 평형형 베인펌프

　그림 3·6과 같이 로우터에 가해지는 반경방향의 압력이 평형상
태로 되어 있는 베인펌프를 말한다.

　이것은 1925년 Harry F · Vickers씨가 발명한 것으로서, 회전부를
반경방향에 대해 유압적으로 평형시켜서 베어링에 걸리는 하중을

작게 하고 있다. 따라서 내구성이 우수하고 토출압력의 맥동이 작아 베인이 마모되어도 좋으며 구조가 간단하여 소형으로 할 수 있는 등의 잇점이 있다. 토출압력은 보통 70~175kgf / ㎠{7.0~17.5 MPa} 정도이다. 확실하고 정숙한 운전을 할 수가 있어서 산업·차량 등에 다방면으로 사용되고 있다. 특성곡선의 일례를 그림 3·7에 든다.

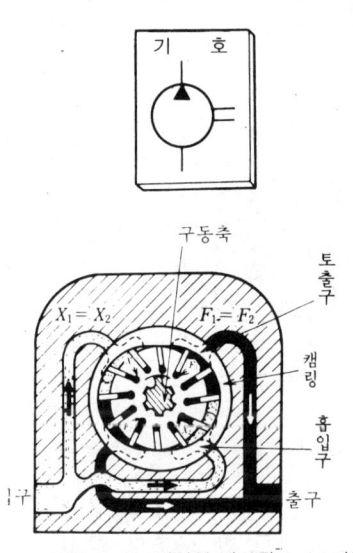

그림 3·6 평형형 베인펌프 (1 단펌프)

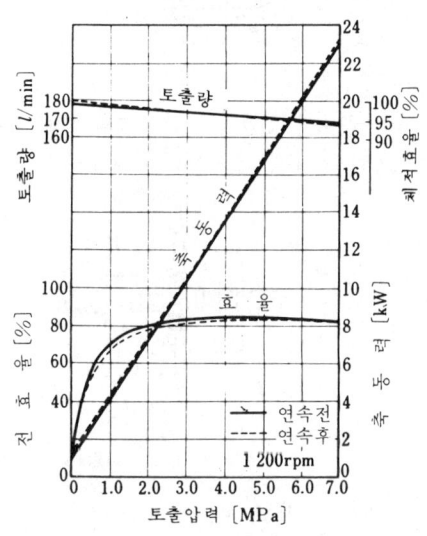

시험조건(70 MPa, 163.39ℓ / min, 1 200 rpm, 유온 50°C)

그림 3·7 평형형 베인펌프의 특성 곡선
(油研工業製品)

다단(多段) 펌프는 2개 이상의 펌프를 직렬로 연결하고 1단째의 펌프 토출유를 2단째의 흡입구에 넣어 고압으로해서 다시 3단째의 펌프에 넣어 고압으로 하여 토출하는 펌프를 말한다.

그림 3·8은 2단 베인펌프의 예인데, 압력분배밸브가 두개의 펌프가 받는 부하를 균등하게 하는 역할을 하며 210kgf / ㎠{21MPa}까지의 고압을 발생시킬 수가 있다.

다연(多連) 펌프는 2개 이상의 펌프를 동일축으로 구동하는데, 각각이 독립된 펌프 작용을 하는 형식의 것이다. 그림 3·9는 2연 베인펌프의 예이다.

복합펌프는 2개 이상의 펌프를 동일축으로 구동하며 부하의 상태에 따라 펌프의 운전을 상호 관련시켜서 제어하고 있는 펌프이다.

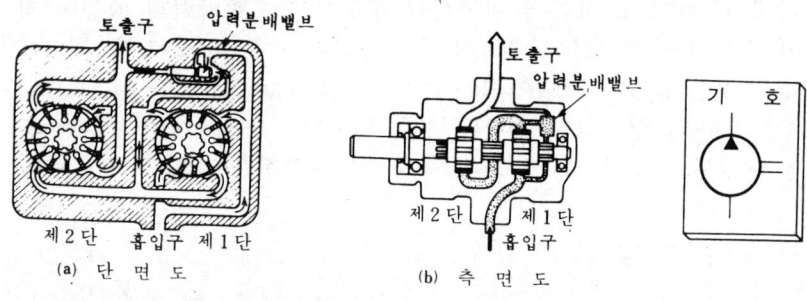

그림 3·8   2단 베인펌프

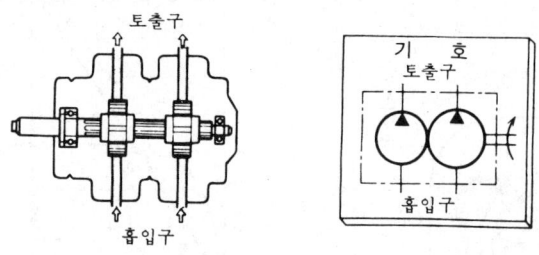

그림 3·9   2연 베인펌프

그림 3·10은 이 일례로서, 저압대용량 펌프와 고압소용량 펌프 및 체크밸브, 릴리프밸브, 무부하밸브 등을 일체로 한 구조로 되어

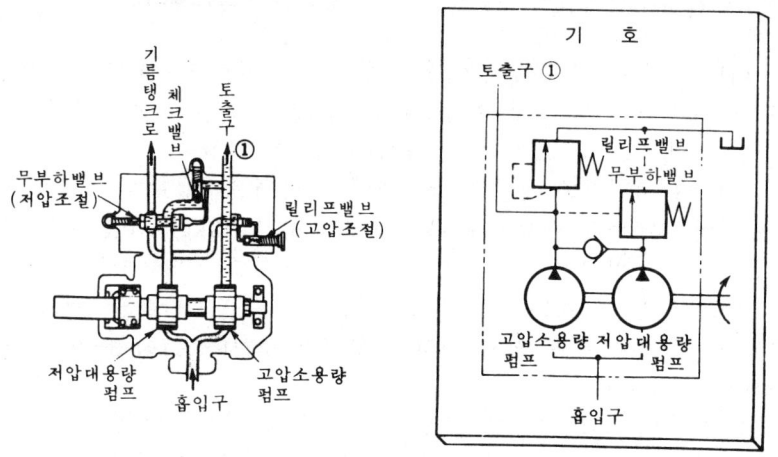

그림 3·10   복합베인펌프

있다.

그림 3 · 10의 복합펌프는 토출압력이 무부하밸브의 설정압력보다 낮은 경우는 2개의 펌프의 토출유는 합류하여 토출구 ①에서 토출된다. 토출압력이 무부하밸브의 설정압력보다 높아지면 대용량 펌프측은 무부하로 되어 소용량 펌프의 토출유만이 토출구 ①에서 토출된다.

이와 같은 펌프는 급속보내기 또는 급속후퇴시키는 자동기, 반자동기나 프레스 등에 많이 사용된다.

[2] 비평형형 베인 펌프(非平衡形 베인 펌프)

이 펌프는 그림 3 · 11에 나타난 바와 같이 원형링과 그것에 대하여 편심(偏心)되어 있는 로우터(rotor;回轉子)로 이루어진 것이다.

로우터에는 홈이 있으며, 원주 방향으로 자유롭게 움직이는 판판한 구형(직사각형)의 베인이 그 속에 들어있다. 로우터를 회전시키면 원심력으로 베인이 캠링(camring)에 밀착(密着)되어 펌프실을 형성한다. 지금 화살표 방향으로 로우터가 회전하면 베인과 캠링 및 로우터로 둘러싸인 부분의 체적이 증감함에 따라 흡입, 토출 작용을 한다. 이 경우 회전축에 대해 큰 편하중(偏荷重)이 걸리기 때문에 축과 베어링은 높은 강도를 필요로 한다. 로우터와 캠링의 편심량을 바꾸면 토출량을 바꿀 수가 있으므로 「가변용량형펌프」(可變容量形펌프-그림 3 · 12)로서 많이 쓰이지만, 「정용량형펌프」(定容量形펌프 · 그림 3 · 11)로서는 거의 사용되지 않고 있다.

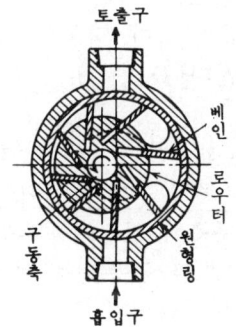

그림 3 · 11 비평형형
베인 펌프
(정용량형)

가변용량형 베인펌프는 그림 3·12와 같은 구조로 되어 있다. 원형 링은 압력보상기구의 압력설정용 스프링에 의해 최대토출량 조정 나사의 선단에 닿을 때까지 눌려 있다. 만일 회로압력이 상승하여 토출측의 압력이 높아지면 캠링은 로우터 중심으로 이동하고 이 압력이 스프링의 설정치에 달하면 토출량이 0에 가깝게 된다. 잉여기름을 릴리프할 필요가 없으므로 릴리프밸브는 필요없고 동력손실이 적으며 유온의 상승도 낮다.

이 펌프는 유압부하를 전부 베어링으로 지지하여야 하는 결점이 있다.

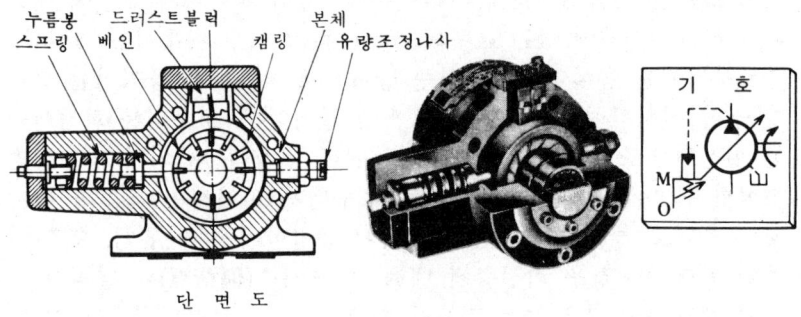

그림 3·12 가변용량 베인 펌프

3·6 피스톤 펌프*

피스톤펌프에는 액셜 피스톤 펌프, 레이디얼 피스톤 펌프와 같은 회전형과 직동왕복형의 두 종류가 있다. 직동왕복펌프는 수동펌프 이외에는 거의 사용되고 있지 않다(표 3·1).

[1] 액셜 피스톤 펌프

그림 3·13과 같이 피스톤을 회전시키는 구동축, 피스톤이 삽입되고 있는 실린더블록 및 실린더블록의 구멍에 붙어서 정지하여 있는 밸브판으로 구성되어 있다. 구동축과 실린더블록축과는 어떤 각도($\theta = 25\sim30°$)를 유지하고 있으므로 구동축을 회전시키면 피스톤과 밸브면과의 사이의 거리 X(즉 실린더에 있어서의 피스톤의 삽입 깊이)는 회전과 동시에 Y, Z로 연속적인 변화를 한다. 회전의 반

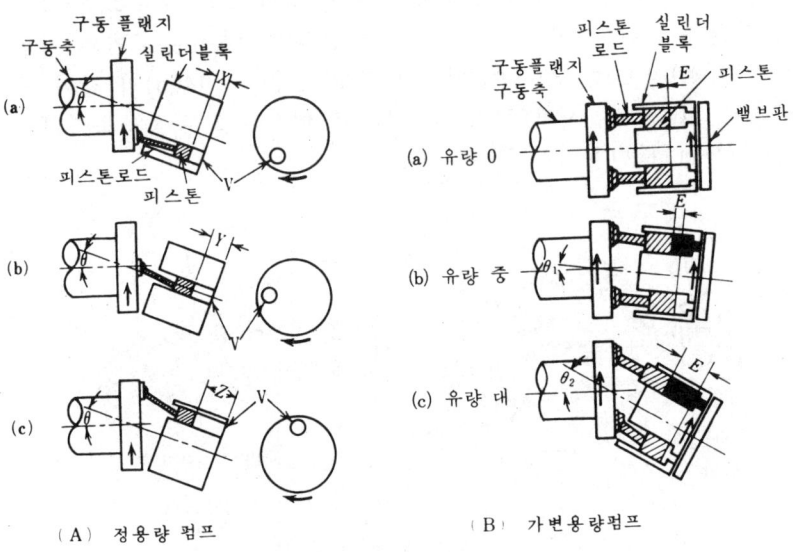

(A) 정용량 펌프   (B) 가변용량펌프

그림 3·13 액셜피스톤 펌프 (사축형)

주기 사이에는 이들 피스톤이 밸브 판면에서 멀어지고, 다음 반수기에는 가까와진다. 피스톤이 멀어지는 동안, 실린더 구멍은 밸브판의 입구 구멍에 연결되고 반대의 경우에는 출구 구멍에 연결되도록 되어 있다. 이와 같이 하여 구동축이 회전하면 기름은 입구쪽 피스톤부(部)로부터 흡입되고, 출구쪽 피스톤부로 토출된다. 이 경우 구동축과 실린더블록축이 이루는 각 θ 가 일정하다면 토출되는 기름량은 일정하게 되므로, 정용량(定容量)형 펌프라 한다. 각 θ 가 달라지면, 피스톤의 행정(行程)도 달라지므로 토출량도 이에 비례하여 달라진다. 이와 같이 각 θ 를 달리할 수 있는 구조로 되어 있는 펌프를 가변용량형(可變容量形) 펌프라고 한다.

∗피스톤은 실린더 속을 왕복 운동하면서 유체압과 힘의 수수를 행하기 위한 기계부품으로, 직경에 의해 길이가 짧은 것.
플런저는, 실린더 속을 왕복 운동하면서 힘의 수수를 행하기 위한 기계부품으로 직경에 비해 길이가 긴 것. 피스톤을 이용한 것을 피스톤 펌프, 플런저를 이용한 것을 플런저 펌프라고 한다. 여기서는 설명의 번잡을 피하기 위해 양자를 간단히 피스톤 펌프라고 불렀다.

액셜 피스톤 펌프 중에서 위에서 말한 바와 같이 구동축과 실린
더 블록축 사이에 어떤 각을 주어 피스톤을 왕복운동시키는 것을
사축(斜軸)식[그림 3·14(a)]이라 하고, 그림 3·14(b)와 같이 구
동축에 기울어진 사판(斜板)에 의하여 피스톤을 왕복운동시키는
것을 사판(斜板)식이라 한다.

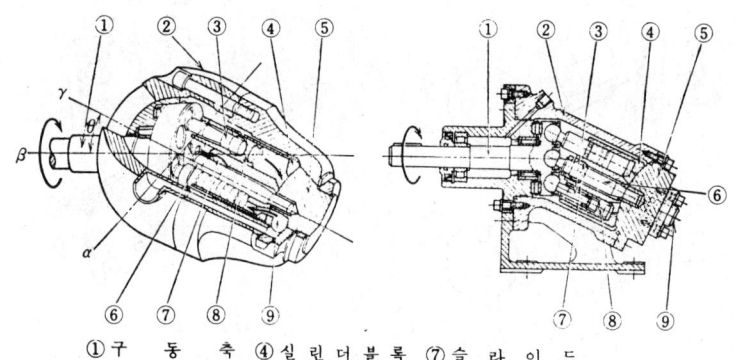

①구 동 축 ④실 린 더 블 록 ⑦슬 라 이 드
②케 이 스 ⑤타이밍플레이트 ⑧피 스 톤 보 올
③피 스 톤 로 드 ⑥서 포 팅 로 드 ⑨기름흡입(배출)구멍
(a) 정용량사축식 (하이드로치탄, 帝人精機)

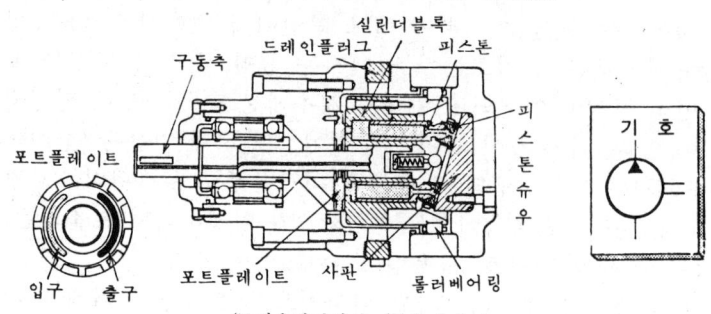

(b)정용량사판식 (日本데니슨)
그림 3·14 액셜피스톤 펌프의 단면도

[2] 레이디얼 피스톤 펌프

레이디얼 피스톤 펌프에는 실린더고정식과 실린더회전식의 두
형식이 있다.

실린더고정식은 그림 3·15(a)와 같이 반지름 R인 원판의 중심
E_1이 고정점 O를 중심으로 하여 반지름 e인 원둘레 위를 일정한 각속
도로 회전할 때 그 편심 캠이 주위에 별(星)모양으로 배치되어 있

는 피스톤을 구동시킴으로써 유압을 토출시킨다. Hele Shaw Pump
는 이 펌프의 대표적인 예이다.

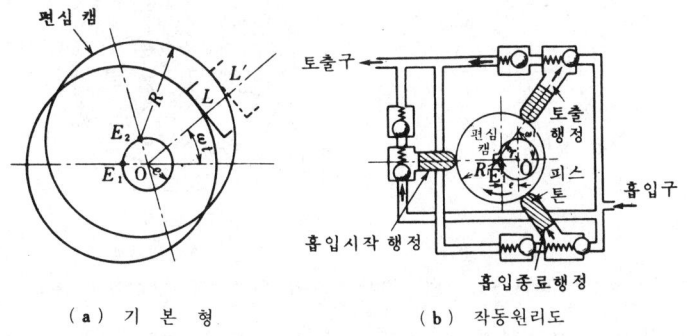

(a) 기 본 형   (b) 작동원리도

그림 3·15 실린더고정식 레이디얼피스톤 펌프의 원리도 (Hele Shaw pump)

그림 3·15(b)는 이 펌프의 작동 원리도이며, 이 그림에서 피스
톤은 구동 편심캠의 중심에 대하여 방사상(보통 5, 7 또는 9개)으로
배열되어 있고, 편심캠에 의하여 구동된다. 각 피스톤의 입구에는
체크밸브가 붙어 있고 피스톤의 흡입, 토출행정에서 기름을 한 방
향으로만 보내고 있다. 그러므로 피스톤은 편심캠에 스프링으로 밀
어 붙이거나, 보조 펌프로 흡입쪽으로 보내고 있는 유압을 이용하
여 편심캠 표면에 밀어 붙이도록 하고 있다. 이대로 하면 정용량의
펌프지만, 캠의 편심량을 바꾸게 되면 토출량을 변화할 수 있다.

실린더회전식은 그림 3·16(a)와 같이 반지름 r인 실린더가 피스
톤을 안고 회전체의 중심 O로부터 e만큼 떨어진 점 O_1을 중심으로
하는 반지름 R인 링의 안쪽을 회전시키고 피스톤에 펌프 작용을 시
킨다.

그림 3·16(b)는 이 펌프의 작동원리를 나타낸 것이며 중앙에 고
정되어 있는 핀틀이 있고 여기에 흡입구와 토출구인 유로(油路)가
있다.

피스톤의 외주에는 다수의 피스톤을 안고 있는 실린더가 있으며,
슬라이드블록이 이들 다수의 피스톤의 외주를 둘러 싸고, 그 안내역
이 되어 그 추력(推力)을 받고 있다. 슬라이드 블록을 왼쪽으로 e만
큼 옮기면 그림 3·16(b)와 같은 상태로 되는데, 그림 아래쪽에서
는 피스톤이 실린더의 외부로 나오는 동작을 하여, 기름이 핀틀(pin-

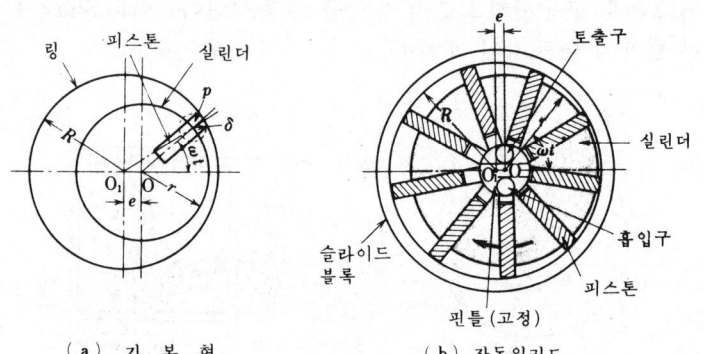

(a) 기 본 형   (b) 작 동 원 리 도

그림 3·16 실린더회전식 레이디얼피스톤 펌프의 원리도 (Oilgear pump)

tle) 내의 흡입구로부터 실린더 속으로 흡입된다. 상반부 사이에서
는 피스톤은 실린더 속으로 밀려 들어가 실린더 속의 기름은 핀틀
위쪽의 포트(port)를 통하여 토출된다. 토출량은 슬라이드 블록의
이동량 e에 비례하므로, 이를 바꿈으로써 토출량을 변화할 수가 있
다. 그리고 슬라이드 블록을 반대 방향(오른쪽)으로 옮기면 실린더
의 회전 방향은 같지만, 흡입과 토출 작용이 상하반대로 되어 토출
기름이 흐르는 방향을 바꿀 수 있다. 슬라이드 블록의 이동을 바꾸
는 방법으로는 수동, 전동기, 압력보상제어, 실린더, 서보제어에 의
한 것 등이 있다.

　[3] 왕복운동 펌프

　이 펌프는 그림 3·17과 같이 왕복 피스톤을 갖고 있는 실린더와
기름 입구와 출구의 체크 밸브로 구성되어 있다. 그림에서 피스톤

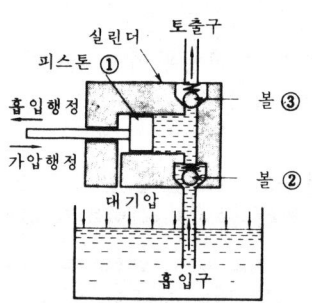

그림 3·17 왕복운동 펌프의 원리도

①이 왼쪽으로 움직이면, 국부가 진공으로 되어 볼②를 들어 올리고 기름을 실린더 안으로 흡입한다. 피스톤 ①이 오른쪽으로 움직이면 볼②는 입구를 막고, 볼③이 밀어 올려져 기름은 출구의 체크 밸브를 통하여 토출된다. 이 펌프는 주로 수동 펌프로서 널리 사용되고 있다.

[4] 피스톤 펌프의 용도

피스톤 펌프는 1,000rpm 이상의 고속회전이나 210kgf / cm²{21MPa} 이상의 고압에서도 우수한 성능을 발휘할 수 있다. 이 펌프와 유압모터를 조합한 이른바 유압전동장치는 유압모터 회전부분의 관성

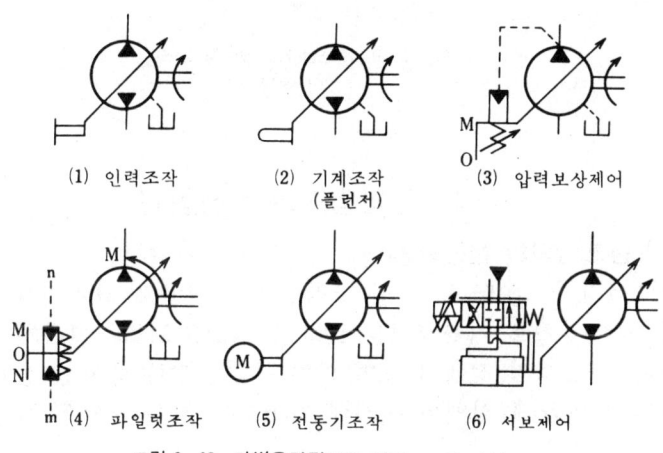

(1) 인력조작   (2) 기계조작 (플런저)   (3) 압력보상제어
(4) 파일럿조작   (5) 전동기조작   (6) 서보제어

그림 3 · 18 가변용량펌프의 제어 · 조작 방식

능률에 대한 출력토오크가 큰 것이 얻어지므로 전기나 공기방식에서 볼 수 없는 고속응답을 시킬 수가 있다(제 5장 참조). 또 가볍고 대출력이 요구되는 항공기나 차량 등에 이 종류의 펌프가 많이 사용되고 있다.

가변용량 피스톤펌프는 그 피스톤행정거리를 바꾸는 수단으로서 그림 3 · 18과 같은 종류가 있으며, 용도에 따라 펌프본체에 부착할 수 있는 구조로 되어 있다. 그림 3 · 19 는 인력조작 가변용량 펌프의 구조도이다.

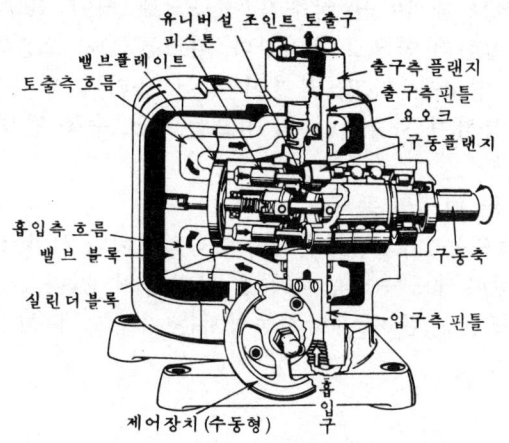

유니버설 조인트 토출구
피스톤
밸브플레이트
토출측흐름
출구측 플랜지
출구측핀틀
요오크
구동플랜지

흡입측 흐름
밸브 블록
구동축
실린더블록
입구측핀틀

제어장치 (수동형)
흡입구

그림 3·19 수동형 가변용량형 펌프
(Vickers Inc. Co.)

3 · 7 유압펌프의 선정방법

[1] 펌프압력의 선정방법

펌프선정에 있어서는 우선 조작압력을 얼마로 하는지가 문제가 된다. 제어장치용 기름압력은 100kgf / ㎠{10 MPa} 이하가 보통일 것이다. 추종성의 점에서 보면 압력은 높을수록 좋지만 반면 다른 문제가 발생한다. 압력의 선정에 있어서는 다음과 같은 사항에 주의하여야 한다.

(1) 압 력:펌프에 의해 일정한 동력을 내는데는 압력을 높게 하면 토출량이 적어도 된다. 따라서 펌프나 유압모터 등을 보다 소형으로 할 수 가 있다.

(2) 누 설:압력이 높아지면 작동유를 가열하는 비율이 커지므로 유온이 상승하여 밸브류나 시일 등으로부터의 누설의 문제가 증가한다.

(3) 안전성:고압으로 되면 인화나 폭발의 위험이 수반된다. 항공기 등에서는 난연성의 작동유를 사용하고 있는 것도 있지만 이것은 석유계의 작동유보다 비싸다.

(4) 크기, 무게:너무 고압으로 하면 밸브류나 유압 액추에이터의

강도를 갖도록 하기 위하여 가볍게 할 수 없게 되어 경량, 소형으로 하는 잇점을 충분히 살리기가 곤란하게 된다. 이 때문에 산업용으로서는 50~100kgf / cm²{5~10MPa} 정도의 압력이 가장 좋다고 한다. 미국 항공기에 채용되고 있는 제식압력(制式壓力)은 210kgf / cm²{ 21 MPa} 인데, 이것은 중량경감을 주로 생각하고 가격을 2차적으로 생각한 경우의 최적압력이다(15 · 4절 참조).

[2] 펌프 토출량의 선정방법

펌프 토출량은 부하의 요구에 따라 정해진 조작부(유압 모우터 또는 유압 실린더)등의 크기와 응답성능에 의하여 정해진다.

[3] 펌프 구동축동력의 결정

펌프 압력과 유효 토출량이 정해지면 펌프 효율로부터 펌프 가동에 필요한 축동력이 구해진다(3 · 2절 참조).

일반적으로 펌프 효율은 작동 압력에 따라서 달라지므로 유압 펌프를 구입할 때에는 효율특성곡선을 확인하는 것이 필요하다.

[4] 펌프의 가열문제

펌프는 그 형식에 따라 발열의 원인이 다르다. 정용량형 펌프는 릴리프 밸브에서 교축되어 기름 탱크로 되돌아가는 양이 많으므로 여기서 일어나는 마찰에 의하여 작동유가 가열되고 펌프에 전달된다. 가변용량형 펌프를 쓰면 열손실을 적게 할 수 있다.

기어 펌프에서는 기름의 폐쇄현상이나 고속 베어링부의 마찰열 등을 생각할 수 있다.

[5] 펌프 형식에 의한 성능의 비교

같은 목적으로 설계된 토출량 약 11l/min의 기어 펌프, 베인 펌프, 피스톤 펌프에 대한 토출 압력과 전효율과의 관계(그림 3 · 20) 및 구동 회전수와 전효율과의 관계(그림 3 · 21)를 비교해 보면, 기어

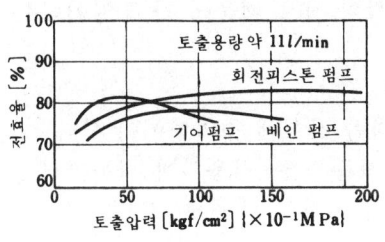

그림 3·20 토출압력과 전효율의 관계

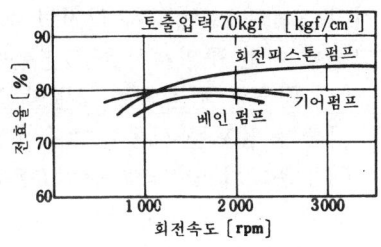

그림 3·21 구동회전수와 전효율과의 관계

펌프는 저압, 저속회전인 경우 즉 작은 동력인 때에는 다른 두 펌프에 비하여 우수한 성능을 갖고 있다는 것을 알 수 있다.

표 3·2 펌프의 특성에서 본 일반적인 사용구분

압 력 [kg/cm²] {MPa}	토 출 용 량 [*l*/min]		
	0~20	20~200	200 이상
0~20 {0~2}	기어펌프 베인펌프 피스톤펌프	베인펌프 나사펌프 기어펌프	나사펌프
20~70 {2~7}	기어펌프 베인펌프 피스톤펌프	베인펌프 피스톤펌프 기어펌프	베인펌프 나사펌프
70~140 {7~14}	베인 2 단펌프 피스톤펌프	베인 2 단펌프 ϯ피스톤펌프	피스톤펌프 베인 2 단펌프
140 이상 {14}	피스톤펌프	피스톤펌프	피스톤펌프

회전 펌프는 고압·고속회전인 경우에 우수하며, 베인 펌프는 이들의 중간적인 성능을 나타내고 있다. 즉 목적에 따라 자신이 사용할 펌프의 형식을 정할 수 있을 것이다. 표 3·2에 펌프의 특성으로 본 일반적인 사용 구분을 설명하여 둔다.

이상과 같이 펌프는 형식에 따라 그 특성이 각각 다르므로 사용목적에 적합한 것을 선정하도록 해야한다.

3·8 펌프 취급상의 주의사항

펌프는 조작 및 보수관리의 주의 사항에 유의하여 운전한다면, 거의 고장은 일어나지 않지만 취급상의 착오 때문에 자주 일어나는 고장에 대한 주의사항을 설명한다.

[1] 펌프를 처음으로 시동할 경우

신품인 펌프를 시동할 경우에는 다음 사항에 주의하여야 한다.

(1) 온도가 낮은 펌프에 고온의 작동유를 사용하여 시동해서는 안된다. 작동유와 유압펌프 본체와의 온도차 때문에 고장을 일으키는 경우가 종종 있다.

(2) 신품인 베인 펌프에는 압력을 걸어 시동하고, 최초 5분정도는 간헐적으로 작동시켜 길들여야 한다.

(3) 시동전에 회전상태를 검사하여 플렉시블 캡링의 회전 방향과 설치 위치를 정확히 해 둔다. 그리고 급유를 필요로 하는 곳에는 주유되어 있는가의 여부를 확인한다.

(4) 릴리프 밸브의 조정 나사의 위치를 바꾸지 않고 운전해 본 다음 릴리프 밸브를 사용하여 최고 압력으로 설정하고 유압 장치의 상태를 조사한다.

(5) 작동유는 적절한 점도로서 맑고 깨끗해야 한다.

[2] 펌프 흡입구에서의 공동현상

유압 펌프의 흡입 저항이 크면 공동현상이 일어나기 쉽다. 이 때문에 펌프의 용적 특성이 영향을 받아 유압 기기가 불규칙적인 작동을 한다. 그리고 공동현상에 의하여 기름이 증발하여 유압 펌프의 가압 행정에서 기름을 급격히 압축하므로 기름의 손상을 빠르게 하거나 고온으로 되어 펌프를 파손시킬 위험이 있다.

이를 방지하기 위하여 다음 사항에 주의하여야 한다.

(1) 기름 탱크내의 기름의 점도는 800cSt$\{8\times10^{-4}\text{m}^2/\text{s}\}$를 넘지 않도록 할 것.

(2) 흡입구 양정은 1m이하로 할 것.

(3) 흡입관의 굵기는 유압 펌프 본체의 연결구의 크기와 같은 것을 사용할 것(흡입 관로가 길어질 경우에는 보다 굵게 한다).

(4) 펌프의 운전 속도는 규정 속도 이상으로 해서는 안된다.

[3] 난연성 작동유를 사용할 경우의 유압펌프

노(爐)에 가까운 곳이나 아주 높은 고온물을 다루는 기계, 이를테면 다이캐스트와 같이 용융금속을 다루는 기계 옆에서 유압장치를 사용하는 경우에는 난연성 작동유를 써야 하며 기름의 누설이나 파손에 의한 기름의 유출에 의하여 화재가 발생하지 않도록 주의하지 않으면 안된다. 고압관로의 파손으로 인하여 나오는 석유계 작동유는 분무상으로 비산하여 폭발할 위험성도 있다.

일반적인 석유계 작동유는 고온(인화점 118℃)에 노출되면 발화한다. 그러나 난연성 작동유는 화염에 닿으면 타지만 그 곳을 통과하면 바로 꺼지므로 석유계 작동유와 같이 연소하지 않는 특징이 있다.

난연성 작동유를 사용하는 유압장치는 특수한 패킹이나 그 외에 고려할 점이 있으므로 보통 작동유를 쓰는 기기보다 값이 비싸다. 더우기 난연성 작동유를 사용하고 있다고 해서 고온물을 다루는 기계 가까이에 유압 장치를 설치하는 것은 삼가하여야 하며 제어장치로서 이들을 어떻게 배치할 것인가를 연구 조사하여야 한다. 난연성 작동유를 사용한 경우에는 작동유로서의 성능은 표준 석유계 작동유를 사용할 때보다 약간 뒤지고 값도 비교적 높지만 인명에 재해를 예방할 수 있는 것이라면 그 비용을 보충하고도 남음이 있을 것이다. 이 때문에 각국의 상업용 제트 항공기기는 모두 난연성 작동유를 사용하도록 규정하는 일반 산업계에서도 유압조작의 안정성을 중요시하게 되었다.

[4] 펌프 운전시의 주의

(a) 매일 점검

(1) 배관의 결합부가 견고하게 연결되어 있는지를 확인할것. 헐거우면 기름 누설이나 시스템 내부에 공기가 들어갈 위험이 있으므로 주의해야 한다.

(2) 기름 탱크속에 이물질이 있는가의 여부를 확인할 것. 만약 작동유가 오염되어 있으면, 다음과 같은 조치를 해야 한다.

우선 펌프와 관로내의 기름을 완전히 빼어 기름 탱크를 깨끗이 하고 먼지나 침전물을 완전히 제거한다. 다음 필터부품 또는 스트레이너를 교환하여 모든 장치를 두 번 이상 깨끗이 작동유로 씻어 내리고 기름을 다 빼낸 다음 새 작동유를 미크론필터나 200메시 (mesh), 또는 이보다 세밀한 망으로 여과시켜 오일 탱크나 펌프에 주유해야 한다.

(3) 작동유 온도나 유면에 대해서는 전술한 점에 주의할 것.

(b) 정기점검

표 3·3에 실린 고장 대책표를 참고하여 정기적으로 펌프의 작동 상태를 조사할 것.

표 3 · 3 유압펌프 고장대책표

고 장	원 인	대 책
펌프가 기름을 토출하지 않음	펌프를 구동하는 원동기의 회전방향이 틀림	파손의 유무를 조사하고, 원동기의 회전을 반대로 한다
	기름 탱크 속의 유면이 낮다	흡입관이 기름 속으로 잠길 때까지 기름을 추가 한다
	기름의 흡입관 또는 스트.레이너가 막히다	스트.레이너를 소제하고 새 기름으로 바꾼다
	흡입관 계통에 공기가 누입된다	공기가 누입된 곳을 조사하여 수리한다
	펌프축의 회전이 너무 느리기 때문에 기름을 흡입하지 않는다	카탈로그에 의하여 최저 회전수 이상으로 한다
	기름의 점도가 너무 높기 때문에 기름을 흡입하지 않는다	지정된 점도의 기름을 사용한다
펌프가 압력을 내지 않음	위의 방법 중에 어떤 이유 때문에 유압이 생기지 않는다	위에 열거한 조치를 순서대로 실시한다
	릴리프 밸브의 설정압이 너무 낮다	압력계를 보면서 릴리프 밸브를 조정한다
	릴리프 밸브가 고정되어 열려있는 상태	밸브 시이트.의 먼지를 제거한다
	유압제어계(실린더, 밸브)에 누출이 있다	각 계통 별로 순차적으로 시험한다
	유압제어계통 속을 흐르는 기름이 자유롭게 기름 탱크에 환류하고 있다	오픈 센터형의 방향전환 밸브가 중앙위치에 있는가를 조사한다
	베인이 로우터의 홈에서 나오지 않는다	로우터의 홈에 이물이 붙어 있나를 조사하고 설명서에 따라 재조립한다
	상부커버(cover) 의 고정이 충분치 않다	재고정시킨다(헤드 보울트를 조이기 전에 설명서를 참조할 것)
	흡입관이나 흡입여과기의 일부가 막힌다	막힌 것을 제거하고, 흡입이 잘되도록 한다
펌프의 소음	펌프의 흡입관의 결합부에서 공기가 누입하고 있다	펌프 작동중 결합부에 기름을 주입하고, 소리가 작게 나게 죠인트.를 더 조인다
	펌프축의 패킹부에서 공기가 누입된다	작동중 소리를 들으면서 축의 주위에 기름을 부어 소리가 작게 나는 부분의 패킹을 갈아 낀다
	펌프의 상부커버(top cover) 의 고정 보울트.가 헐겁다	소음이 멈출 때까지 보울트를 더 조인다.
	펌프축의 센터와 원동기축의 센터가 맞지 않는다	센터를 잘 잡고 재조립한다
	흡입 기름 속에 기포가 있다	환류관로의 파이프가 유면 아래 있는지, 흡입관으로 부터 떨어져 있는지 점검한다
	펌프의 회전이 너무 빠르다	설명서를 보고 최고 회전속도 이하로 한다
	기름의 점도가 너무 높다	지정된 기름을 사용한다
	여과기가 너무 작다	적당한 용량의 것으로 교환한다
펌프밖으로 기름이 샌다	글랜드패킹이 마모되었다	글랜드 패킹을 교환한다
	상부패킹이 파손되었다	설명서에 따라 상부패킹을 교환한다

【문 제】

(1) 기어펌프, 베인펌프 및 피스톤 펌프 가운데서 고압용에 적당한 것은 피스톤펌프이다.

(2) 유압펌프의 전효율 η, 기계효율 η_m, 압력효율 η_p, 용적효율 η_v로 하면, $\eta = \eta_m \cdot \eta_p \cdot \eta_m$이다.

(3) 운전중의 유압펌프 설정압력을 높혔을 때, 토출량이 저하하는 원인은, 펌프구동전동기의 슬립이 주 원인이다.

(4) 사축식 피스톤 펌프의 실린더 블록은 회전하지 않는다.

(5) 피스톤 펌프의 피스톤 갯수가 홀수인 것은 유량이나 토오크의 맥동을 경감하기 위해서이다.

(6) 유압펌프의 축동력은, 압력과 유량의 곱에 비례하나 회전속도와 토오크와의 곱에도 비례한다.

(7) 펌프의 용적효율은 그 이론토출량 q_{vo} 를 실제토출량 q_v로 나눈 값이다.

(8) 피스톤펌프의 토출맥동압력의 기본주파수는 피스톤 갯수와 펌프의 회전수만으로 정한다.

(9) 나사펌프는 일반적으로 다른 펌프에 비하여 소음이 높다.

〔해답〕(1) 옳다 (2) 옳다 (3) 내부간극에서의 새는것이 주원인이다 (4) 회전한다 (5) 옳다 (6) 옳다 (7) 펌프의 용적효율은 q_v/q_{vo} 이다.

(8) 기본주파수 $f = \dfrac{(\text{피스톤개수}) \times (\text{회전수 rpm})}{60}$ 이므로 옳다.

(9) 소음이 낮다

제 4 장

유압액추에이터

4·1 종 류

유압에너지를 이용하여 기계적인 일을 하는 기기를 「유압액추에이터」라고 한다. 유압에너지를 연속회전운동으로 변환하는 액추에이터를 「유압모터」, 직선운동으로 변환하는 기기를 「유압실린더」라 부르고 있다. 유압액추에이터(이하 액추에이터라고 부른다)의 종류로서는 표 4·1에 표시한 바와 같은 것이 있다.

4·2 유압모터

유압모터와 유압펌프와의 관계는 전동기와 발전기와의 관계와 비슷하다. 즉, 유압펌프를 외력(外力)에 의해 구동하면 그 토출구(吐出口)로부터 고압유가 토출되고, 반대로 그 토출구에 고압유를 공급하면 회전력을 얻게되어, 유압모터로서의 작동을 한다. 데니슨제(製) 베인펌프모터(그림 4·4)는 그 대표적인 것으로서, 동일제품으로 펌프나 유압모터에도 사용할 수 있다. 일반적으로 펌프와 유압모터의 구조는 약간 다르다.

표 4 · 1 (유압)

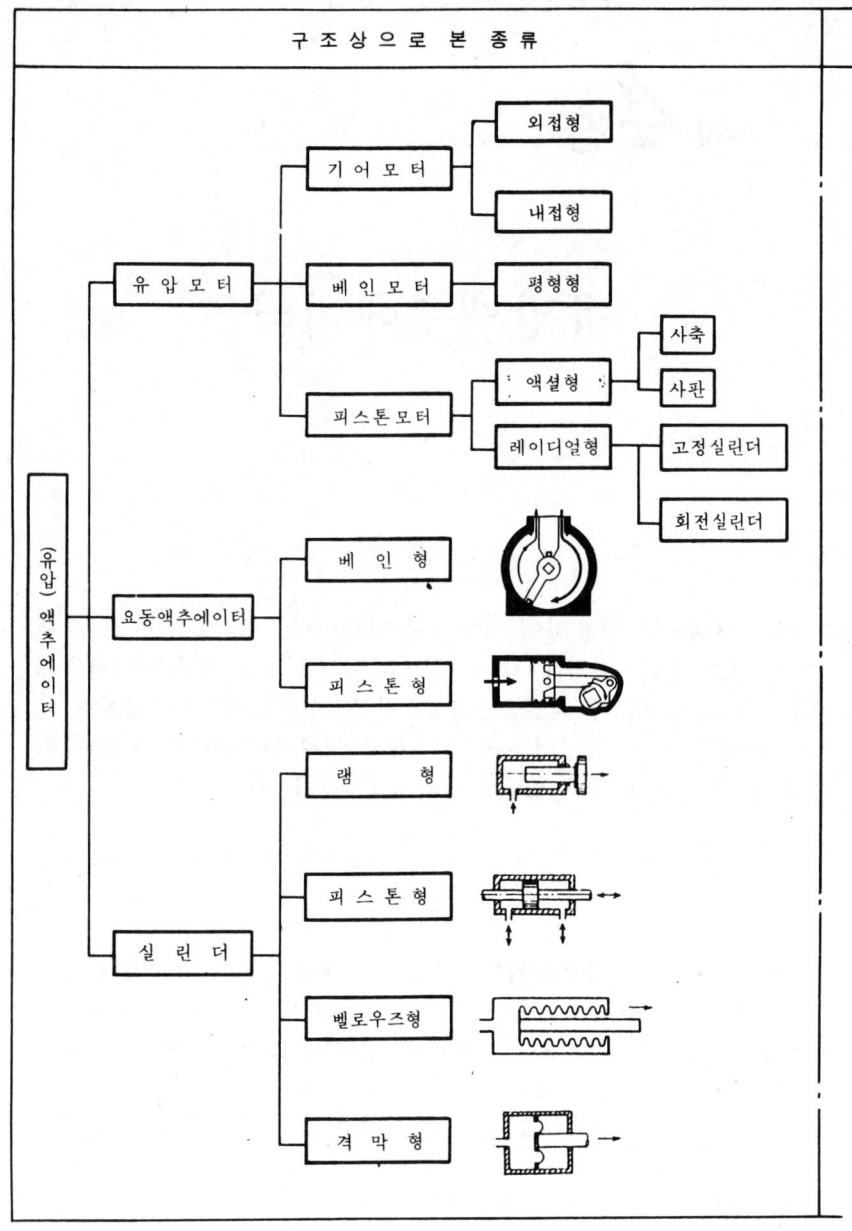

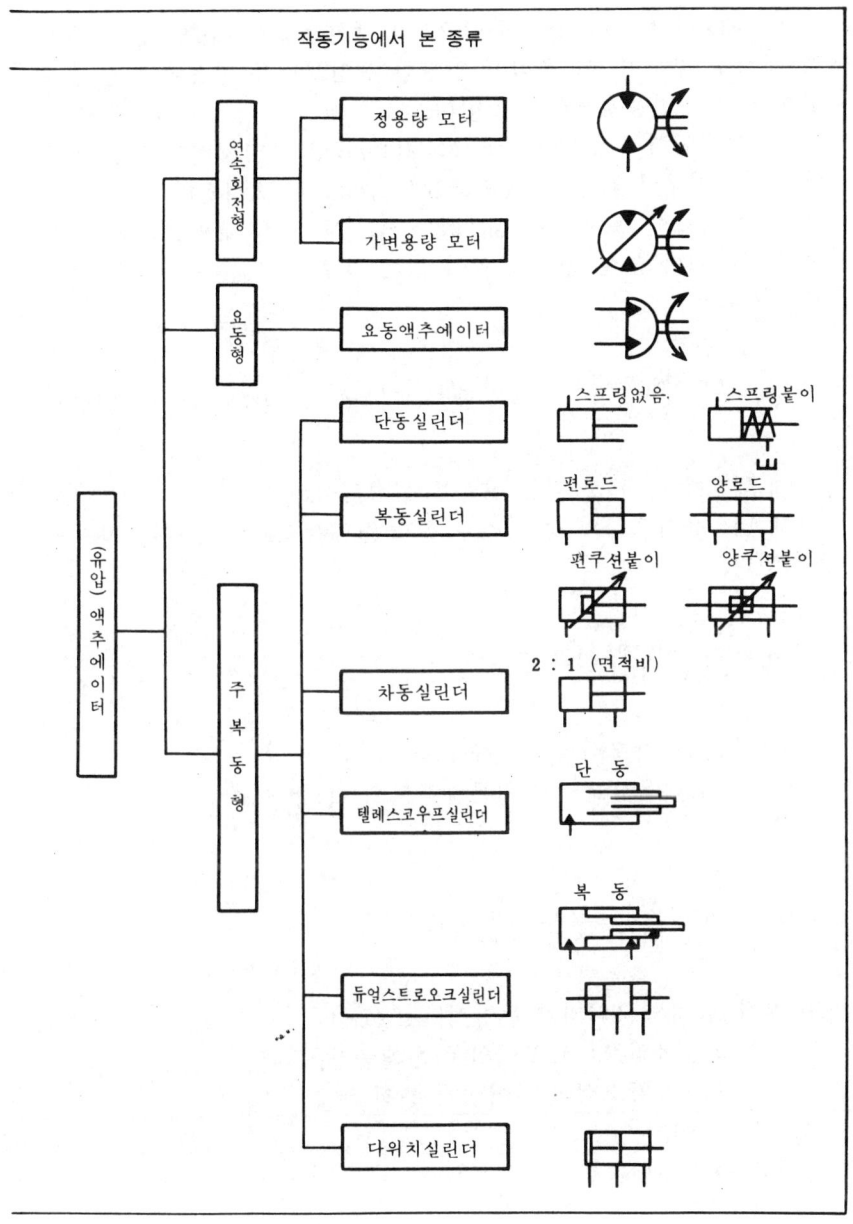

작동기능에서 본 종류

- (유압) 액추에이터
  - 연속회전형
    - 정용량 모터
    - 가변용량 모터
  - 요동형
    - 요동액추에이터
  - 주복동형
    - 단동실린더 — 스프링없음 / 스프링붙이
    - 복동실린더 — 편로드 / 양로드 / 편쿠션붙이 / 양쿠션붙이
    - 차동실린더 — 2 : 1 (면적비)
    - 텔레스코우프실린더 — 단 동 / 복 동
    - 듀얼스트로오크실린더
    - 다위치실린더

[1] 특 성

(a) 배출용적 · $V_{th}[cm^3]$: 유압모터의 1회전당에 배출하는 기하학적 체적을 말하며, 이 용적이 일정한 유압모터를 정용량모터, 변화하는 것을 가변용량모터라고 한다.

(b) 작동압력 · p_m [kgf / cm², {MPa}] : p_m 은 유압모터가 작동할 때의 압력[(입구압력 p_{m1})−(출구압력 p_{m2})]로 표시된다.

(c) 이론출력 토오크 · $T_{mth}[kgf \cdot cm, \{N \cdot m\}]$: 유압모터의 내부에서 마찰이나 누설 등의 손실이 없는 경우의 T_{mth} 는 다음 식으로 표시된다.

$$T_{mth}=\frac{V_{th}(p_{m1}-p_{m2})}{2\pi} = \frac{V_{th}p_m}{2\pi} \quad [kgf \cdot cm \{N \cdot m\}] \qquad (4 \cdot 1)$$

[예 제] 식(4 · 1)로 되는 이유를 설명하라.

[해 답] 유압모터의 동력 P_m 은 효율을 100%로 하면 다음 식으로 표시된다.

$$P_m=\frac{2\pi T_{mth}n_m}{6120\times100} [KW] \qquad (1)$$

여기서 n_m : 유압모터의 회전수[rpm]

T_{mth} : 유압모터의 이론출력토오크[kgf · cm]

또한

$$p_m=\frac{p_m q_{vth}}{612\times100} =\frac{p_m n_m V_{th}}{612\times100} [KW]$$

여기서 p_m : 유압모터의 작동압력[kgf / cm²]

q_{vth} : 유압모터로부터의 이론배출량[l Pm]

V_{th} : 유압모터의 밀어내기 용적[cm³]

식(1), (2)에서

$2\pi T_{mth}=p_m V_{th}$

따라서

$$T_{mth} = \frac{p_m V_{th}}{2\pi}$$

(d) 유압모터의 동력 $p_m[\text{kW, \{kW\}}]$

$$p_m = \frac{2\pi T_m n_m}{6120 \times 100} [\text{kW}]\{\frac{\pi T_m n_m}{30 \times 1000} [\text{kW}]\}$$

$$p_m = \frac{p_m q_{vm}}{612 \times 100} [\text{kW}]\{\frac{p_m q_{vm}}{60} [\text{kW}]\}$$

(e) 각가속도 · $\alpha_m[\text{rad / s}^2]$: 유압모터의 관성 모멘트를 J_m이라고 하면 유압모터의 이론출력 토오크 T_{mth}는 $T_{mth} = \alpha_n J_m$, 따라서,

$$\alpha_m = \frac{T_{mth}}{J_m} \qquad (4 \cdot 4)$$

(f) 정정(整定) 시간

$$\alpha_m t_s = \frac{2\pi n_m}{60} [\text{rad/s}]$$

따라서

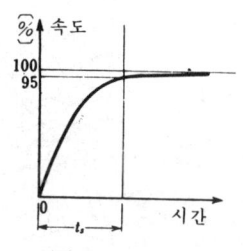

그림 4·1 정정시간 $\qquad (4 \cdot 5)$

$$t_s = \frac{2\pi n_m}{60 \alpha_m} = \frac{2\pi n_m J_m}{60 t_m} [\text{s}]$$

위의식은 모두 효율을 100%로 가정한 계산식이다.

(g) 효율 · 3[%]

체적효율 $\eta_v = \dfrac{q_{vm}}{q_{vth}}$ $\qquad\qquad (4 \cdot 6)$

기계효율 $\eta_m = \dfrac{T_m}{T_{mth}}$ $\qquad\qquad (4 \cdot 7)$

전효율 $\eta = \dfrac{p_s}{p_{th}} = \eta_v \eta_m$ $\qquad\qquad (4 \cdot 8)$

여기서 q_{vm} : 유압모터로부터의 실제배출 유량[cm³ / s]

q_{vth}：유압모터로부터의 이론배출 유량[cm³ / s]

T_m：유압모터의 실제출력토오크[kg・cm] {N・m}

T_{mth}：유압모터의 이론출력토오크[kgf・cm] {N・m}

p_s：유압모터의 축동력[kW]

p_{th}：기름동력

4・3 기어모터

기어모터는 그림 4・2와 같이 두개의 기어가 하나의 케이싱내에서 맞물려서 서로 구동과 종동의 역할을 하면서 회전하고 그 한쪽 축에서 출력토오크를 발생시킨다.

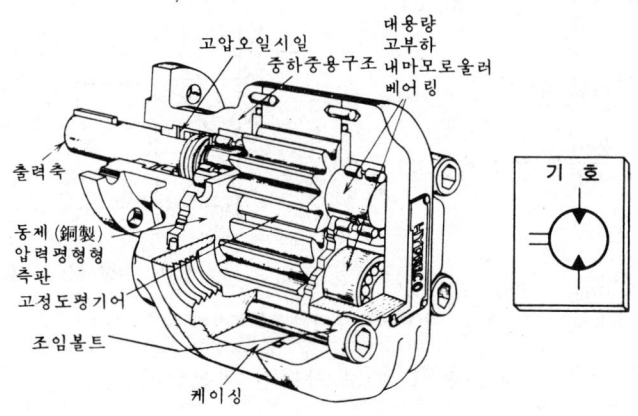

그림 4・2 기어모터 (동지기계)

기어모터 1회전당의 배출량 V_{th}는

$$V_{th} = \pi b(r_1^2 - r_2^2)[\text{cm}^3 / \text{rev}]$$ (4・9)

여기서 r_1：이끝원반지름[cm]

r_2：이뿌리원반지름[cm]

b：치 폭[cm]

회전속도 $n_m = \dfrac{q_m \eta_v}{V_{th}} = \dfrac{\Delta p q_m \eta_v}{2\pi T_m}$ [rev / s] (4・10)

출력축토오크

$$T_m = \Delta p G_c \eta_m = \frac{\Delta p V_{th}}{2\pi} \eta_m = \frac{\Delta pb}{2} (r_1^2 - r_2^2) \eta_m [\text{kgf} \cdot \text{cm}]\{N \cdot m\}$$

(4・11)

여기서 η_m:기계효율, η_v:체적효율

q_m:유압모터에 들어가는 유량[cm³/s]

Δp:기어모터 입구와 출구의 압력차[kgf/cm²] {Pa}

G_c:기하학적 모우멘트$=(b/2)(r_1^2 - r_2^2) = V_{th}/2\pi$[cm³]

이론 토오크의 순간치는 기어가 1회전하는 동안에 잇수와 같은 수만큼 포물선상의 맥동(脈動)을 반복하지만, 그 맥동률은 잇수 14 개에서 약15%, 그리고 잇수가 증가함에 따라 감소된다.

기어모터는 간단한 구조를 하고 있기때문에 값이 싸고, 비교적 일정한 출력토오크가 얻어지며 제어 등에 의해 용이하게 정・역회전을 시킬 수 있으므로 차량, 건설기계 등에 사용되고 있다.

기어모터가 원활하게 구동되는 최저속도는 100rpm 정도이므로 위치결정제어 등에는 적합하지 않다.

4・4 베인모터

[1] 구　조

베인모터의 구조는 그림 4・5와 같이 베인펌프와 거의 같다. 다만 베인펌프는 원심력으로 베인을 캠링에 밀어붙여 펌프실을 형성하고 있지만 베인모터는 압유가 들어가기전에 베인을 어떠한 방법으로든 캠링에 밀어붙여 두어야 한다.

이 기구에는 로킹아암방식(그림 4・3)과 코일스프링방식(그림 4・4) 등이 있다.

[2] 로킹아암형 베인모터

그림 4・3과 같이 크립중심이 핀에 닿는 로킹아암을 사용해서 서로 90° 떨어진 위치에 있는 베인 저면을 기계적으로 밀어올리고 있다. 한쪽의 베인이 캠링면에 의해 로우터홈에 압입되면 다른쪽 베인이 홈에서 압출되도록 작용하여 회전중에도 스프링과 같이 늘어지는 일도 없고 핀을 중심으로 로킹아암으로서의 작용을 한다. 압력판(그림 4・3(b))은 부하의 힘에 따라 로우터 측면의 틈을 자동

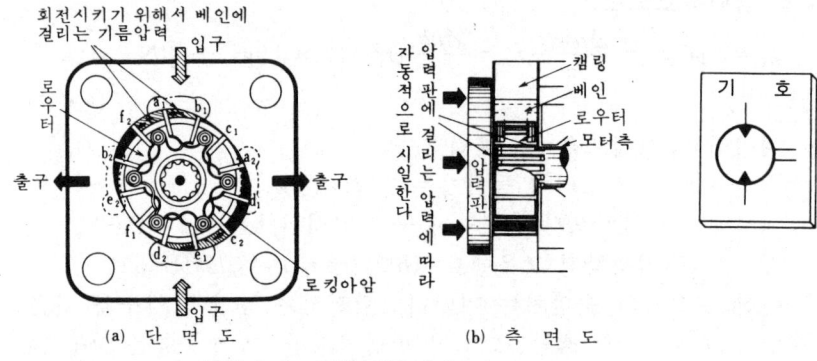

그림 4·3 로킹아암형 베인모터 (동경계기)

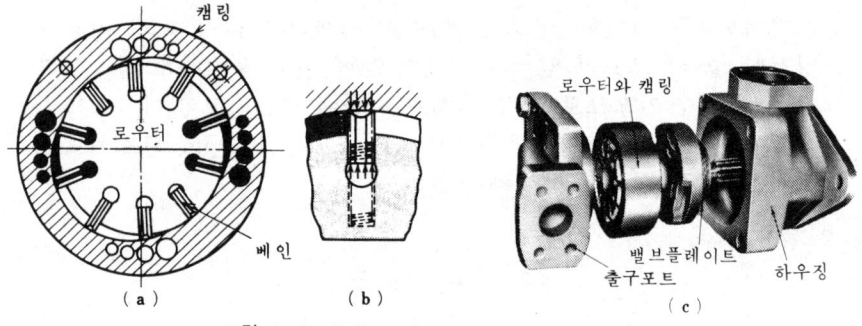

그림 4·4 코일스프링형 베인모터 (Denison제)

적으로 조정, 내부누설의 감소를 도모하고 있다. 로우터 측면으로부터 축을 따라 일어나는 내부누설은 내측 베어링을 윤활하면서 드레인 구멍에서 배출시키도록 하고 있다. 따라서 드레인 배관은 반드시 부착하여야 한다. 이 구멍을 막고 사용하면 유압모터에 손상을 주므로 특히 주의하여야 한다. 베인 모터는 공급압력이 일정할 때는 출력토오크가 일정하며 역회전도 가능한 무단변속기로서 차량, 산업기계 등에 널리 사용되고 있다.

　[3] 취급상의 주의

　(1) 베인모터가 원활하게 작동하는 최저속도는 50rpm정도이다.

　(2) 블록센터형 방향전환밸브로 급정지시키면 모터 유입측에 진공, 유출측에 이상고압을 발생시키므로 브레이크회로를 설치할 것(13·6절 참조)

　(3) 베인모터는 피스톤모터 등에 비해서 내부누설이 많기때문에

완전정지하는데 비교적 장시간이 걸린다. 급정지가 필요없을 때는 오픈센터형 전환밸브를 사용하여 충격을 발생시키지 않는 것이 바람직하다.

4 · 5 피스톤 모터

피스톤 모터에는 일정용량과 가변용량의 액셜형 및 레이디얼형의 형식이 있다. 이것들은 피스톤 펌프와 거의 동일한 구조로 되어 있다.

피스톤 모터는 다른 유압모터에 비하여 효율이 가장 좋고 고압사용이 가능하여 가변용량형을 만들기 쉽다. 또한 저속역(低速域)에서도 원활한 구동이 가능하므로 서보기구에 많이 이용되고 있다.

[1] 액셜 피스톤 모터

액셜 피스톤 모터에는 사축식, 사판식 등이 있다. 이것은 모두 1회전당 배출하는 기하학적 체적이 고정인 것과 가변인 것이 있다. 기능면으로 전자를 정용량형모터, 후자를 가변용량형 모터라고 한다. 유압모터의 기호는 정용량형과 가변용량형의 구별만을 표시하고 있다.

(a) 사축식(액셜형) 피스톤 모터

그림 4 · 5(a)는 사축식(액셜형)유압모터의 원리도이다. 최하위의 피스톤은 밸브판에 가장 가깝고 최상위의 피스톤은 가장 먼 위치에 있다. 지금 그림 우측의 밸브판 슬롯으로부터 실린더내로 기

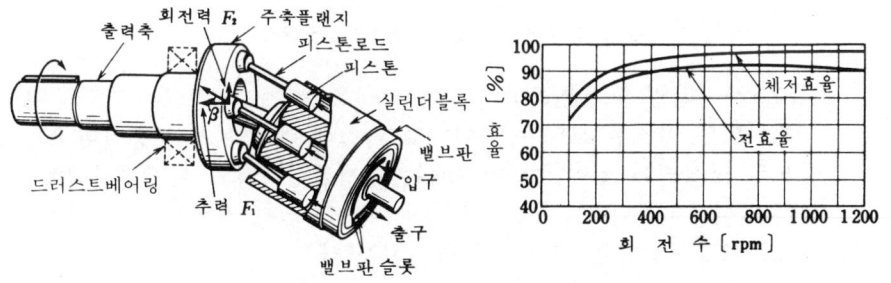

(a) 원 리 도   (b) 특성곡선 (東洋電機 HRMF64形)

그림 4 · 5 사축식 (액셜형) 피스톤 모터

름이 송입되면 피스톤은 밸브판에서 멀어지려고 한다. 이때문에 유압모터의 출력축은 화살표방향으로 회전된다. 유압에 의해 피스톤을 미는 힘은 출력방향의 추력 F_1과 주축플랜지 원주상의 회전력성분 F_2로 나뉘어진다. 전자는 드러스트베어링으로 지지되고 후자의 회전력만이 출력축으로 전해진다. 출력축에 대해 실린더블록의 경사를 바꿈으로써 배출용을 바꾸어 속도를 가변으로 하고 있다. 유압모터의 동력전달효율은 그림 4·5(b)와 같이 대단히 우수하다. 사축식 피스톤 모터의 결점은 다른 형식의 것에 비하여 부품수가 많고 복잡한 기구 때문에 가격이 높아질 수 있다. 이러한 결점을 보완하는 것으로 사판식이 출현하였다.

(b) 사판식(액셜) 피스톤 모터

그림 4·6과 같이 피스톤의 한쪽끝이 사판을 따라서 미끄러지는 간단한 구조를 하고 있기 때문에 제작이 용이하고 강력한 것을 값싸게 만들 수 있는 잇점이 있다. 가변용량형은 사판을 요동시키면 된다. 사판식 피스톤 모터의 사용최고압력은 350kgf/cm² {35MPa} 정도로서 다른 형식에 비해 고압인 것이 특징이다.

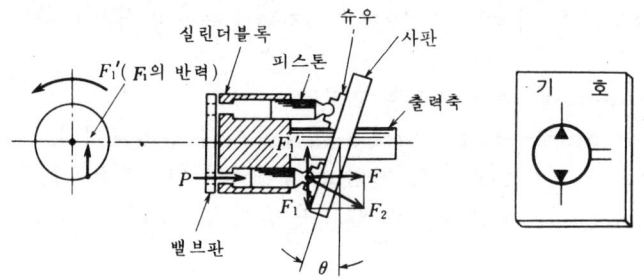

그림 4·6 사판식 (액셜) 피스톤모터의 원리도

[2] 레이디얼 피스톤 모터

레이디얼 피스톤 모터는 레이디얼 피스톤 펌프와 거의 동일한 부품으로 구성되어 있다. 그 형식에는 고정실린더형과 회전실린더형 등이 있다.

(a) 고정실린더형 레이디얼 피스톤 모터

편심축이 있는 원판 캠주위에 방사상으로 피스톤실린더가 배치되며 유압에너지에 의해 펌프작용과 반대로 캠축을 회전시키고 있는 것으로서 헬쇼우형 유압모터라고 알려져 있다. 그림 4·7에 있어서

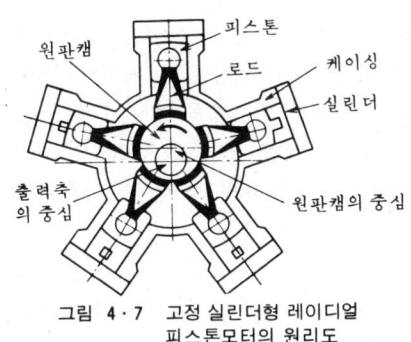

그림 4 · 7   고정 실린더형 레이디얼
피스톤모터의 원리도

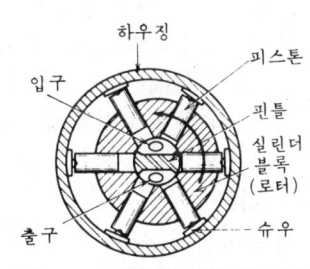

그림 4 · 8   회전 실린더형 레이디얼
피스톤모터의 원리도

주축, 캠, 회전밸브체는 동기회전을 하며 캠의 회전위치에 의해 회전밸브체의 상하에 있는 기름홈이 플런저 油室로 통하는 유로(油路)의 전환을 하고 있다. 기름의 출입구는 유압모터의 회전방향에 따라 전환된다.

(b) 회전실린더형 레이얼 피스톤

그림 4 · 8과 같이 실린더블록이 피스톤을 안은채로 편심된 축주위를 회전할 수 있게 되어 있으며 유압에너지로 피스톤을 왕복운동시켜서 실린더블록을 회전시키고 있다.

4 · 6 요동(搖動) 액추에이터

출력축의 회전운동의 각도가 제한되이 있는 액추에이터를 요동액추에이터라고 한다. 이것들은 상당히 무거운 문(門)의 개폐나 대형 버터플라이밸브의 개폐 등에 있어 링크기구나 감속기구없이 간결하게 큰 회전력을 얻을 수 있기 때문에 많이 사용된다.

요동액추에이터에는 베인형과 피스톤형의 두가지가 있다.

[1] 구   조

베인형 요동액추에이터에는 가동베인을 기본구조로 한 것이 있다.

그림 4 · 9와 같이 원관(円管)의 양단을 밀봉하고 그 반경방향으로 고정시킨 칸막이판과 가동베인이 있으며 이 가동베인의 회전축으로 출력토오크를 얻는 구조로 되어 있다. 그림 4 · 9에서 위쪽의 출입구 1에서 유압유가 유입하면 가동베인이 시계방향으로 회전하며 고정되어 있는 칸막이판 좌측에 있는 출입구 2에서 배출된다. 칸

막이판이 있기때문에 360° 전주회전은 안되지만 두 곳의 기름출입
구에서 교대로 기름을 출입시키면 유압모터와 동일하게 반전운전
을 시킬 수 있다. 구조상 가동베인과 케이싱 및 옆 뚜껑사이에 누설
방지가 어렵다. L형패킹, 컵시일, O링 등 많은 연구를 하고 있는데
누설방지와 회전마찰저항의 증대라는 상관관계의 최적치를 구하여
야 한다.

기본계산식(싱글베인형)

출력축 토오크 $T_m = \Delta p G_c \eta_t [\mathrm{kgf \cdot cm}]\{\mathrm{N \cdot m}\}$　　　　　(4 · 12)

출력축 각속도 $\omega = \dfrac{100q_m}{6G_c} \ \eta_v [\mathrm{rad / s}]$　　　　(4 · 13)

여기서 Δp :가동베인의 입구와 출구의 압력차$[\mathrm{kgf / cm^2}]\{\mathrm{Pa}\}$
　　　　G_c :가동베인의 회전축을 포함하는 단면의 기하학적모멘
　　　　트$= (b/2)(r_1^2 - r_2^2)$
　　　　q_m :요동 액추에이터에 들어가는 유량$[l / \mathrm{min}]$
　　　　b :가동베인의 폭$[\mathrm{cm}]$
　　　　$r_1 - r_2$:가동베인의 길이$[\mathrm{cm}]$
　　　　η_t :토오크효율
　　　　η_v :체적효율

그림 4 · 10은 더블베인형 요동액추에이터의 원리도이다. 이것은
싱글베인형에 비하여 2배의 출력이 얻어지나 회전각도는 작아진다.

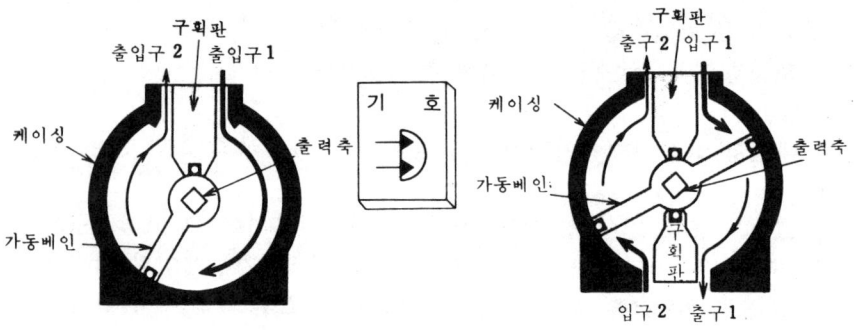

그림 4·9　싱글베인형 요동 액추에이터　　　　그림 4·10　더블베인형 요동 액추에이터

더블베인형은 회전축에 대해 유압적으로 평형되어 있으나 싱글베인형은 평형되어 있지 않으므로 베어링의 내하중량(耐荷重量)을 더 크게 잡아야 한다.

실린더를 기본으로 한 실린더형 요동액추에이터의 구조예를 그림 4·11에 제시해 둔다.

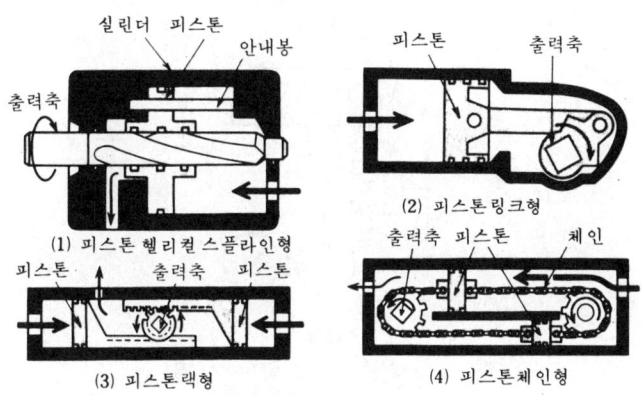

그림 4·11 실린더형 요동 액추에이터

[2] 취급상의 주의

(1) 요동액추에이터의 선정에는 우선 회전각과 작동압력에 있어서의 필요토오크를 결정해야 한다. 이 경우 20% 이상의 여유를 보고 결정하는 것이 수명관계상 좋다.

(2) 회전부분의 질량이나 속도가 작은 경우에는 요동액추에이터 내부의 위치결정 스톱퍼만으로 되지만 이것들이 커지면 사용할 수 없다. 반드시 부하에 대응한 기계적 스톱퍼를 별개로 설치해야 한다.

(3) 속도가 빠르거나 관성이 큰 경우에는 전환시의 충격압이 상당히 커진다. 이와같은 경우에는 그림 4·12와 같이 감도가 좋은 릴리프밸브를 요동액추에이터의 출입구 가까이에 설치하면 좋다.

(4) 설치에 있어서는 센터를 정확히 맞추도록 하여야 한다. 또 토오크가 가해졌을 때 과도한 왜곡이 생기지 않는 부착면이 되도록 하여 둔다. 부착면은 토오크 전달에 충분한 강도와 강성(剛性)이 있어야 한다.

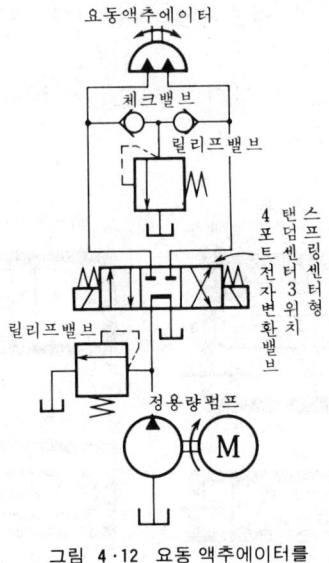

그림 4·12 요동 액추에이터를
사용한 회로

4 · 7 유압모터의 선택방법

유압모터를 사용하는데 있어서는 그 장점과 단점을 잘 알고 사용
목적에 적합한 특성이 있는 것을 선정하여야 한다.

[1] 유압모터의 장점과 단점

유압모터의 일반적인 성질로서의 장점와 단점은 다음과 같다.

【장 점】

(1) 시동, 정지, 역전, 변속, 가속 등의 제어가 간단하다.

(2) 소형, 경량으로 큰 힘을 낸다. 따라서 고속추종성이 좋다. 시
정수(時定數)는 2~6ms 정도이다.

(3) 속도나 방향의 제어가 용이하며 릴리프밸브를 달면 기구적
손상을 주지 않고 급속정지할 수 있다.

(4) 토오크제어가 용이하다(초지기(抄紙機)나 전선의 권선기(卷
線機)에 적용).

(5) 최대출력토오크의 제한이 용이하다(나사고정식 기계에 적용).

(6) 배관만을 사용하면 되므로 내폭성(耐爆性)이 우수하다.

【단 점】

(1) 먼 지:작동유내에 먼지가 침입하지 않도록 주의하여야 한다. 사용도중에 유압모터의 드레인이 많아지는 것은 밸브플레이트 등 회전습동부의 먼지로 인한 손상이 원인인 경우가 많다.

(2) 유온(油溫)관리:작동유의 온도변화에 의해 유압모터의 특성이 변한다. 통상의 사용온도범위는 20~80℃이다.

(3) 인화(引火):작동유는 인화하기 쉬우므로 화재의 우려가 있는 곳에서의 사용은 곤란하다(MILH 5606의 인화점은 약 118℃).

(4) 보수가 복잡:수명은 사용조건에 따라 상이하지만 마모로 인한 기름누설이 특성에 영향을 주므로 지정시간을 사용하면 분해수리(over haul)가 필요하다.

[2] 각종 유압모터의 특성비교와 사용예

유압모터는 종류에 따라 각각의 특징이 있다. 이것들을 비교한 것이 표 4·2이고 각종 유압모터의 응용분야를 표 4·3에 나타낸다.

표 4·2 표준형유압모터의 성능비교

유압모터의 종류 특성		기 어 모 터		베인모터	피스톤모터	
		외 접 형	내 접 형		액 셜 형	레이디얼형
使用壓力〔MPa〕		14~17.5	3.5~14	14~17.5	21~45	14~30
출력속도	최대〔rpm〕	1 200~3 600	150~1 000	1 000~3 600	1 000~4 000	400~1 800
	최소〔rpm〕	150~140	0~10	50~150	1~150	1~150
기 계 효 율〔%〕		80~95	75~90	85~95	90~95	90~95
체 적 효 율〔%〕		80~90	70~90	85~95	93~98	90~98
전 효 율〔%〕		65~90	60~90	75~90	85~95	80~95
비 고		상용압력 압력:4~7〔MPa〕 중고속용 염 가	상용압력 2~7〔MPa〕 저 속 용 염 가	상용압력 5~7〔MPa〕 변속비 소(小) 염 가	상용압력 10~20〔MPa〕 변속비 대(大) 고 가	상용압력 10~20〔MPa〕 변속비 대(大) 고 가

표 4·3 각종 유압모터의 사용예

응용 종류	공 작 기 계	일반산업기계	차 량	선 박	항 공 기
톱니바퀴모터	변속기 이송나사 구동 분할장치의 구동	콘베어의 구동 목공의 작업반 테이블구동 열교환기의 송풍 기 구동	콘크리트 믹서 철도사리의 크리너 하천 굴착기의 콘베어 구동 냉동기 구동	윈치의 구동	
베 인 모 터	할출반의 구동	콘베어 구동 목공의 작업반 테이블 구동	윈치 크레인의 구동 콘크리트 믹서 하천굴착기의 콘베어 구동	윈치·크레인 의 구동	
액셜피스톤모터	변속기 스트립밀의 릴구동 선반, 프라이스, 그라인더의 주축구동	쇄탄기 전선피복장치 전선감기장치 크레인의 구동 압연, 신선, 교반 기, 원심분리기의 구동	기중기의 구동 변속기 관구동 기관차의 구동	윈치구동 양묘기구동 포탑의 구동 양탄기 공장용 크레인	포탑의 구동 발전기의 정 속구동 터빈 엔진의 시동 안테나구동
레 이 디 얼 피스톤모터	변속기 스트립밀의 구동		윈치의 구동 장갑차의 포탑 구동	윈치의 구동	
요동액추에이터	트.랜스퍼머시인	밸브의 개폐		해치커버의 개폐	방풍유리의 와이퍼

4·8 유압모터 취급상의 주의사항

(a) 작동유

작동유 선정의 기준은 유압 펌프와 별차이가 없다. 그러나 유압
원인 펌프와 유압모터가 같은 형식이 아닌 경우 이 기준에 차이가
있으므로 주의하지 않으면 안된다. 보통 유압 펌프에 적당한 작동
유를 우선적으로 채용하는 것이 바람직하다. 내화성 작동유를 사용
하는 경우에는 특히 시일재와 윤활성의 양부에 주의하지 않으면 안
된다. 작동유 속의 먼지는 펌프와 같이 25μ이하의 것을 여과할 수
있는 필터로 여과해야 한다.

(b) 유압력(油壓力), 속도

최고 압력 및 최대 속도는 강도, 성능, 수명의 면에서 정해지고 있
으므로 메이커의 지정을 지키지 않으면 안된다. 또 지정 속도 이하

로는 원활한 작동을 얻을 수 없고 소기의 토오크도 얻지 못하는 경우가 많이 있다.

(c) 드레인 배관

반드시 독립으로 취하고 배압(Back pressure)이 높지 않게 해야 한다.

(d) 부하와의 연결방식

직결의 경우에는 플렉시블 조인트를 사용하고 부하의 회전축의 축심과 모터 축심을 일치시켜야 한다. V벨트 · 체인 · 기어 등으로 증속 또는 감속시킬 때에는 벨트회전차 · 체인휘일 · 기어의 직경을 충분히 크게 잡아 축에 걸리는 횡 하중을 억제하지 않으면 안된다.

(e) 유압회로

유압모터와 블록 센터형 방향전환밸브를 사용한 회로로 급정지 시키는 경우에는 유입측의 진공과 유출측의 고압 발생을 방지하기 위하여 브레이크 회로를 설치해야 한다(그림 13 · 7 참조).

4 · 9 유압 실린더

[1] 종   류

유압 실린더(이하 실린더라고 호칭한다)는 유압동력을 직선운동으로 변환하는 기기로서, 그 기능, 구조, 최고사용압력, 조립형식, 지지형식에 따라 분류하면 다음과 같은 종류가 있다.

(a) 구조면으로 본 분류

표 4 · 5 실린더의 압력구분

단위 : kgf/cm^2{MPa} (JIS B 8354-1984)

사 용 압 력	최 고 사 용 압 력					비 고
	캡측내압	헤 드 측 내 압				
		로 드 경 기호 A	로 드 경 기호 B	로 드 경 기호 C	로 드 경 기호 D	
35{3.5}(40){ 4}	45 {4.5}	70 { 7 }	55 {5.5}	45 {4.5}	45{4.5}	저 압
70{ 7} (63){6.3}	90 { 9 }	150 {15}	135 {13.5}	110 {11}	—	중 압
140{14}(160){16}	180 {18}	180 {18}	180 {18}	140 {14}	—	고 압
210{21}(200){20}	270 {27}	250 {25}	250 {25}	—	—	초 고 압

[비고] ( ) 내의 수치는, ISO 2944-1974 Fluid power systems and components—Nominal pressures 에 규정되어있는 압력단계로서 장래에는 이 수치를 채용한다.

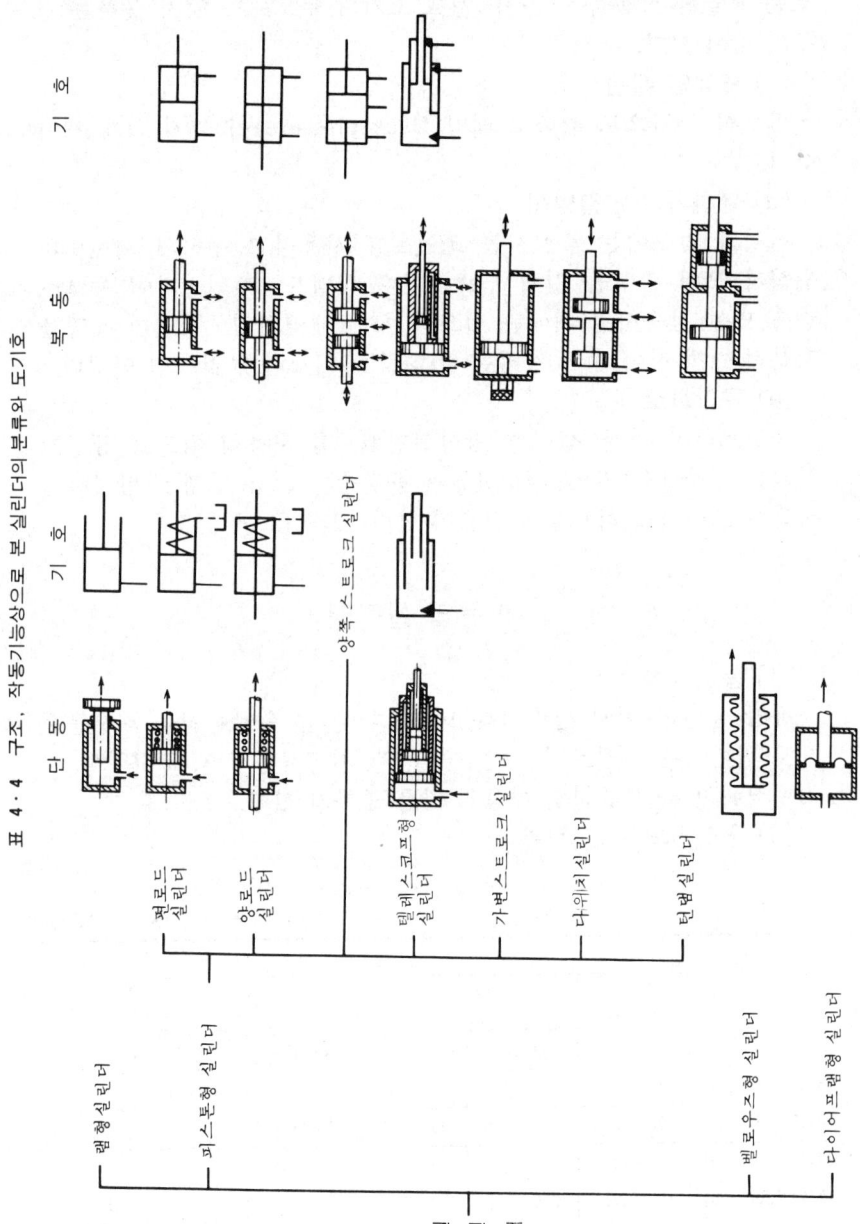

표 4 · 4 구조, 작동기능상으로 본 실린더의 분류와 도기호

실린더의 종류를 구조면으로 분류하면 표 4 · 1, 표4 · 4와 같다.
(b) 기 능
실린더를 작동기능면으로 분류하면 단동(單動) 실린더(호칭기호
CS), 복동 실린더(호칭기호 CW), 양쪽 스트로크 실린더(호칭기
호 없음) 등이 있다 (표 4 · 1, 표 4 · 4참조).
(c) 사용압력
실린더는 사용압력에 따라 구분되며, 그 최고사용압력은 표 4 ·
5와 같다.
(d) 조립형식
실린더는 조립방식에 따라 그림 4 · 13과 같이 분류된다.

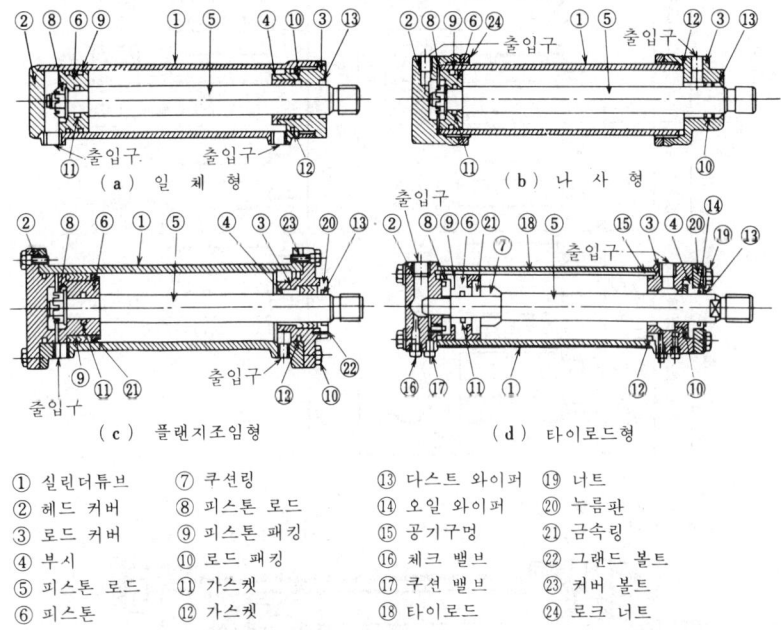

① 실린더튜브	⑦ 쿠션링	⑬ 다스트 와이퍼	⑲ 너트
② 헤드 커버	⑧ 피스톤 로드	⑭ 오일 와이퍼	⑳ 누름판
③ 로드 커버	⑨ 피스톤 패킹	⑮ 공기구멍	㉑ 금속링
④ 부시	⑩ 로드 패킹	⑯ 체크 밸브	㉒ 그랜드 볼트
⑤ 피스톤 로드	⑪ 가스켓	⑰ 쿠션 밸브	㉓ 커버 볼트
⑥ 피스톤	⑫ 가스켓	⑱ 타이로드	㉔ 로크 너트

그림 4·13 조립형식에 따른 분류

(e) 지지형식
실린더를 설치방법에 따라 분류하면 표 4 · 6과 같다.
[2] 실린더의 설계
실린더는 사용목적, 조건에 따라 여러가지 구조의 것이 있는데,

그 대표적인 것을 그림 4·14에 든다. 이것들을 구성하고 있는 기본적인 부분에는 실린더튜브, 피스톤, 피스톤로드, 커버, 패킹 및 가스킷 등이 있다.

표 4·6 유압실린더의 지지형식에 따른 분류

지지형식		기 호	종 류 · 형 상	기 호	종 류 · 형 상
고정형실린더	푸트형	LA	축직각방향푸트형	LB	축방향푸트형
	플랜지형	FA	헤드측정방형플랜지형	FB	캡측정방형플랜지형
		FC	헤드측장방형플랜지형	FD	캡측장방형플랜지형
요동형실린더	크레비스형	CA	1산크레비스형	CB	2산크레비스형
	트라니언형	TA	로드측트라니언형	TB	헤드측트라니언형
		TC	중간트라니언형		

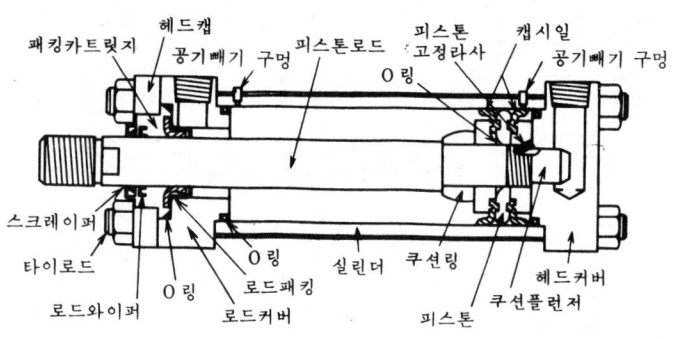

그림 4·14 유압실린더의 내부구조

표 4 · 7 실린더튜브용 탄소강강관의 표준치수

단위 : mm   (JIS G 3473-1983)

호닝용냉간완성강관의추천내경	외경의 허용차 (관외경지정의 경우)		내경의 허용차 (관내경지정의 경우)		호닝용냉간완성강관의추천내경	외경의 허용차 (관외경지정의 경우)		내경의 허용차 (관내경지정의 경우)	
	열간완성이음매 없는 동관	냉간완성이음매 없는 동관	냉간완성최대허용차	냉간완성최소허용차		열간완성이음매 없는 동관	냉간완성이음매 없는 동관	냉간완성최대허용차	냉간완성최소허용차
32	±0.5	±0.25	−0.10	−0.30	100	±1.00	±0.5	−0.10	−0.50
40	±0.5	±0.25	〃	−0.30	110*	±1.00	±0.55	〃	−0.50
50	±0.50	±0.25	〃	−0.30	125	±1.00	±0.62	〃	−0.60
60*	±0.60	±0.30	〃	−0.40	140	±1.10	±0.70	〃	−0.60
`3	±0.63	±0.31	〃	−0.40	150*	±1.20	±0.75	〃	−0.60
65*	±0.65	±0.32	〃	−0.40	160	±1.28	±0.80	〃	−0.60
70*	±0.70	±0.35	〃	−0.40	180	±1.44	±0.90	〃	−0.90
80	±0.80	±0.40	〃	−0.40	200	±1.60	±1.00	〃	−0.90
90*	±0.90	±0.45	〃	−0.50					

[비고] *표의 내경치수는 JIS B 8354에는 규정되어 있지 않은 것

표 4 · 8 실린더튜브 내경과 피스톤로드경의 기준치수

단위 : mm   (JIS B 8354-1984)

실린더튜브내경 \ 로드식경의 기호 선택순위	선 택 순 위 1				선 택 순 위 2		
	A	B	C	D	X	Y	Z
32 (31.5)	22 (22.4)	18	14	10 (11.2)	20	16	12 (12.5)
40	28	22 (22.4)	18	14	25	20	16
50	36 (35.5)	28	22 (22.4)	18	32 (31.5)	25	20
63	45	36 (35.5)	28	22 (22.4)	40	32 (31.5)	25
80	56	45	36 (35.5)	28	50	40	32 (31.5)
100	70 (71)	56	45	36 (35.5)	63	50	40
125	90	70 (71)	56	45	80	63	50
140	100	80	63	50	90	70 (71)	56
160	110 (112)	90	70 (71)	56	100	80	63
180	125 (71)	100	80	63	110 (112)	90	70 (71)
200	140	110 (112)	99	70 (71)	125	100	80
220 (224)	160	125	100	80	140	110 (112)	90
250	180	140	100 (112)	90	160	125	100

[비고] 1. 괄호내의 수치는 가급적 사용하지 않는다.
　　　 2. 튜브내경과 로드경의 조합은 사용압력, 행정 길이, 로드의 재료에 의해 선택한다.

표 4·9 실린더 튜브내경과 피스톤로드의 완성치수

(JIS B 8354-1984)

단위 : mm	실린더튜브 내경의 완성치수					피스톤로드의 완성치수	
실린더튜브내경 또는 피스톤로드직경	피스톤링을 사용하는 경우			피스톤링 이외의 패킹을 사용하는 경우		완성치수 허용차	진원도 및 원통도
	완성치수 허용차	진원도	원통도	완성치수 허용차	진원도 및 원통도		
18 을 초과	-	-	-	-	-	-0.016 -0.043	0.027
18 을 초과 30 이하	-	-	-	-	-	-0.020 -0.053	0.033
30 을 초과 50 이하	+0.025 0	0.019	0.025	+0.062 0	0.062	-0.025 -0.064	0.039
50 을 초과 80 이하	+0.030 0	0.019	0.030	+0.074 0	0.074	-0.030 -0.076	0.046
80 을 초과 125 이하	+0.035 0	0.022	0.035	+0.087 0	0.087	-0.036 -0.090	0.054
125 를 초과 180 이하	+0.040 0	0.025	0.040	+0.100 0	0.100	-0.043 -0.106	0.063
180 을 초과하는 것	+0.046 0	0.029	0.046	+0.115 0	0.115	-	-

[비고] 1. 진원도는 로드실린더 튜브 또는 피스톤로드의 임의위치단면에서의 최대직경과 최소직경의 차로 표시하고 로드 전체길이의 진원도의 최대치가 표의 값을 초과해서는 안된다.
2. 원통도는 JIS B0621(형상 및 위치의 정도에 대한 정의 및 표시)에 의한다.
3. 로드의 굴곡은 1,000mm당 0.25mm 이하로 한다.

(a) 실린더 튜브

실린더의 본체로 되어 있는 부분으로서, 내압, 내마모성이 우수하고 고장력이며 절삭성이 양호한 것이 필요조건이다.

재료는 종래 압력배관용 탄소강강관(JIS G 3454), 고압배관용 탄소강강관(JIS G 3455) 또는 기계구조용 탄소강강관(JIS G 3445)이 사용되어 왔지만, 최근에는 실린더튜브용으로 제조되고 있는 실린더튜브용 탄소강강관(JIS G 3473-1983)이 사용되고 있다. 이 관경의 치수는 절삭용인 경우는 외경의 두께, 호우닝용의 경우는 내경과 두께의 표준이 규정되어 있다(표 4·7). 또한 실린더튜브 내경의 기준치수와 그 칸막이치수의 허용차, 진원도(眞円度) 및 원통도를 표 4·8, 표 4·9와 같이 규정하고 있다.

실린더튜브 내면의 마모나 부식을 방지하기 위하여 두께 0.05mm 정도의 경질 크롬 도금을 하면 더욱 좋다.

두께의 계산식

실린더튜브의 두께는 다음 식으로 계산한 값 이상으로, 충분한 강도를 가지고 있어야 한다.

$$t = \frac{pd}{200S} \left\{ t = \frac{pd}{20S} \right\}$$

(4 · 11)

여기서 t:두께

  p:최고사용압력[kgf / ㎠]{MPa}

  d:실린더튜브 내경[mm]

  σ:인장강도의 최저치[kgf / ㎟]{N / ㎟}

  $S : \dfrac{\sigma}{5}$ [kgf/㎟] {N/㎟}

t는 강도상 안전한 최소두께이므로 만일 튜브를 용접하거나 나사를 낼때는 t 이상의 두께로 하여야 한다.

실린더튜브의 내압안전계수는 표 4 · 10과 같이 규정하고 있다.

표 4 · 10 내압안전계수 (JIC)

작동압력 [kgf/cm²]	내압안전계수
0~70	8
70~175	6
175 이상	4

(b) 피 스 톤

실린내를 왕복운동하면서 기름압력과 힘을 주고 받는 것으로서, 직경에 비해서 길이가 짧은 기계부품을 피스톤이라고 한다.

피스톤은 실린더튜브의 내면을 상하지 않도록 매끄럽게 작동하며 또한 압력, 굴곡, 진동 등의 하중을 견디는 것이어야 한다. 또한 피스톤 외주부(外周部)의 미끄럼부는 횡압(피스톤의 횡압은 최대 추력(推力)의 1 / 200 정도로 한다)이나 피스톤의 자중을 견디는 면적을 가지고 있어야 한다.

재료로서는 탄소강단강품(炭素鋼鍛鋼品:SF 40), 일반구조용 압연강재(SS 41), FC 20 등이 사용된다.

(c) 피스톤로드

피스톤로드는 유압동력을 기계적 힘과 운동으로 변환하는 경우 동력전달의 역할을 하는 부품이다. 소형의 것은 피스톤과 일체로 만들지만 일반적으로는 피스톤과 별개로 만들어 볼트·너트 등으로 결합하고 있다.

피스톤로드는 압축, 굴곡, 진동 등의 하중에 견디며 마모, 부식에 견디는 것이어야 한다.

재료로서는 기계적구조용 탄소강강재의 S 35 또는 이와 동등이상의 것이 사용되고 있다. 차량용 등으로 굴곡하중이나 충격하중이 큰 것에는 특수강(C_r- Mo강의 단조품), 내식성을 필요로 하는 경우에는 스텐레스(SUS 27) 등이 사용된다. 또 상하기 쉬운 것을 보호하기 위해서 경질 크롬도금을 하고 연삭하면 더욱 좋다. 표 4·9에 피스톤로드의 간막이치수의 허용치, 진원도 및 원통도를 제시한다.

JIS에서는 하나의 실린더튜브 내경에 대해 피스톤로드 지름을 7종류로 정하고 있다. 이들의 기준치수표를 표 4·8에 나타낸다. 이 중에서 비교적 지름이 큰 A 및 B는 특히 좌굴강도(座屈強盗)를 크게하려는 경우나 차동회로(그림 11·2)를 구성하는 경우에 사용된다. 일반적으로 C가 많이 사용되며 D는 비교적 저압(35 kgf/ cm² {3.5 MPa} 이하)의 경우에 사용된다.

(d) 커 버

커버에는 캡커버와 헤드커버가 있다. 커버는 내압에 대해서 충분한 강도를 가지고 출력의 3배 이상의 하중에 견디며 또한 기름누설이 없어야 한다.

보통 주철, 탄소강, 주강, 형단조품 등을 사용하고 피스톤로드와

표 4·11 패킹 및 가스킷의 재료
(JIS B8354 – 1984)

기 호	패킹 및 가스킷의 재료
1	니트릴고무
2	우레탄고무
3	불소고무
4	4 불화에틸렌수지
5	금 속
6	기 타

의 섭동부에는 롱로드베어링을 사용하고 있다. 또한 피스톤로드에
먼지 등이 부착할 우려가 있는 경우에는 로드와이퍼를 부착하면 좋
다. 베어링이나 부쉬가 없고 직접 로드와 미끄럼접촉을 하는 구조
의 것은 로드의 횡압을 받더라도 상하지 않고 원활하게 미끄러지는
것이어야 한다. 사용조건으로서 로드의 횡압은 최대 실린더력의 1/
100정도로 해야한다.

(e) 패킹 및 가스킷

회전이나 왕복운동 등과 같은 운동부분의 밀봉에 사용되는 시일
을 패킹이라고 하며, 정지부분의 밀봉에 사용되는 시일을 가스킷이
라고 한다.

실린더에 사용하는 패킹은 내유성, 내마모성 등이 양호한 고무,
포입(布入)고무, 수지 또는 금속 등을 재료로 한것이 사용된다. 가
스킷에는 특히 내유성, 내열성 등이 양호하고 영구압축 왜곡이 적
은 고무, 석면입(石綿入) 고무 등의 재료가 사용되고 있다. JIS에서
는 이들 재료와 형상을 표 4 · 11, 표 4 · 12와 같이 분류하고 있다.

표 4 ·12 패킹의 형상과 기호   (JIS B 8354-1984)

형 상	V 패 킹	L(J) 패 킹	U(Y) 패 킹	X 링	O 링	조합시일	피스톤링	기 타
기 호	V	L	U	X	O	S	P	E

〔주〕 1. O링은 JIS B 2401, V패킹은 JIS B 2403에 의한다.
    2. 조합시일은 습동하는 4불화에틸렌 수지 등의 링과 고무 O링 등을 조합한 것.

패킹의 형상과 재질의 선정에 있어서는 기름의 종류, 유온, 속도,
압력에 대해서 검토해야 한다. 피스톤의 평균속도는 보통 8~300mm/
s 정도로 억제하는 것이 바람직하다(표 4 · 13).

표 4 ·13 피스톤 속도   (JIS B 8354-1984)

실린더튜브내경 [mm]	사용피스톤속도 [mm/s]
32, 40, 50, 63	8~400
80, 100, 125	8~300
140, 160, 180, 200, 220, 250	8~200

압력이 높아지면 패킹에 의한 저항이 증가하여 발열하고 마모가

심해지므로 주의하여야 한다.

패킹장착부의 치수, 습동부의 틈새, 간막이정밀도 등의 결정에는
실린더, 패킹의 양쪽 메이커의 기술적인 협의가 필요하다. 또 패킹
치수의 불균일, 미끄럼면(튜브내면, 로드, 부시 등)의 불량 등이 패
킹 마모의 원인이 되므로 특히 주의하여야 한다(표 4 · 14).

표 4 · 14 실린더 미끄럼면 각부의 완성
(JIS B 8354-1984)

미끄럼면, 적용패킹의 구분		표 면 거 칠 기
로드 패킹과의 미끄럼면	고 무	0.4 a(1.6 S)
	포입고무	0.8 a(3.2 S)
	기 타	0.8 a(3.2 S)
튜우브내면의 패킹과의 미끄럼면	고 무	0.4 a(1.6 S)*, 0.8a(3.2S)
	포입고무	0.8 a(3.2 S)
	금 속	0.4 a(1.6 S)
	기 타	0.8 a(3.2 S)
피스톤의 미끄럼면		0.8 a(3.2 S)
피스톤의 미끄럼면		1.6 a(6.3 S)

〔주〕 ＊O 링 또는 X 링을 사용하는 경우
〔비고〕 1. 표면거칠기는 JIS B0601(표면거칠기)에 의한다.
   2. 괄호내는 가능한한 사용않는다.

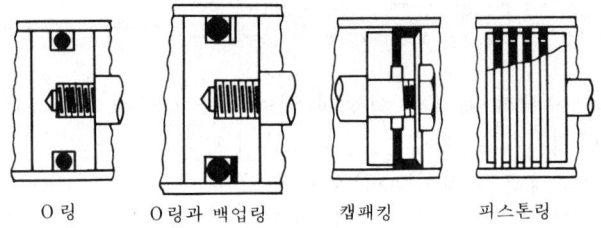

O 링   O 링과 백업링   캡패킹   피스톤링

그림 4 · 15 실린더 튜브와 피스톤간의 시일방법

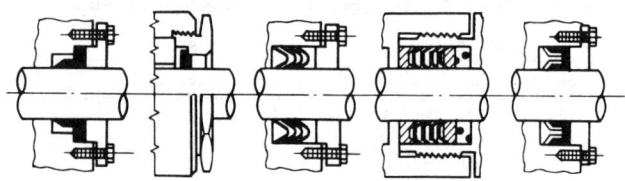

그림 4 · 16 피스톤 로드의 시일방법

이들 시일의 방법에는 여러가지가 있고 경험적 기술에 많이 의존하는데 그 예를 그림 4·15, 그림 4·16에 들었다.

(f) 쿠션기구

큰 질량을 가진 부하가 고속상태로 커버에 충돌하면 대단히 큰 충격력이 발생한다. 이것은 단순히 실린더를 파손시킬뿐만 아니라 유압배관계, 각종 밸브류나 관련기계의 손상을 초래한다. 이의 방지대책으로서 유압회로적으로 감속밸브나 브레이크밸브 등을 사용해서 속도제어를 하는 외에 다시 안전대책으로 실린더 행정의 양단에 쿠션기구를 설치하여 충격을 완화시켜야 한다.

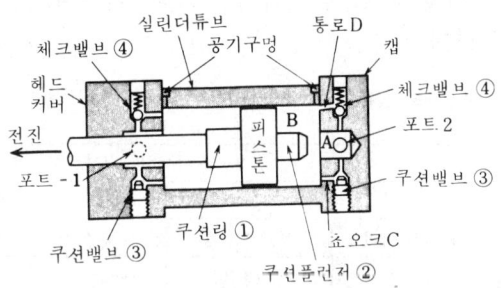

그림 4·17 쿠션기구달린 실린더

그림 4·17에 있어서 쿠션플런저 ②가 구멍 A실에 들어가면 B실의 기름의 출구가 막히고 쵸오크 C를 통해 쿠션밸브 ③에 의해 죄어지면서 A실을 통해서 포트 2에 흐른다. 이와같이 해서 피스톤 속도를 감쇠시키고 있다.

전진시킬 때는 유압은 체크밸브 ④의 보올을 밀어올려 통로 D를 통해서 B실에 들어가 피스톤을 급속히 작동시킨다.

실린더의 쿠션기구는 일반적으로 피스톤로드 및 작동유가 가지는 관성만을 흡수하도록 설계되어 있으며, 부하가 갖는 관성은 유압회로에서 흡수시켜야 한다. 수평으로 놓은 실린더를 무부하상태로 작동시켰을 때 피스톤의 행정말단에 있어서의 쿠션의 감쇠계수 x는 다음 식으로 구해진다.

$$x=\frac{F}{v}\ [\mathrm{kgf} \cdot \mathrm{s} / \mathrm{cm}] \{x=\frac{F}{10v}\ [\mathrm{N} \cdot \mathrm{S/cm}]\} \qquad (4 \cdot 1)$$

여기서 F:쿠션스트로크중에 피스톤에 가해지는 힘[kgf,{N}]

v:쿠션스트로크중의 평균속도[cm / s,{cm / s}]

[주] 쿠션의 작동범위는 원칙적으로 30mm 이하

(g) 작 동 성

무부하 상태에서의 실린더의 최저작동압력은 표 4 · 5의 값을 초과하면 안되도록 규정되어 있다.

피스톤속도가 극히 느리면 이른바 "숨쉬기"를 일으킨다. 이 때는 공급유 압력이 심하게 저하하지 않도록 하고 또 피스톤의 동마찰과 정마찰의 차가 적은 패킹으로 해야한다.

속도가 극히 빠를 때도 실린더의 구조와 패킹의 선택에 충분한 고려를 하여야 한다.

표 4 · 15 실린더의 최저작동압력 [kgf/cm², {MPa}]

(JIS B 8354-1984)

피스톤 패킹의 형상	피스톤 패킹의 형상			
	A		B	
	V 패킹 이외	V 패 킹	V 패킹 이외	V 패 킹
V	5 {0.5}	7.5 {0.75}	사용압력 ×6 %	사용압력 ×9 %
L, U, X, O, S	3 {0.3}	4.5 {0.45}	〃 ×4 %	×6 %
P	1 {0.1}	1.5 {0.15}	〃 ×1.5 %	×2.5 %

〔주〕무부하상태에서 캡측으로부터 압력을 가했을 때 A 또는 B의 어느 큰 값을 초과해서는 안된다.

4 · 10 유압실린더의 호칭 및 선정법

[1] 유압실린더의 호칭법

유압실린더의 호칭은 규격명칭 또는 규격 번호, 구조 형식, 지지 형식의 기호, 실린더 튜브 내경, 피스톤 로드경 기호, 최고사용 압력, 쿠션의 구분, 행정의 길이, 외부 누출의 구분 및 패킹의 종류에 따르고 있다. JISB8354에서는 그 호칭법이 그림 4 · 18과 같이 규정되어 있다.

[2] 유압실린더의 선정법

유압실린더를 선정함에 있어서 우선 그림 4 · 16의 계산도표를 사용하여 필요로 하는 추력(推力) 및 속도, 사용압력, 실린더 내경을

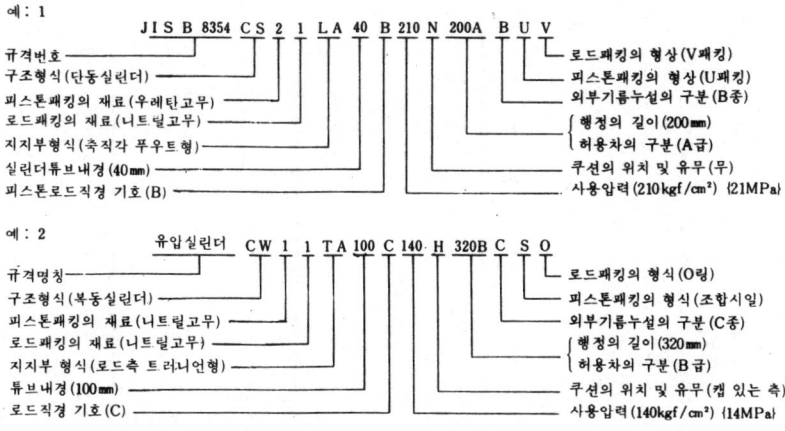

그림 4·18 실린더의 표시예

구해야 한다. 그러나 실제로는 피스톤이 움직이고 있을 때의 추력
은 배압과 충동부분에 마찰 저항의 영향을 받으므로 사용압력으로
는 계산치보다 약간 큰 값을 잡아야한다. 실린더 내경과 소요피스
톤의 속도에서 소요 유량이 구해신나. 유량은 펌프나 밸브류의 그
기를 구하는 경우와 실린더패킹 종류의 선정에도 중요하다. 다음
에는 유압실린더의 설치방법, 최대 스트로크, 피스톤 로드 선단 붙
임쇠, 쿠션의 유무 등을 결정해야 한다.

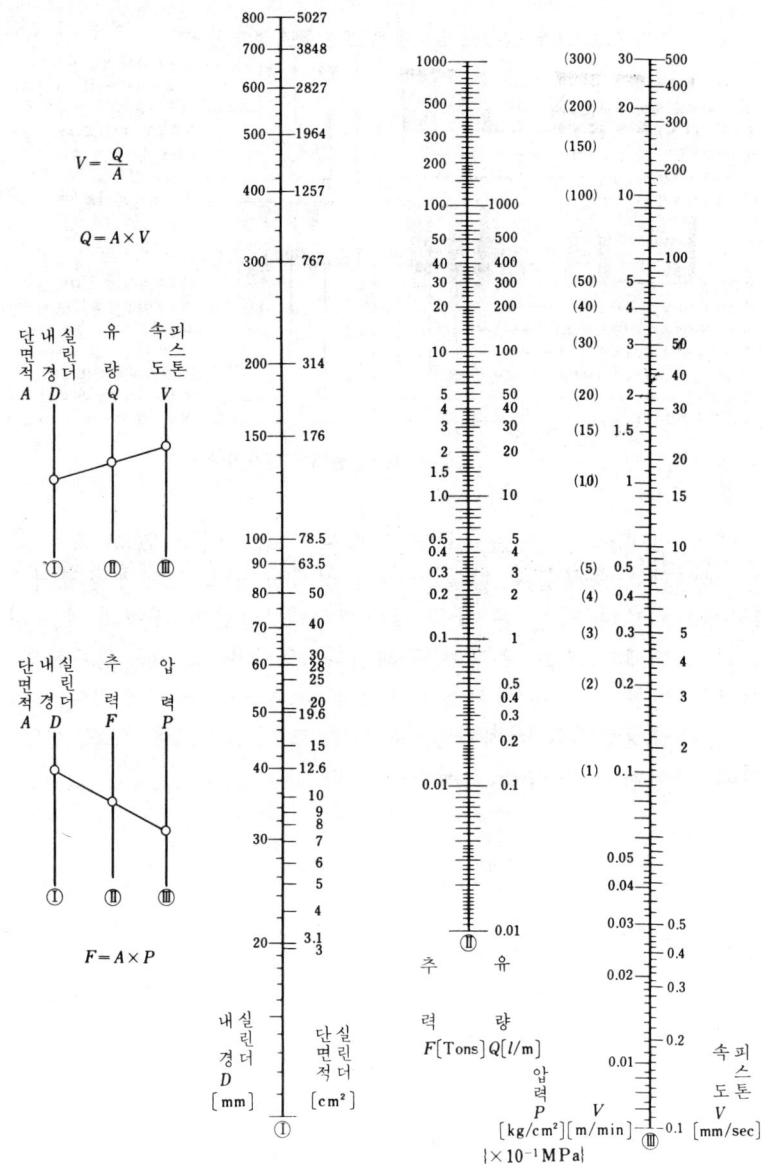

그림 4·19 실린더의 성능 계산도표

4 · 11 유압실린더의 설계 및 취급상의 주의사항

[1] 유압실린더 설계상의 주의사항

유압실린더의 설계에 있어서는 적당한 재료를 선택하고 다듬질 정도와 내마모성을 고려하여 되도록 표준 부품을 채용함으로써 부품의 교환성을 용이하게 하는 동시에 시일을 정확하게 사용하여 제작 공차를 잘 살펴보는 것이 중요한 일이다. 다음에 유압 실린더를 설계하기 위한 주의사항을 열거한다.

(1) 피스톤이 실린더양단부에 도달하여도 실린더튜브내에 유압이 걸리게 할 수 있고 피스톤의 구동에 지장이 없게 할 것(그림 4 · 14). 또 피스톤 행정의 양단부에는 필요하다면 쿠션기구를 부착할 것(그림 4 · 17).

(2) 실린더튜우브 양단은 단조한 둥근 뚜껑으로 하는 것이 좋다. 그리고 한쪽 만을 분리할 수 있게 한다(그림 4 · 20).

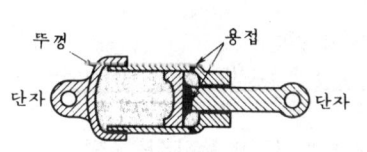

그림 4·20 실린더튜브 양단의 구조

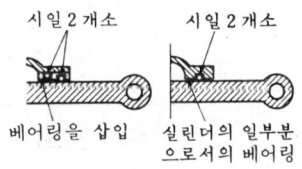

그림 4·21 실린더튜브 베어링부

(3) 유압실린더를 가볍게 만들기 위해서는 강 대신에 양극산화일루미늄의 실린더와 피스톤 로드를 사용하면 좋다.

(4) 실린더튜브의 일부분에 피스톤 로드의 베어링을 장치하면 시일을 1개 절약할 수 있다(그림 4 · 21).

(5) 하중이 주로 축방향에 걸리는 경우에는 베어링의 중복은 적어도 된다. 이 중복은 피스톤 로드지름의 약 1.5배 정도가 적당한 것으로 되어있다.

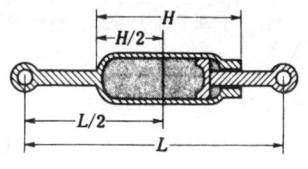

그림 4·22 실린더 튜브와 피스톤로드와의 길이관계

(6) 유압실린더를 끝까지 당겼을 때에 단자 길이가 일정하고, 지주를 안정시키고 싶을 때에는 실린더튜브가 양 단자간의 중간에 오도록 설계 할 것(그림 4·22).

(7) 유압실린더의 전 압축에서 전 인장까지의 과정중 작용압력이 크게 변화하고 직경방향의 만곡이 문제가 되지 않는 경우에는 압력변화에 따라서 실린더 튜브 외벽에 테이프를 붙이면 된다.

(8) 실린더 내경 및 피스톤로드 직경의 결정에 있어서는 규격화된 실린더튜브재나 시일재를 사용할 수 있도록 배려하는 것이 좋다(표 4·8 참조).

(9) 유압실린더에는 적당한 위치에 공기구멍을 장치할 것(그림 4·17).

(10) 유압실린더는 원칙적으로 먼지제거장치(dust wiper)를 연결할 것.

(11) 작동유의 출입구의 크기는 JIS에서 표 4·16과 같이 규정하고 있다.

표 4·16 실린더 포트의 크기

(JIS B 8354-1984)

튜브내경 [mm]	포 트 의 크 기	
	나사조인트의 호칭	플랜지조인트의 호칭
(31.5), 32, 40	PT 1/3	(10)
50, 63	PT 1/2	15
80, 100	PT 3/4	20
125, 140, 160	PT 1	25
180	(PT $1^1/_4$)	32
200, 220, (224)	(PT $2^1/_2$)	40
250	(PT 2)	50

[비고] 1. 나사이음의 나사는 원칙적으로 JIS B 0203의 관용테이퍼 나사로 한다.
2. 괄호를 한 값을 제외한 관 플랜지의 크기는 JIS B 2291에 의한다.
3. 튜브 내경 및 나사이음의 호칭에서 괄호를 한 수치는 가급적 사용하지 않는다.

(12) 작동유누출:유압실린더의 내부누출은 작동특성에 영향을 미치므로 피스톤시일에는 특별히 주의하여야 한다. JIS에서는 피스

톤 한쪽에 최고사용압력을 가하여 압력이 가해지고 있지 않은 피스
톤의 반대측에 누출되는 기름의 양이 피스톤링 이외의 패킹을 사용
한 경우 표 4 · 17이하로 규정하고 있다. 또한 피스톤링을 사용한 경
우의 내부누출량은 그림 2 · 23의 곡선이하로 규정하고 있다.

표 4 ·17 실린더의 내부기름누설량(피스톤 이외의 패킹을 사용할 때)

단위 : mℓ/10 min   (JIS B 8354-1984)

내경 [mm]	기름누출량	내경 [mm]	기름누출량	내경 [mm]	기름누출량
32 (31.5)	0.2	100	2.0	200	7.8
40	0.3	125	2.8	220 (224)	10.0
50	0.5	140	3.0	250	11.0
63	0.8	160	5.0		
80	1.3	180	6.3		

기름누출의 원인이 되고 있는 주요요소로서는 실린더의 올바른
사용법과 연결방법을 생각할 수 있다. 푸우트형에서는 피스톤로드
의 이동중심과 실린더중심의 편심이 패킹마모를 촉진시키고 있다.
또 외부로부터의 이물질이 혼입할 위험이 있는 경우에는 모느 선난

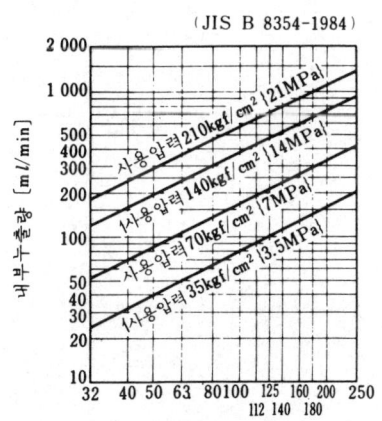

(JIS B 8354-1984)

그림 4 ·23 피스톤링을 사용한
실린더의 내부누출량

의 더스트시일만이 아니고 벨로우즈 등과 같은 특별한 장치를 하여
야 한다.

 [2] 유압실린더 취급상의 주의사항

 (1) 유압실린더를 사용함에 있어서 가장 문제가 되는 것은 작동
유 누출이다.

 (2) 다음으로 비교적 많은 고장예로서는 연결부나 사용방법의 불
량에 의한 로드의 휨이나 파손, 회로에 이상압력(異常壓力)이 발생
하여 생기는 실린더 튜브의 변형, 이물 혼입에 의한 사용 상태의 불
량이나 피스톤의 늘어붙기 등이다. 이런 것들은 사용방법의 잘못이
나 이물 혼입 등의 외부사정에 의한 것이다. 특히 배관 작업시의 철
분(鐵粉)이 사고의 원인이 되는 경우가 많으므로 사용전의 플래싱
(flashing)을 정성들여 하지 않으면 안된다. 또 작동유(作動油)는
항상 청정(清浄)을 기하고 25μ 이하의 필터를 사용할 것.

 (3) 요동(搖動) 모터에는 회전축의 윤활을 충분히 하여 로드에
필요 이상의 곡력(曲力)이 걸리지 않도록 할 것.

 (4) 충동(衝動) 부분의 패킹은 소모품이다. 언제나 예비품을 준
비하여 두고 예기치 못한 오일 누출에 대해서도 곧 교환할 수 있도
록 할 것.

제 **5** 장

유압전동장치(油壓傳動裝置)

5·1 종류와 특성

유압전동장치(油壓傳動裝置)는 주로 피스톤 펌프와 유압 모터 및 유압제어밸브의 3가지 요소로 구성되어 있다(액셜형과 레이디얼형 피스톤 펌프와는 사용방법이 같다).

회전 피스톤펌프 및 유압 모터는 각각 정용량형(定容量形)과 가변용량형(可變容量形)의 2가지 형식이 있으므로 유압 모터의 속도를 가변으로 하는 방법으로서는 다음의 3가지 조합(組合)을 생각할 수 있다.

[1] 가변용량형펌프와 정용량형 모터

특 성

(1) 출력토오크 일정(그림 5·1)

(2) 유압 모터의 압출한 용적이 일정하므로 펌프토출량을 제어 (制御)하는 것에 의하여 유압 모터의 회전속도를 제어할 수 있다.

용 도

(1) 각종 산업용 기계의 변속장치

(2) 서보계(系)에 조립되어 무단 변속 구동

(3) 유압구동 운반차(그림 5·2)

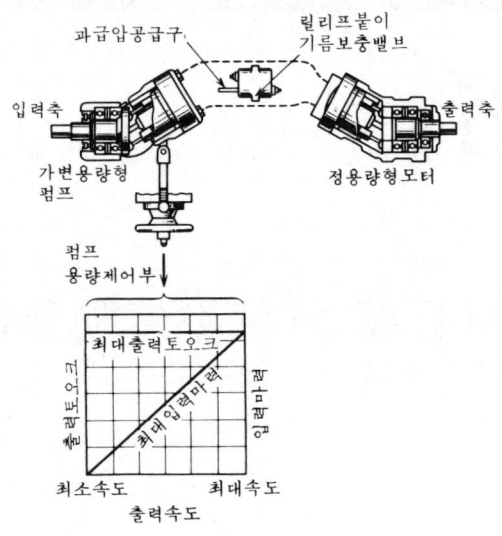

그림 5·1 가변 용량형 펌프와 정용량형
모터와의 조합

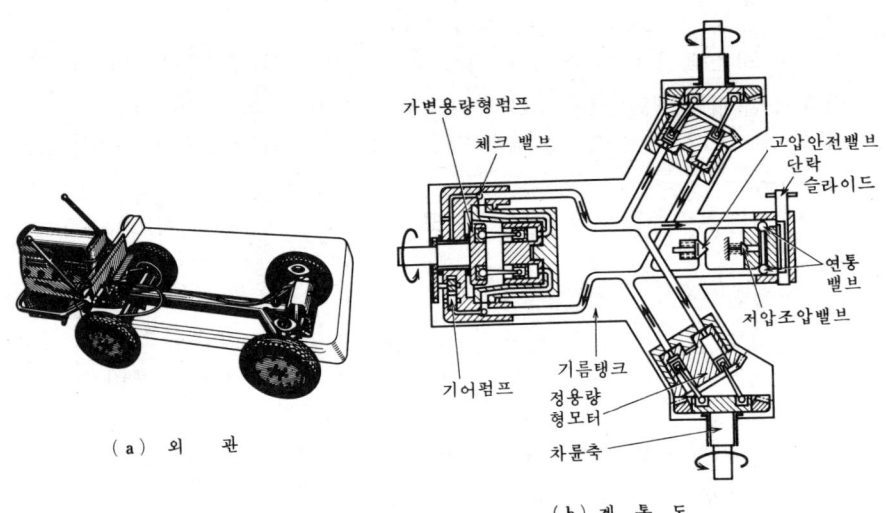

(a) 외 관

(b) 계 통 도

그림 5·2 유 압 구 동 운 반 차

[2] 정용량형 펌프와 가변용량형 모터

특 성

(1) 최대입력마력일정(그림 5 · 3)

(2) 펌프에서의 일정한 토출량을 유압모터에 공급하여 유압모터의 1회전당의 배유량이 변하는 것에 의해서 회전속도를 변화시킬수 있다.

(3) 저속역(低速域)에 한계가 있으므로 4:1 이상의 속도 변화를시키는 것은 곤란하다.

(4) 위치제어에는 적당하지 않으나 권동경(卷胴經)이 변화하여도 장력(張力)을 일정하게 할 수 있으므로 전선 권취기(卷取機)의속도 제어 등에는 적당하다.

용 도

(1) 전선 등의 권취기

(2) 차량 등의 변속기

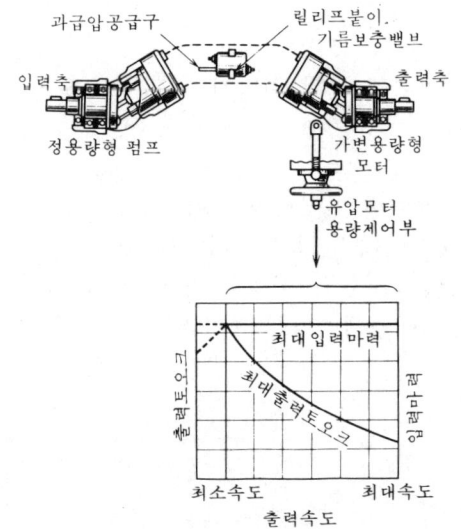

그림 5 · 3 정용량형 펌프와 가변 용량형 모터와의 조합

[3] 가변 용량형펌프와 가변 용량형모터

특 성

(1) 출력 토오크 일정 또는 최대 입력마력 일정(그림 5 · 4)에 사

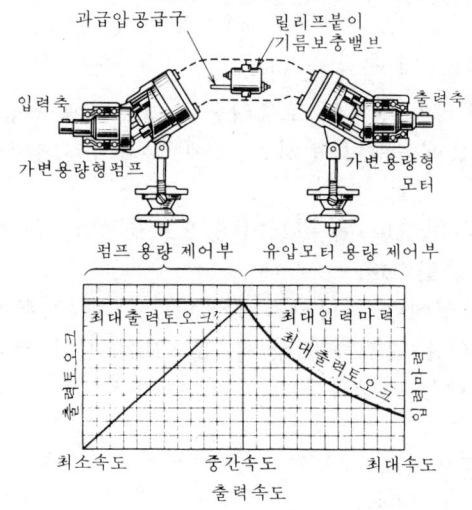

그림 5·4 가변 용량형 펌프와 가변 용량형 모터와의 조합

용된다.

(2) 넓은 속도 범위에 걸쳐 희망하는 토오크 일정, 마력 일정의 제어를 할 수 있다.

용 도

(1) 포탑(砲塔) 제어에 있어서의 서어보구동부

상술한 펌프토출량이나 유압 모터의 변위량을 제어하는 방법으로서는 그림 4·5와 같은 인력조작방식 외에 압력보상제어, 실린더조작, 전동기제어, 서어보제어방식 등이 있다(그림 3·10 참조).

제 6 장

제어밸브

펌프에 의해 가압된 기름을 유압모터나 실린더 등에 보내어 작동시키려면 그 압력, 방향과 유량을 제어하지 않으면 안된다. 이와 같은 목적을 위해 사용되는 밸브를 제어 밸브라고 하는데 압력제어밸브, 방향제어밸브, 유량제어밸브 등 이 있다.

6 · 1 압력제이밸브

유압회로의 압력을 일정하게 유지하거나 최고압력을 제어하거나 일정한 배압을 관로에 주는 등, 회로의 압력을 제어하는 밸브를 총칭해서 압력제어밸브라고 한다.

기능상으로 분류하면 릴리프밸브, 감압밸브, 시퀀스밸브 무부하밸브, 카운터밸런스밸브 등이 있다(표 6 · 1)

표 6 · 1 압력제어밸브의 종류

형식	명 칭	기 능	기 호
	릴리프 밸브 (relief valve) 안 전 밸 브 (safety valve)	회로내의 압력을 설정치로 유지하는 밸브. 특히 회로의 최고압력을 한정으로 하는 밸브를 안전밸브라고 한다.	

표 6 · 1에 계속

형식	명 칭	기 · 능	기 호
상 시 폐 형	시퀀스 밸브 (sequence valve)	둘 이상의 분기회로가 있는 회로내에서 그 작동순서를 회로의 압력 등에 의해 제어하는 밸브.	일반기호
	무부하 밸브 (unloading valve)	회로의 압력이 설정치에 달하면 펌프를 무부하로 하는 밸브	
	카운터밸런스밸브 (counterbalance valve)	부하의 낙하를 방지하기 위해 배압을 부여하는 밸브.	
상 시 개 형	감 압 밸 브 (pressure reducing valve)	출구측압력을 입구측압력보다 낮은 설정압력으로 조정하는 밸브.	

[1] 릴리프밸브

이것은 회로내의 압력을 설정치로 유지하기 위하여 유체의 일부 또는 전량을 복귀측에 보내는 압력제어밸브를 말한다. 특히 회로의 최고압력을 한정하여 기기나 관 등의 파손을 방지하기 위해 사용하는 것을 안전밸브라고 한다. 릴리프밸브는 구조면에서 직동형과 평형피스톤형으로 대별된다.

(a) 직동형 릴리프 밸브

그림 6 · 1과 같이 조정가능한 스프링으로 밸브피스톤을 시이트 B로 밀어붙이는 간단한 구조를 하고 있다. 그림 6 · 1에서 밸브입구의 압력이 스프링의 힘보다 작을 때는 밸브피스톤은 스프링으로 눌린 채로 배출구로의 유로를 차단한다. 입구압력이 스프링의 힘보다

커지면 피스톤이 상방으로 압상되어 압력유의 일부가 배출구를 통해서 기름탱크에 흘러 과도한 압력상승을 방지하고 있다. 이 배출구를 통해서 기름이 흐르기 시작할 때의 압력을 크랙킹압력, 밸브가 전부 열려 유압펌프의 토출량을 전부 기름탱크로 보낼때의 압력을 전유량시 압력이라고 하며, 이것이 릴리프밸브의 설정압력이다.

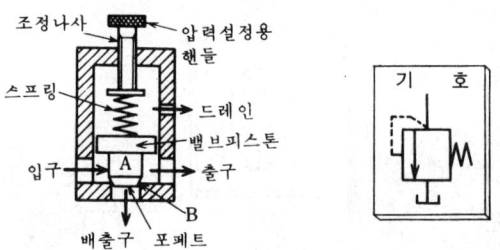

그림 6 · 1 직동형 릴리프 밸브

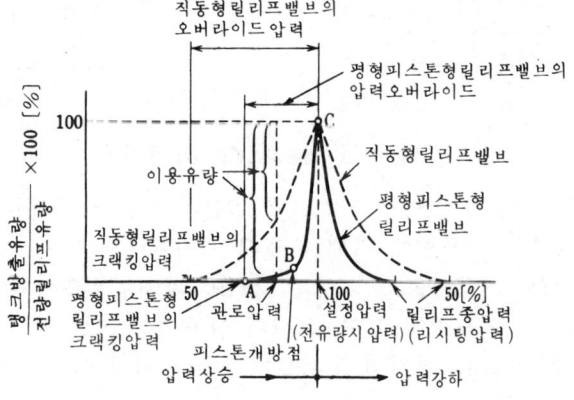

그림 6 · 2 릴리프 밸브의 압력오버라이드 특성

직동형 릴리프밸브에서는 이 양자의 압력의 차, 즉 오버라이드압력이 그림 6 · 2와 같이 비교적 크다. 이 직동형 릴리프밸브는 구조가 간단하며 값이 싸다. 그러나 오버라이드압력이 크고 고압, 내유량이 되면 채터링현상을 일으키기 쉽기 때문에 그 영향이 적은 저압(약 35kgf / cm²,{3.5MPa}), 소용량의 경우에 사용된다. 이 오버라이드압력을 보다 작게 하기위해 그림 6 · 3과 같은 구조의 평형피스톤형 릴리프밸브가 고안되었다. 고압대용량의 릴리프밸브로서는 거의 이 종류의 릴리프밸브가 사용되고 있다.

(b) 평형피스톤형 릴리프밸브

이 릴리프밸브는 오버라이드압력이 작으며 채터링현상이 잘 생기지 않는 특징을 가지고 있다.

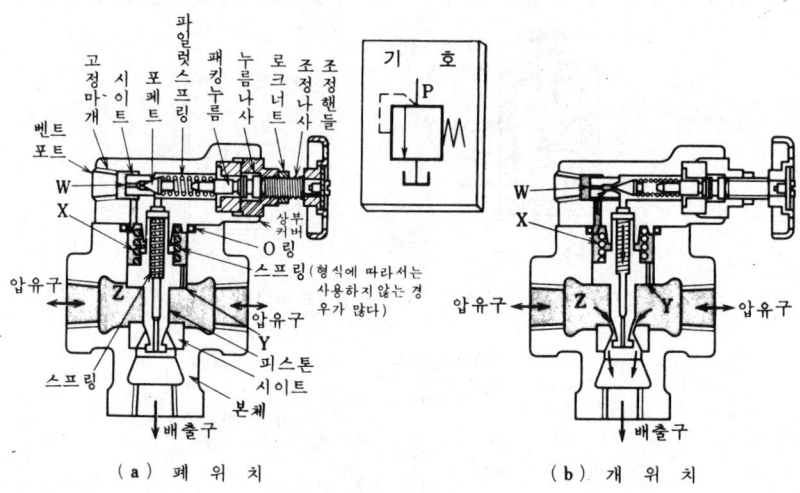

（ a ）폐 위 치 （ b ）개 위 치

그림 6·3 평형피스톤형 릴리프 밸브

그림 6·3(a)에 있어서 피스톤은 Z실과 X실의 압력이 같을 때는 피스톤 상부의 스프링에 의해 본체의 시이트에 눌려져 그림과 같이 폐위치에 있다. 포페트는 X실의 압력이 파일럿스프링의 힘보다 크게 될 때까지 폐위치에 있다. Z실의 압력,이즉 X실의 압력이 파일럿스프링의 힘보다 커지면 포페트가 시이트에서 압상되어 기름이

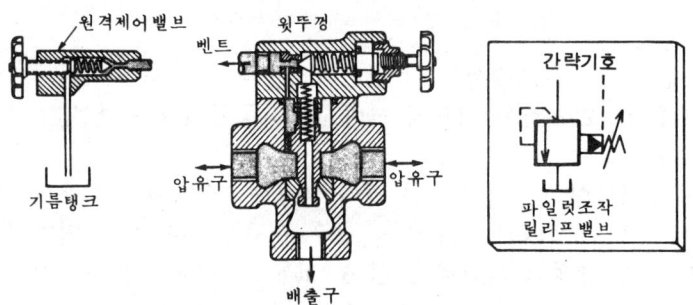

그림 6·4 평형피스톤형 릴리프밸브의

피스톤 중앙을 관통하고 있는 유로를 통해서 배출구로 흐르며 Z실의 압력을 낮추고 있다. Z실의 압력이 더욱 증대하여 X실의 압력과 피스톤 상부의 스프링 힘과의 합계보다 커지면 그림 6·3(b) 와 같이 피스톤이 시이트에서 압상되어 Z실의 기름이 배출구로부터 기름탱크로 복귀된다. 피스톤은 Z실압력을 설정압력으로 유지할 수 있는 정도로 시이트면에 복귀된다. 피스톤은 Z실압력을 설정압력으로 유지할 수 있을 정도로 시이트면에서 떨어져 과잉유를 내보내고 있다. 그리고 압력상승의 원인이 유압회로에 존재하는 한 열린 이 구멍에 윗뚜껑내의 파일럿밸브와 동일한 구조의 압력제어밸브(원격제어밸브)를 그림 6·4와 같이 접속하면 릴리프밸브를 원격제어할 수가 있다. 이것이 평형피스톤형 릴리프밸브가 다른 릴리프밸브와 다른 우수한 점이다.

(c) 릴리프밸브의 특성

(1) 오버라이드 압력특성

이것은 전누설특성이라고도 하는 것으로서, 그림 6·2와 같이 설정압력과 크래킹압력과의 차압(差壓)을 말하며, 설정압력의 몇 %까지가 유량을 유효하게 사용할 수 있는가를 표시하는 것인데 절점(折点)위치 B가 가능한한 설정압력에 가까운 특성의 밸브가 좋다. 오버라이드압력은 「어떤 최소유량으로부터 최대유량까지 증대하는 압력」이라고 정의하고 있다.

평형피스톤형 릴리프밸브의 A~B부분의 탱크 방출량은 그림 6·3의 포페트로부터의 유출량을 표시하는데, B점에서 피스톤의 크래킹압이 나타나고 B~C부분은 피스톤시이트부로부터 탱크로 흐르는 유량으로서 급격히 증가하고 있다. 직동형 릴리프밸브는 평형피스톤형보다 오버라이드압력이 크다. 따라서 유효하게 사용할 수 있는 유량이 적다.

(2) 채터링

그림 6·1에 있어서 A실의 압력이 설정압력에 가까워지면 포페트가 압상되어 밸브시이트 B와의 사이에 틈이 생긴다. 이 틈으로 A실의 고속 고압유가 유출된다. 이때 A실의 기름의 압력에너지가 B부에서 속도에너지로 바뀌므로 포페트가 열리지 않거나 압력저하가 급격히 일어나 시이트면에 격심하게 부딪친다. 이와같은 동작을 반복하는 현상을 채터링이라고 하는데 심한 소음이 발생한다.

이 현상은 대유량, 고압이 될수록 발생하기 쉽다. 이를 방지하려면 밸브의 통과유량을 제한하면 된다.

(3) 응답특성

대용량의 유압모터가 고속에서 급정지하는 경우 그림 6·5와 같이 회로내의 과도적으로 서어지압력(Surge Pressure)이 발생한다. 단순한 회로의 서어지압력은 다음식으로 주어진다.

$$P = \frac{Wv_P}{2g} \ (u-v) \times 10^{-4}$$

여기서 p:서어지압력$[kgf/cm^2]\{MPa\}$

   g:중력에 의한 가속도$[m/s^2]$

   v_P:압축파의 속도$[m/s]$

   u:기름의 유속$[m/s]$

   v:밸브의 닫힘속도$[m/s]$

   W:유체의 비중량$[kgf/cm^2]\{N/m^3\}$

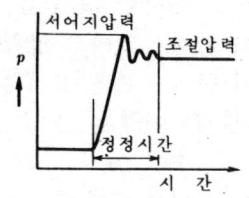

그림 6·5 릴리프밸브의 응답

릴리프밸브의 응답이 신속하면 서어지압력을 방지할 수 있다. 일반적으로 평형피스톤형 릴리프밸브의 정정(整定)시간은 0.2초정도이다. 직동형 릴리프밸브는 비교적 빠르며 0.005초의 것도 있다.

[2] 무부하릴리프 밸브

주로 축압기회로에 사용되는데, 축압기의 압력이 그림 6·6(b)와 같은 커트아웃압력에 도달하면 자동적으로 펌프를 무부하로 하고 축압기의 압력이 강하되어 커트인압력(커트아웃압력의 약 85%)이 되면 자동적으로 축압기에 기름을 보내기 시작하는 밸브이다.

그림 6·6(a)에 있어서 우선 펌프에서 공급되는 기름은 P_S포트로부터 화살표 a를 거쳐 체크밸브의 시이트①을 압상하고 a, b, c를 통해서 P_1포트로부터 축압기에 유입한다. 또 일부의 기름은 오리피스 d를 통해서 유실(油室) e에 들어가 있으므로 주 피스톤을 아래로 누르는 힘과 P_S포트의 유압에 의해 위로 압상하는 힘이 평형되어 있다. 따라서 주 피스톤은 스프링①의 힘만으로 시이트②로 밀려있기 때문에 기름은 전술한 화살표 a, b, c방향으로만 흐른다.

✱ 서어지압력 : 계통내 흐름의 과도적인 변동을 서어지라 하고 서어지의 결과로 생기는 압력을 서어지압력이라고 한다.

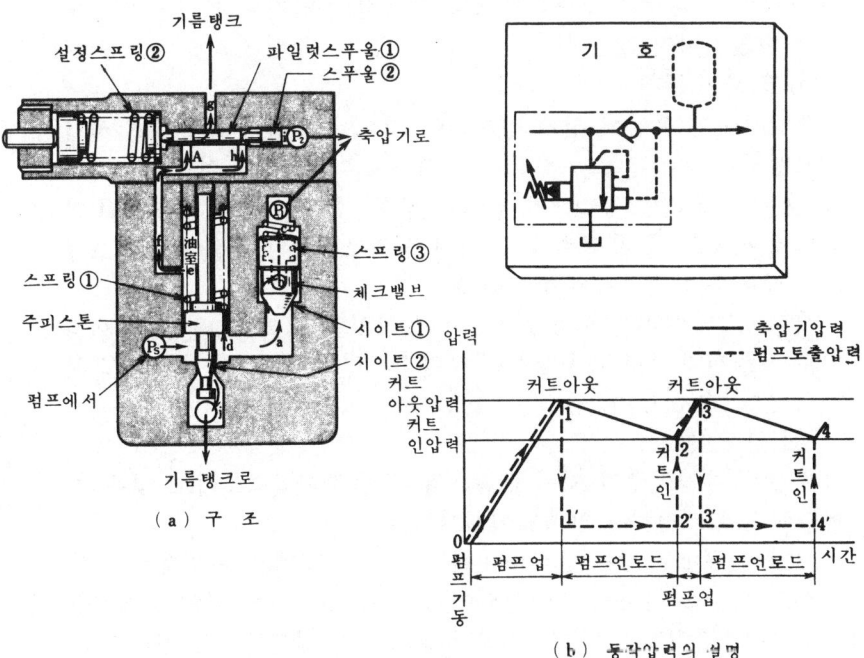

(a) 구 조

(b) 동작압력의 설명

그림 6 · 6 무부하 릴리프밸브

(a) 커트아웃 동작

축압기내의 압력이 상승하여 커트아웃압력에 도달하면 유실 e의 압력은 유로 f를 통해서 유실 h에 전달되고 파일럿스푸울 ①을 좌측으로 미는 힘이 설정스프링 ②로 파일럿스푸울 ①을 우측으로 미는 힘보다 커지면 파일럿스푸울 ①을 좌측으로 움직여 A포트를 개방한다. 유로 g를 기름탱크로 통해두면 유실 e의 압력은 영(零)에 가깝게 되며 주 피스톤은 압상되어 시이트 ②를 연다. 이와같이 해서 펌프로부터의 토출유는 j를 통해서 기름탱크에 유입하므로 펌프가 무부하가 된다. 이 사이에 축압기내의 고압유는 체크밸브에 의해 펌프측으로 역류하는 일은 없다.

또한 유실 e의 압력이 강하되면 유실 h의 압력도 강하하여 파일럿스푸울 ①이 설정스프링②에 의해 우측으로 되돌려 밀리게 된다고 생각되지만 유실 i는 P_2포트를 거쳐서 축압기로 통하고 있기때문에 되돌려지지 않는다.

(b) 커트인 동작

축압기내의 유압이 점차 강하하여 커트인 압력에 도달하면 설정스프링 ②로 파일럿스푸울 ①을 우측으로 미는 힘이 커져서 A포트를 닫는다. 그러면 유실 e의 압력이 상승, 주 피스톤은 스프핑 ①의 힘으로 시이트 ②로 밀린다. 그래서 펌프로부터의 **토출유**는 **체크밸브**를 밀어올려 축압기에 유입한다.

커트아웃압력과 커트인압력의 비는 파일럿 스푸울①과 ②의 직경비로 정해진다. 커트아웃압력은 설정스프링②의 압축량을 바꿈으로써 조정할 수가 있다.

[3] 감 압 밸 브

유량이나 입구측의 압력에 관계없이 출구측압력보다도 낮은 설정압력으로 조정하는 압력제어밸브이다.

그림 6·7에서 상부의 커버내에 있는 파일럿밸브는 포페트, 파일럿스프링 및 조정나사로 구성되어 있다. 조정나사에 의해 포페트를 밀고 있는 파일럿스프링의 힘을 바꿈으로써 설정압력을 정하고 있다. 밸브본체내에는 스푸울과 그것을 아래로 밀고 있는 스푸울스프링이 들어있으며 스푸울의 위치에 따라 감압출구로 통하는 C부의 오리피스의 열림을 결정하고 있다. 만일 입구측의 압력이 설정압력보다 낮으면 C부는 그림 6·7(a)와 같이 전개(全開)가 되어 기름이 허용유량내에서 아무런 저항을 받지 않고 입구측으로부터 감압출

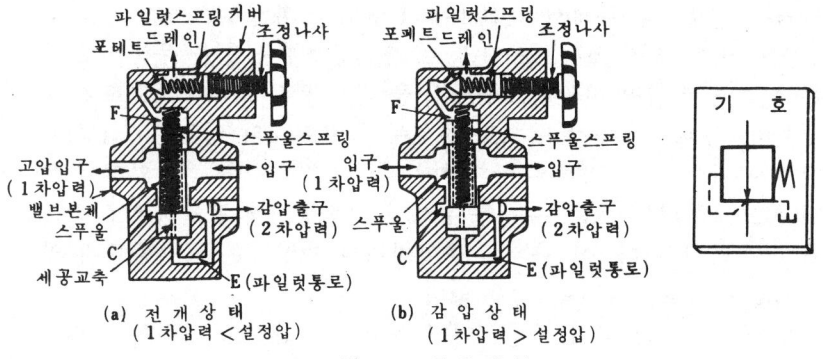

(a) 전 개 상 태   (b) 감 압 상 태
(1차압력 < 설정압)   (1차압력 > 설정압)

그림 6·7 감 압 밸 브

구로 흐르며, 역류도 된다. 그림 6·7(b)와 같이 입구측 압력이 설정압력보다 높으면 포페트가 열려 F실내의 기름이 드레인으로 방출된다. 이 때문에 스푸울 상하에 압력차가 생기며 스푸울을 위쪽으로 움직여 C부의 오리피스를 교축하여 출구측 압력을 감압하고 있다. 부하에 의해 출구측 압력이 설정압력보다 커지면 스푸울은 C부를 닫고 역류를 저지한다. 이와 같이 출구측으로부터 입구측으로의 역류가 안되는 특성이 릴리프밸브와 본질적으로 다른 점이다. 또한 감압밸브가 작동중에는 스푸울의 세공(細孔)교축부를 통과하는 파일럿 유량이 드레인으로서 상시 900~1,500m l / min 정도로 유출하고 있다. 일반적으로 양호한 작동을 시키기 위해서는 입구측과 감압출구측의 압력차를 10kgf / cm²{1MPa} 이상으로 하여두는 것이 바람직하다. 그림 6·8과 같은 체크밸브달림 감압밸브를 사용하면 감압밸브로서의 작용을 하는 동시에 출구측 압력이 설정압 이상인 경우에는 입구측으로의 역류를 시킬 수가 있다.

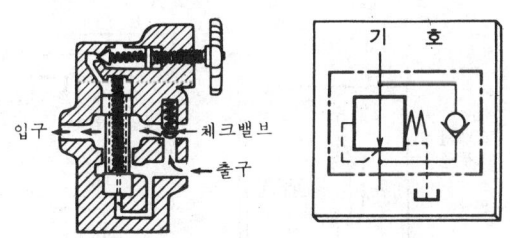

그림 6·8 체크밸브달림 감압밸브

[4] 시퀀스밸브

입구압력 또는 외부파일럿 압력이 소정의 값에 도달하면 입구측으로부터 출구측으로의 흐름을 허용하는 압력제어밸브이다. 그림 6·9에 있어서 설정압력은 밸브내의 스푸울을 밀고 있는 스프링으로 조절하고 있다. 지금 밸브내를 흐르는 기름압력(1차압)이 스프링의 설정압력보다 낮으면 스푸울이 내려진채로 그림 6·9(a)와 같이 출구가 닫혀 있다. 1차압력이 스프링의 설정압력보다 높아지면 스푸울이 올려져 그림 6·7(b)와 같이 출구측이 열린다.

그림 6·10은 그림 6·9의 시퀀스밸브의 아랫부분에 있는 커버의 방향을 바꾸어 파일럿압을 외부로부터 취하여 원격제어할 수 있도

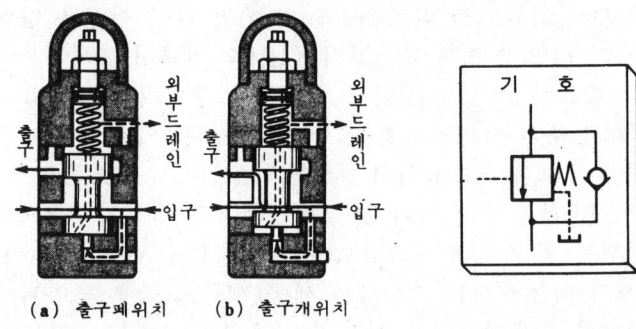

(a) 출구폐위치   **(b) 출구개위치**

그림 6·9 직접 조작 시퀜스밸브 (외부 드레인)

록 하고 있는 시퀜스밸브이다.

　　그림 6·11은 시퀜스밸브의 대표적인 사용 예이다. 그림에서 실린더a가 위쪽에 도달하면 시퀜스밸브가 열리고 솔레노이드②가 여자(勵磁)되어 실린더b가 우측으로 움직이기 시작한다.

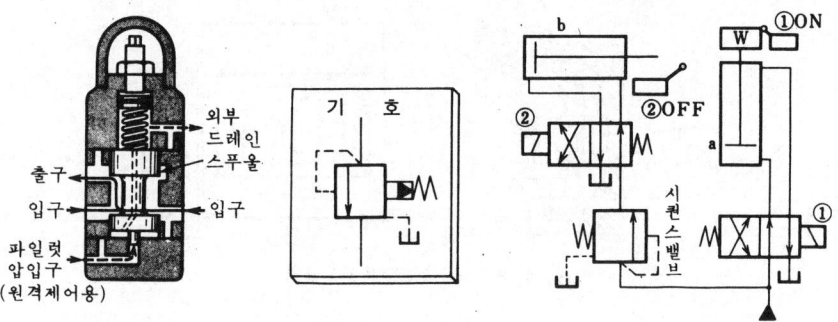

그림 6·10 파일럿조작 시퀜스밸브 (외부드레인)　　그림 6·11 시퀜스밸브의 사용예
(유압실린더의 유지)

　　시퀜스밸브의 압력제어특성은 기본적으로는 릴리프밸브와 동일하지만 압력오버라이드는 그리 좋지 않다. 따라서 시퀜스밸브의 설정압력은 유압회로에 설치되어 있는 릴리프밸브의 설정압력보다 항상 약 17kgf / ㎠{1.7MPa}이상 낮게 하여두는 것이 좋다. 이는 설정압력부근에 있어서의 릴리프밸브와의 공진(共振)을 방지하기 위해서이다.

　　시퀜스밸브에는 체크밸브를 내장한 체크밸브달림 시퀜스밸브가 있는데, 이것은 그림 6·12와 같이 2차측으로부터 1차측으로의 역류가 가능한 것이며, 다른 기능은 시퀀스밸브와 동일하다.

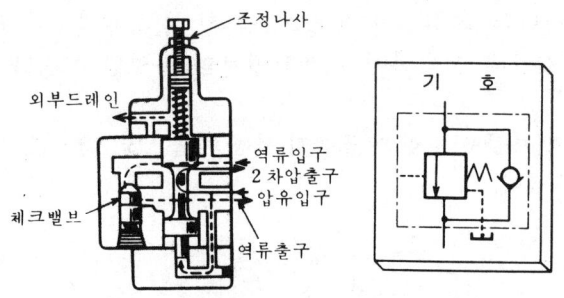

그림 6·12   체크밸브달림시퀀스밸브

[5] 무부하밸브

외부 파일럿압력이 소정의 압력에 달하면 압유(壓油)를 입구측
에서 출구의 기름탱크로 보내어 펌프를 무부하로 하는 압력제어밸
브이다. 이 구조는 그림 6·13과 같이 파일럿조작 시퀀스밸브(그림
6·10)의 상부 커버의 방향을 바꾸어 드레인통로를 내부에 넣은 것
이 다르다.

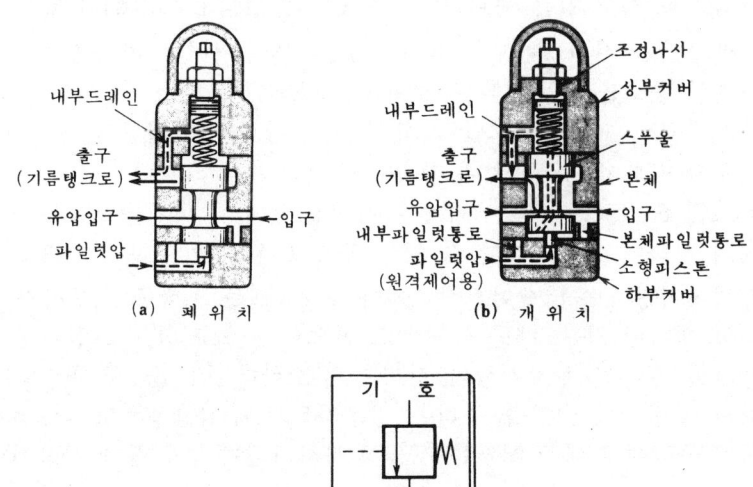

그림 6·13   무부하밸브

작동원리는 시퀸스밸브와 다르지 않으나 다만 2차측 출구가 반드시 기름탱크에 접속되어 있는 점이 시퀸스밸브와 다르다. 그림 6·14에 제시하는 바와같이 평형피스톤형 릴리프밸브의 벤트포트를 전자전환밸브에 접속하여 무부하밸브와 동일한 동작을 시킬 수가 있다.

무부하밸브를 사용한 대표적인 사용 예를 그림 10·13, 그림 10·14에 제시하였다.

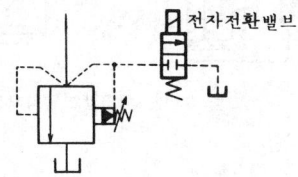

그림 6·14 벤트제어릴리프밸브
(무부하밸브와 동일기능)

[6] 카운터 밸런스밸브

한방향의 흐름에는 설정된 배압을 주고 반대방향의 흐름을 자유흐름으로 하고 있는 밸브이다. 이 구조는 그림 6·15(a)와 같이 체크밸브달림 시퀸스밸브(그림 6·12)의 상부커버의 방향을 바꾸어 드레인 통로를 내부에 넣은 것이 다르다.

작동원리는 체크밸브달림 시퀸스밸브와 동일하지만 다만 2차측 출구가 반드시 기름탱크에 접속되어 있는 점이 다르다.

그림 6·15(a)의 하부커버의 방향을 바꾸어 파일럿압력을 외부에서 취하여 원격조작할 수 있는 구조로 한 것이 그림 6·15(b)의 원격제어형 카운터밸런스밸브이다. 이 밸브는 조작중의 부하가 급속히 제거된 경우, 예를 들면 피스톤으로 누르고 있는 드릴이 구멍 뚫기를 끝내면 부하저항이 갑자기 감소한다. 이 돌출을 방지하기 위해 실린더에 배압을 주려는 경우라든가 수직방향으로 작동하는 램이 중력에 의해 떨어지는 것을 방지시키려는 경우 등에 사용된다.

그림 6·16은 카운터밸런스밸브의 사용 예이다. 그림 6·16(a)는 피스톤, 즉 부하를 상승시키려는 경우에 유압을 4포트 전환밸브, 카운터밸런스밸브를 통해서 피스톤 하부에 유입시키고 있다. 실린더

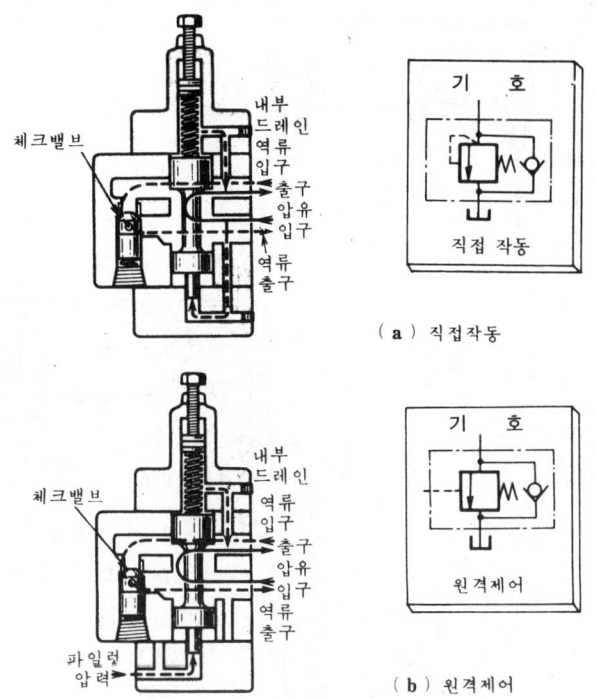

내부
드레인
체크밸브
역류
입구
출구
압유
입구
역류
출구

기   호

직접 작동

(a) 직접작동

내부
드레인
체크밸브
역류
입구
출구
압유
입구
역류
출구
파일럿
압력

기   호

원격제어

(b) 원격제어

그림 6 ·15 카운터밸런스밸브

상부의 기름은 4포트전환밸브를 거쳐서 기름탱크로 복귀시키고 있다. 이 카운터밸런스밸브의 설정압력을 피스톤과 부하의 자중(自重)에 의해 생기는 배압보다도 크게 하여두면 부하의 하강을 억제할 수가 있다. 그림 6 · 16(b)는 파일럿압력을 피스톤의 상단부에서 취하고 있는 회로의 예이다.

6 · 2 방향제어밸브

[1] 종   류

방향제어밸브는 흐름의 방향을 제어하는 밸브의 총칭으로서, 그 기능, 구조, 조작방식에서 보면 표 6 · 2와 같은 종류가 있다. 흔히 사용되고 있는 스푸울전환밸브에 대해서 그 유로의 형식(포트의 수), 스푸울제어의 방법, 스푸울 이동위치의 형식, 스푸울 양단의 스프링

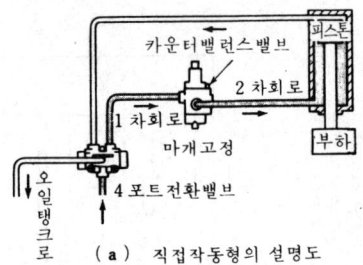

(a) 직접작동형의 설명도

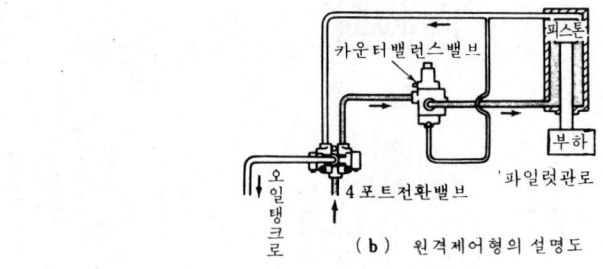

(b) 원격제어형의 설명도

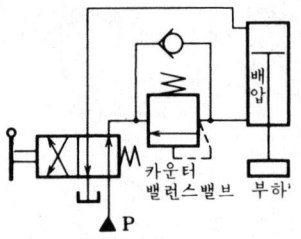

(c) 직접작동형의 회로도

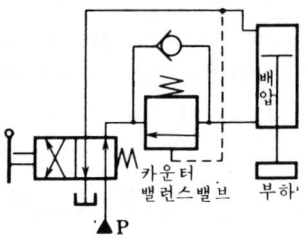

(d) 원격제어형의 회로도

그림 6·16 카운터밸런스밸브의 사용예

의 수, 스푸울과 슬리브 포트의 중앙위치에 있어서의 유로의 형식
등에 의해 분류해 보면 표 6·3(1),(2)와 같다.

표 6 · 2 방향제어밸브의 종류

기능	밸브의 구조				밸브의 조작방식					
	시트밸브		슬라이드밸브		인력조작	기계조작	파일럿조작	전기조작		조작
	볼밸브	포페트밸브	스푸울밸브	회전밸브	레버, 페달	캠, 로울러, 플런저, 스프링		전자(솔레노이드), 전동기		전자·파일럿
체크밸브 (check valve)										
셔틀밸브 (shuttle valve)										
전환밸브 (directional control valve, selector)										

표 6·3 스풀올밸브의 분류 (1)

명 칭	기 호 와 구 조
2포트전환밸브 (2-port selector)	상시폐
3포트전환밸브 (3-port selector)	상시폐 / 상시개
4포트전환밸브 (4-port selector)	가스켓접속 / 나사접속 / 상시개
인력조작 (manually operated)	(좌) / (중앙) / (우)
기계조작 (mechanical operated)	
파일럿조작 (pilot operated)	(좌) X PB AR AB Y / (우) PA BR AB Y
전자조작 (solenoid operated)	(좌) 전자솔레노이드 / (우) 솔레노이드
전자조작 및 파일럿조작 (solenoid controlled pilot operated)	솔레노이드 / 스풀올

스풀올 이동위치의 수	2위치밸브	3위치밸브	4위치밸브
스풀링의 수	스풀링 없음	스풀링리턴	스풀링센터

포 트 의 수

스 풀 올 조 작 의 방법

스푸울 전환밸브의 분류 (2)

名 稱	記 号	号	特 徵
오올포트블록 (클로우즈드센터) (closed center)	A B / P R		중립위치에서 모든 포트가 단혀 있다. 1대의 펌프로 여러개의 실린더를 작동시킬수 있고 또한 실린더를 임의의 위치에 정지할 수 있다. 흐름의 변환을 급속하게 하면 서어지압력이 발생한다.
오올포트오픈 (오픈센터) (open center)	A B / P R		중립위치에서 모든 포트가 통하고 있기 때문에 펌프를 무부하로 하고 실린더를 작동시킬 수가 있다. 서어지압력이 생기지 않는다. 그러나 중립위치를 통과할 때 순간적으로 회로압력이 내려간다.
P·R접속 (탠덤센터) (tandem center)	A B / P R		P, R 포트가 통하고 있고 B, A 포트가 단혀 있다. 이 때문에 중립위치에서 펌프를 무부하로 하고 실린더를 임의의 위치에 고정할 수가 있다. 이 밸브의 R과 D 포트를 순차 접속하면 다수의 실린더를 직렬로 배치하여 사용할 수 있다. (탠덤회로)
A·B·R접속 (P포트블록) (ABR port connection)	A B / P R		A, B, R 포트가 통하고 있고 P 포트가 단혀 있다. 이 때문에 중립위치에서 실린더를 자유롭게 움직일 수가 있다. 1대의 펌프로 다수의 실린더를 작동시킬 수가 있다. 파일럿 전환밸브로서 많이 사용된다.
P·A·B접속 (R포트블록) (PAB port connection)	A B / P R		P, A, B 포트가 통하고 있고 R 포트가 단혀 있다. 전환밸브나 전자·파일럿전환밸브의 안내밸브로서 계속 압력중 급상태로 하여 두고서 할 때에 사용된다.
B·R접속 (BR port ocnnection)	A B / P R		B, R 포트가 통하고 있으며 A, P 포트가 단혀 있다.

중앙위치에서의 유로상태에의한분류

[2] 체크밸브(Check Valve)*

1방향으로만 기름의 흐름을 허용하고 반대방향으로는 흐름을 저지하는 밸브이다.

그림 6·17은 이 구조와 기호를 제시한 것이다. 그림에 있어서 입구측으로부터의 유압유의 흐름은 스프링의 힘에 대항해서 포페트를 눌러 출구측으로 흐르지만 출구측으로부터 입구측으로는 포페트가

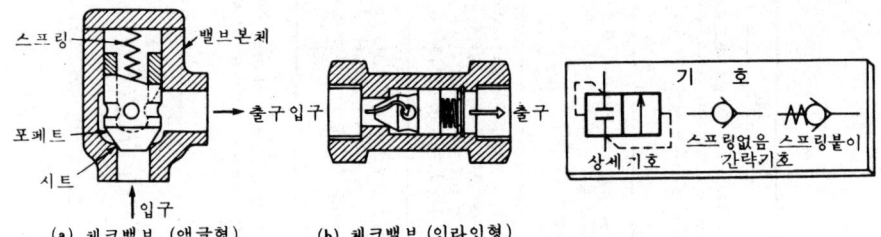

(a) 체크밸브 (앵글형)   (b) 체크밸브 (인라인형)

그림 6·17 체크밸브 (스프링부하형)

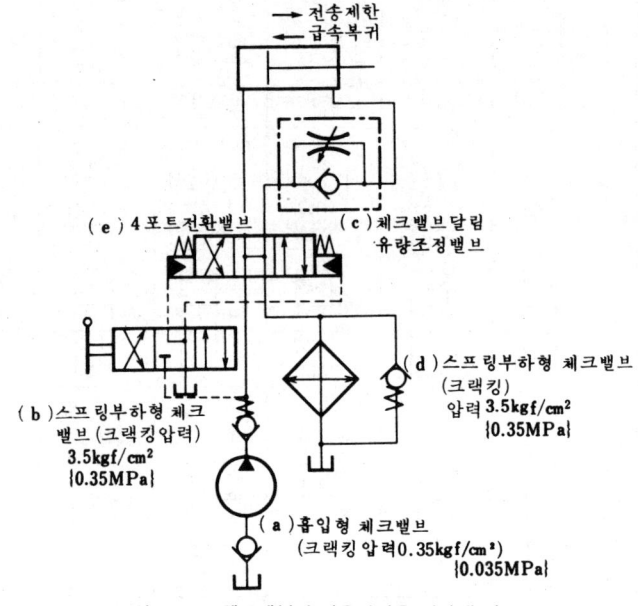

그림 6·18 체크밸브의 사용방법을 나타낸 회로

*체크밸브는 역지밸브라고도 한다. check는 「저지한다」의 의미로 역류를 「저지하는」 것. 「역지밸브」라고도 하나 본서에서는 관용어로서 일반적으로 통용하고 있는 「체크밸브」라는 것으로 한다.

시이트에 밀착되어 열리지 않으므로 역류되지 않는다.

그림 6·18은 체크밸브의 사용방법을 나타내고 있는 회로도이다. 체크밸브(a)는 펌프의 위치가 유면(油面)보다 상당히 높은 경우 펌프 흡입관로에 기름을 채워두기 위해 사용한다. 이 경우 크랙킹압력은 작은 것을 사용한다. 체크밸브(b)는 크랙킹압력 3.5kgf／㎠{0.35MPa}의 스프링 부하형 체크밸브로서 4포트 전환밸브(e)를 조작시키기 위한 최저기름압력을 유지시키고 있다. 밸브(c)는 피스톤의 전송(前送)속도를 제한하고 복귀행정을 자유흐름으로 해서 속도를 빠르게 하고 있다. 체크밸브(d)는 열교환기의 내압(耐壓)을 보호하는 안전밸브로서의 작용을 하고 있다.

파일럿조작 체크밸브는 그림 6·19와 같이 파일럿압력에 의해 밸브의 개폐를 조작하고 있는 체크밸브이다.

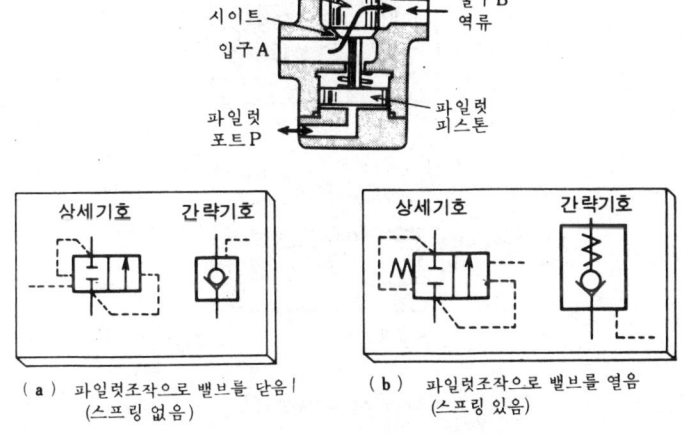

포페트
시이트
입구A
출구B
역류
파일럿
포트P
파일럿
피스톤

상세기호   간략기호   상세기호   간략기호

(a) 파일럿조작으로 밸브를 닫음
(스프링 없음)

(b) 파일럿조작으로 밸브를 열음
(스프링 있음)

그림 6·19 파일럿조작 체크밸브

[3] 프레필밸브

파일럿조작 체크밸브의 일종으로서, 대형프레스 등을 고속으로 강하시키는 경우 램내가 부압(負壓)이 되는 것을 방지하기 위해 직접 기름탱크로부터 기름을 흡입하여 가공공정에서는 램으로부터 탱크로의 역류를 방지하고 복귀공정에서는 파일럿압력으로 밸브를 개방하여 자유흐름으로 하고 있다. 이 밸브는 그림 6·20(a),(b)와 같이 시이트형과 스푸울형이 있다. 스푸울형은 비교적 낮은 파일럿 압력으로도 밸브를 개폐할 수가 있다. 보통 기름탱크나 실린더에 직접 장치하여 흐름저항을 작게 하고 있다.

그림 11·5에 이 밸브를 사용한 유압회로의 예를 든다.

[4] 셔틀밸브

그림 6·21과 같은 구조를 하고 있는데 두 입구와 하나의 공통출구가 있고 출구는 입구압력의 작용에 의해 입구의 어느 한쪽으로 자동적으로 접속되는 밸브이다.

그림 6·21은 고압측의 입구가 출구에 접속되어 있는 것을 나타내고 있다.

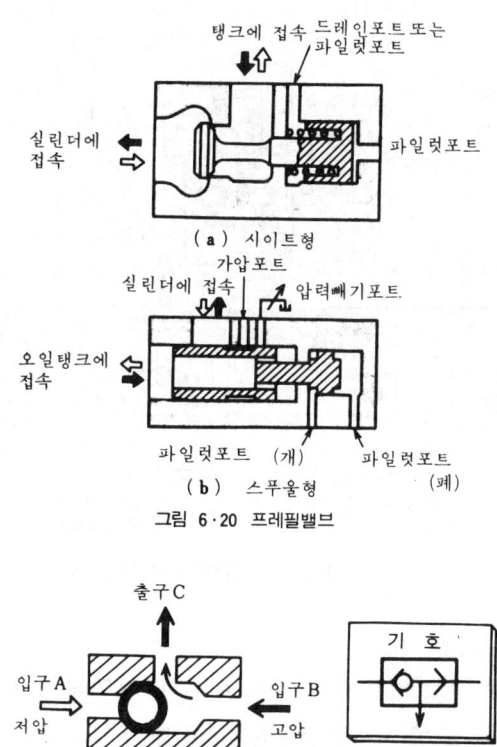

(a) 시이트형

(b) 스푸울형

그림 6·20 프레필밸브

그림 6·21 셔틀밸브

[5] 2포트전환밸브

그림 6 · 22와 같이 외부로 통하는 포트가 두개 있는 전환밸브를 2포트전환밸브라고 하는데, 압력구는 실린더 한쪽의 입구에 접속하고 있다. 이 밸브의 밀봉된 부분이 고압이 되는 것을 방지하기 위해 드레인구멍을 만들어 기름탱크에 연결하고 있다. 이 밸브는 소용량으로 저압 약35kgf / ㎠{3.5MPa} 이하의 경우나 파일럿회로 등에 많이 사용된다.

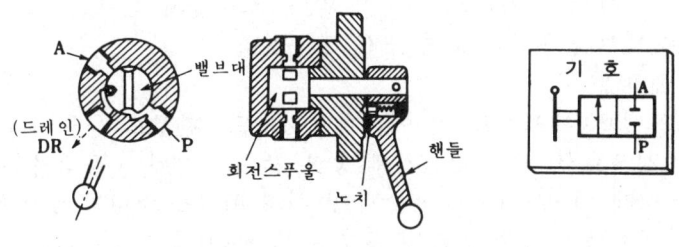

그림 6 ·22 2 포트전환밸브

[6] 3포트전환밸브

외부로 통하는 포트가 셋이 있는 전환밸브를 3포트전환밸브라고 한다. 이 밸브는 그림 6 · 23과 같은 구조로 되어있으며 비교적 저압 ·

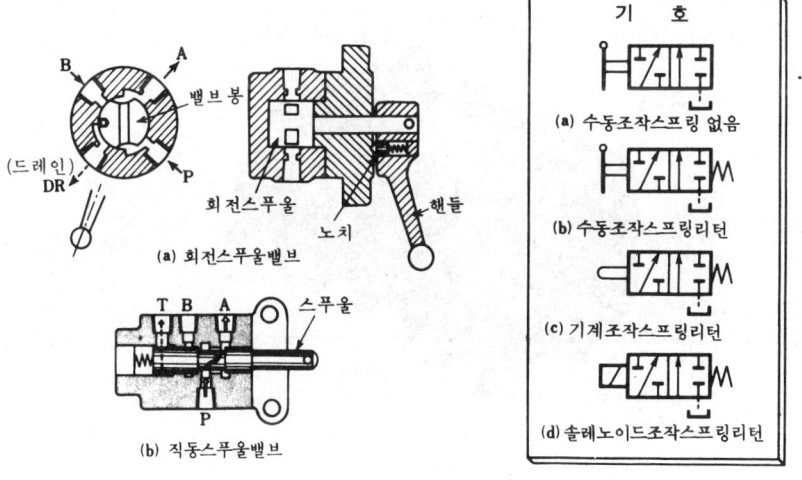

(a) 회전스푸울밸브

(b) 직동스푸울밸브

기 호

(a) 수동조작스프링 없음

(b) 수동조작스프링리턴

(c) 기계조작스프링리턴

(d) 솔레노이드조작스프링리턴

그림 6 ·23   3 포트전환밸브

소용량용으로 사용된다.

스푸울조작의 방법으로는 그림 6·23의 기호에 제시하는바와 같이 레버·기계·솔레노이드(전자) 조작방식 등이 있다.

[7] 4포트전환밸브

4개의 포트를 가지고 있는 전환밸브를 4포트전환밸브라고 하며, 회전스푸울형과 미끄럼스푸울형(약칭 스푸울형)이 있다. 대형의 4포트전환밸브는 스푸울형이 많다. 회전스푸울밸브는 통상 12 *l* / min, 조작압력 70kgf / ㎠{7MPa}이하가 많다. 스푸울의 전환조작으로 4포트전환밸브를 분류해 보면 표 6·3과 같다.

[8] 복합밸브

릴리프밸브, 체크밸브 및 여러개의 4포트전환밸브 등을 하나로 종합한 것으로서, 주로 건설기계 등과 같은 차량에 사용되며 설치면적을 작게 하고 있다. 이와같이 몇 개의 밸브를 하나의 밸브본체 안에 넣어서 하나의 몸체로 한 구조의 복합밸브를 모노블록형 밸브(그림 6·24)라고 한다. 또 그림 6·25와 같이 기능이 다른 여러 개의 밸브를 겹쳐 타이볼트로 한 몸체로 결합하고 그 조합을 변경시킴으로써 상이한 회로구성을 할 수 있게 한 복합밸브를 모듈러스택형밸브라고 한다.

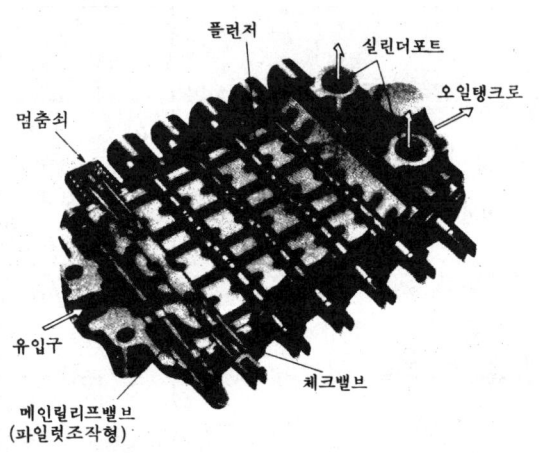

그림 6·24 복합밸브(모노블록형밸브) (동지기계)

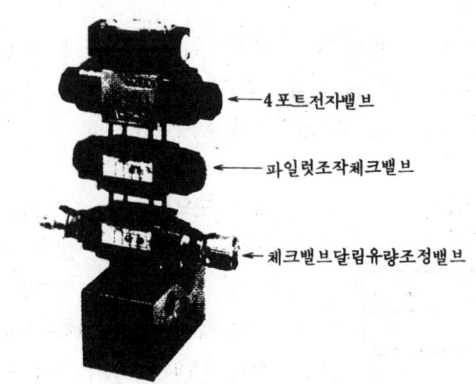

4포트전자밸브

파일럿조작체크밸브

체크밸브달림유량조정밸브

그림 6·25 복합밸브(모듈러스택형밸브) (유연공업)

[9] 방향제어밸브의 고장

방향제어밸브의 고장은 다음과 같은 경우에 흔이 발생한다.

(1) 기름속의 먼지, 각 부품의 마모, 스프링의 파손 등

(2) 규정이상의 압력 또는 유량을 흘리면 스푸울이 본체에 고착되어 움직이지 않게 되거나(hydraulic lock 이라고 한다) 포트의 개구부에서 고압·대용량의 유압이 분출하기 때문에 스푸울을 이동시키는 데 큰 힘이 필요하며 솔레노이드의 힘이 부족되어 전환불능이 되는 경우가 있다.

(3) 평면도가 나쁜 면에 부착볼트로 너무 조이면 밸브볼체가 휘어서 스풀의 이동이 나빠지며 전환이 안되게 되는 경우도 있으므로 부착면은 가능한 한 평면도가 좋은 것으로 할 것.

(4) 전자밸브에 규정이상 또는 이하의 전압(電壓)을 통전하면 솔레노이드를 소손시킨다. 그리고 수분이 많은 장소에서는 사용하지 말 것.

(5) 탱크포트에 규정이상의 유압을 가하면 스푸울의 전환력이 과대해지거나 전자밸브를 파손시키게 되므로 주의할 것.

(6) 전자밸브를 매초 1회 이상의 속도로 반복 사용하는 경우는 솔레노이드를 혹사하므로 미리 메이커와 협의하여 사용할 것.

6 · 3 유량제어밸브

[1] 기초사항

유량을 제어하는 밸브를 유량제어밸브라고 총칭한다. 여기서는 유량을 제어하는 데에 조리개를 사용하고 있다. 조리개에는 오리피스와 쵸오크가 있는데, 유량제어밸브에는 주로 오리피스를 이용하고 있다.

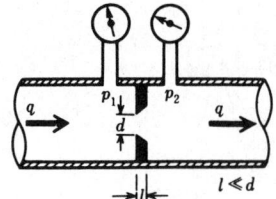

그림 6·26 오리피스

(a) 오리피스　그림 6 · 26과 같이 흐름의 단면적을 감소시키는 통로에 있어서 그 길이가 단면치수에 비해서 비교적 짧은 조리개를 말한다.

이상적인 오리피스에 있어서는 정상상태인 이상유체가 오리피스를 통과하는 유량과 압력의 관계는 다음 식으로 표시된다.

$$q = cA\sqrt{\frac{2(p_1 - p_2)}{\rho}} \qquad\qquad (6 \cdot 1)$$

오리피스전의 압력
오리피스후의 압력
유량계수
유체의 밀도
오리피스단면적
유량

여기서 밀도ρ는 온도가 바뀌지 않으면 일정하다. 또한 오리피스에 의한 흐름의 압력강하는 점도의 영향을 별로 받지 않는다. c는 일정하지 않고 오리피스면적, 조리개부분의 형상, 레이놀드 수 등에 따라 상당히 변화한다. 따라서 c의 값은 실험에 의해 구하는 방법밖에 없다.

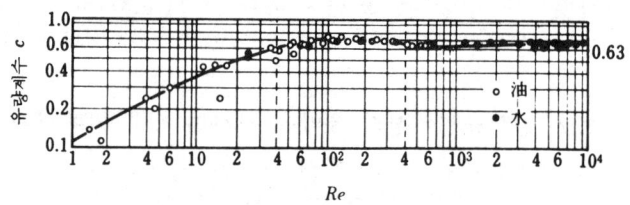

그림 6·27 스푸울밸브의 유량계수 (원형포트)

그림 6·27은 유량계수 c의 측정치의 일례로서, $Re>400$에서 약 0.63이 되고 Re가 작은 곳에서는 c가 $\sqrt{Re}$에 비례하고 있다. 또한 $Re ≒ 100$에 최대치가 있는 것을 알 수 있다.

레이놀드 수(Reynolds number;Re)

유체의 흐름에는 층류와 난류가 있다. 층류는 동점도(動粘度)가 크며 유속이 늦고 가는 관이나 좁은 틈을 통과할 때 생기기 쉽다. 난류는 점도가 작고 유속이 빠르며 굵은 관내를 흐를 때 생기는데 무수한 불규칙적인 원을 그리면서 흐른다. 층류에서 난류로 천이될 때의 유속을 임계속도라고 한다.

이들 관계에 대해서 영국의 학자 레이놀드(Osborne Reynolds, 1889 년)는 계통적인 실험에 의해 다음과 같은 관계를 발견하였다.

$$Re = \frac{\rho v d}{\mu} = \frac{v d}{\nu} \tag{6·2}$$

밀도 / 관내경[m] / 평균유속[m/s] / 점도 / 동점도[㎡/s]

이 무차원량(無次元量) Re를 레이놀드 수라고 한다. 특히 유속이 임계속도(v_c)일 때 $Re_c = v_c d/\nu$를 임계 레이놀드 수(critical Reynolds number)라고 하며, 그 값은 약 2000이다.

유체의 분류

$$유체 \begin{cases} 비압축성유체 \\ (밀도분포가 일정) \\ \\ 압축성유체 \\ (밀도분포가 일정하지 않다) \end{cases} \begin{cases} 이상유체 \\ 점성유체 \end{cases} \\ \begin{cases} 점성유체 \\ 비점성유체 \end{cases}$$

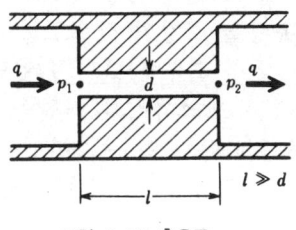

그림 6·28 쵸오크

(b) **쵸오크** 그림 6·28 제시하는바와 같이 교축부 길이가 단면치수에 비해 비교적 긴 조리개를 말한다. 쵸오크형의 둥근 구멍 속을 점성유체가 층류(層流)로 정상적으로 흐르는 경우의 유량 q는 다음 식으로 구해진다.

$$q = \frac{\pi d^4 (p_1 - p_2)}{128 \rho \nu\, l} \qquad (6\cdot3)$$

유량 직경 초오크의 입구압력 초오크의 출구압력 밀도 동점도 길이

동점도(動粘度)ν는 유체온도의 함수로서 석유계 작동유의 경우 온도에 대해서 상당히 변화한다. 따라서 온도변화에 의한 유량변화가 비교적 크다. 또한 유량은 압력강하에 비례하고 있는 것이 오리피스와 다르다.

[2] 종 류

유량제어밸브에는 압력보상기능이 없는 밸브와 압력보상기능이 있는 밸브가 있다. 이것을 다시 더 세분하면 표 6·14와 같이 된다.

(a) **교축밸브** 교축작용에 의해 유량을 제어하는 유량제어밸브로서 압력보상이 없는 것을 말한다.

교축밸브를 그 구조, 기능상으로 보면 표 6·4와 같이 니이들밸브, 노치(notch)밸브(또는 드로틀밸브), 포트밸브, 1방향교축밸브, 디셀러레이션밸브 등이 있다. 이들밸브는 교축면적을 일정하게 하더라도 입구와 출구의 압력차가 변동하면 유량이 크게 변한다.

니이들밸브와 같이 흐름을 완전히 정지할 수 있는 밸브를 특히 정지밸브, 스톱밸브라고도 한다.

(b) **유량조정밸브** 압력보상기구를 구비하고 입력압력이나 배압의 변화에 관계없이 유량을 소정의 값으로 유지하는 밸브이다.

구조는 그림 6·29와 같이 교축밸브(1)과 압력보상밸브(2)로 구성되어 있다. 교축밸브에는 오리피스의 역할을 하고 있는 편심(偏心)된 부품이 있는데 표면에 나와 있는 다이얼에 연결되어 있다. 다이얼을 돌리면 이 오리피스(Y)의 크기가 변하게 되어 있다.

압력보상밸브(2)의 U실측 표면적a는 V실과 W실의 면적의 합과

표 6 · 4 유량제어밸브의 종류

형식	호 칭 명	의 미	특징·구조·기호
압력보상없음	교축밸브 니이들밸브 (침밸브)	유량을 제어하기 쉽도록 침상의 밸브체를 사용한 밸브	완전폐지할 수 있으므로 정지밸브로서 사용된다. 스트로크에 따라 밸브의 열림 정도를 작게 할 수 있으므로 미소흐름으로 조일수 있는데 압력이나 부하변동에 따라 제어유량이 바뀐다.
	노치밸브 (드로틀 밸브)	밸브체에 홈(노치)을 만들어 스트로우크를 따라 홈면적이 변화하는 밸브.	압력·점도변화에 의한 유량변동은 니들밸브와 동일하지만 전폐하더라도 내부누출이 있기때문에 완전폐지가 안된다. 조임전·후의 압력차가 크더라도 비교적 소량의 조정을 하기 쉽다.
	포트 밸브	포트면적을 흐름에 직각으로 구획, 포트의 개방을 변화시키고 있는 밸브.	오리피스형의 교축이므로 비교적 점성의 영향이 없다. 저압시의 교축특성이 좋다. 고압시는 스트로크 조작력이 커진다.
	일방향교축밸브 [스로우리턴 밸브, 체크 밸브 붙이, 가변교축밸브]	한방향으로는 자유흐름을 허용하고 다른방향으로는 흐름을 규제하는 교축밸브.	유량을 조정하는 교축밸브와 역류를 자유롭게 하는 체크밸브를 내장한 밸브.
	디셀러레이션밸브 (기계조작 가변교축밸브)	액추에이터를 감속시키기 위해 캠조작등에 의해 유량을 서서히 감소시키는 밸브.	

표 6·4의 계속

형식	호 칭 명	의 미	구 조 · 기 호	
압력보상있음	유량조정밸브	시리즈형유 량조정밸브	밸브에 내장된 압력 보상밸브의 유로가 가변교축과 직렬로 접속되어 있는 형식 의 2포트 유량조정 밸브.		
		바이패스형 유량조정밸 브	밸브에 조립된 압력 보상밸브의 유로가 가변교축 앞의 분기 로로 되어 잉여유체 를 기름탱크 또는 2 차 공급회로로 바이 패스 시키는 형식의 3포트. 유량조정밸브		
		체크밸브붙 이 유량조 정밸브			
		온도보상붙 이 유량조 정밸브	유체의 온도변화에 관계없이 유량을 소 정의 값으로 유지하 는 유량조정밸브.		
	분 류 밸 브		압력유체원에서 두 가지 이상의 관로에 분류시킬 때 각각의 관로압력에 관계없이 일정비율로 유량을 분할해서흘리는밸브		
	집 류 밸 브		두개의 유입 관로의 압력에 관계없이 소 정의 출구유량이 유 지되도록 합류하는 밸브.		

같다. U실은 출구관로에 통하고 있으며, V, W실은 오리피스 Y의
입구측 X실에 통하고 있다. U실의 압력과 스프링(3)은 V실과 W실
의 압력에 대응하고 있다. 지금 입구에서 p_1인 압력이 들어가 오리
피스 Z에서 p_2가 되어서 오리피스 Y를 통하여 p_3의 압력으로 되어
출구에 유출한다고 생각한다.

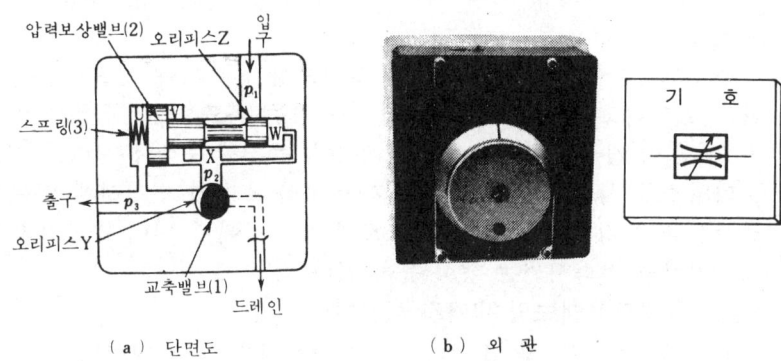

(a) 단면도   (b) 외 관

그림 6·29 유량조정밸브 (풍흥공업)

압력보상밸브(2)는 항상 X실과 출구의 압력차 Δp가 스프링(3)
(이 압축력을 S라고 한다)과 동등해지도록 작동한다.
즉,

$$S + ap_3 = ap_2 \text{ 따라서 } p_2 - p_3 = \frac{S}{a} = \text{일정}$$
(6·4)

따라서 오리피스 Y를 통과하는 압력강하는 항상 상대적으로 일
정해진다.

일반적으로 오리피스 Y를 통과하는 유량은 다음 식으로 표시된
다.

$$q = cA \sqrt{2 \frac{\Delta p}{\rho}}$$
(6·5)

여기서 c : 유량계수 (정수)
    A : 오리피스 Y의 단면적 [cm²]
    q : 제어유량 [cm² / s]

ρ:기름의 밀도$[kg/cm^2]$(정수)

따라서 밀도나 유량계수 등의 인자가 일정하면 오리피스Y의 단면적에 비례한 압유(壓油)가 흐르게 된다. 즉 이 유량조정밸브를 통하는 유량은 교축밸브(1)의 위치에 따라 결정된다.

유량조정밸브는 점도가 일정한 경우 정확히 유량을 제어할 수 있지만 유온의 변화에 의해 생기는 점도의 변화에 대한 유량변동은 제어할 수 없다.

온도보상붙이 유량제어밸브는 압력보상기구 외에 온도(점도)변화가 있더라도 유량을 일정하게 유지하는 온도보상기구를 구비하고 있다. 이 기구에는 점도변화의 영향을 무시할 수 있는 박도(博刀)오리피스를 사용한 것과 온도변화에 따라 길이가 민감하게 바뀌는 조정봉을 유량설정 다이얼과 조르개밸브 사이에 넣어 조르개부의 개구면적을 변화시키는 형식 등이 있다.

[3] 유량조정밸브의 세가지 사용방법

유량조정밸브는 실린더에 대한 부착위치에 따라 미터인회로, 미터아웃회로, 브리드오프회로의 사용방법이 있다.

(a) 미터인회로   그림 6·30과 같이 유량조정밸브를 실린더 앞에 부착, 실린더에 들어가는 유량을 제어하고 나머지 유량은 릴리프밸브에서 기름탱크로 복귀시키고 있는 회로이다. 이 회로의 효율은 좋다고는 할 수 없으나 부하변동이 크고 피스톤의 움직임에 대해 정방향의 부하가 가해지는 경우, 예를 들면 연삭반의 테이블 이송등에 적합하다.

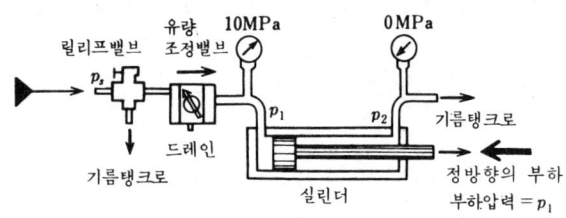

그림 6·30 미터인회로

(b) 미터아웃회로   그림6·31과 같이 실린더의 복귀회로에 유량조정밸브를 부착, 실린더에서 유출하는 유량을 제어하고 나머지

유량은 미터인 회로와 동일하게 릴리프밸브로부터 기름탱크로 복귀시키고 있는 회로이다.

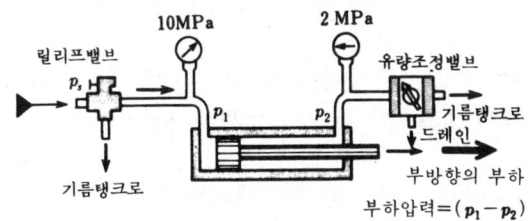

그림 6·31 미터아웃 회로

실린더의 출구가 교축되어 실린더에 배압이 걸리므로 부(負) 방향의 부하, 즉 피스톤이 인입(引込)되는 경우의 속도제어에 적합하다. 예를들면 드릴링머신, 프레스 등에 많이 사용되고 있다.

(c) **블리드오프회로**   그림 6·32와 같이 펌프와 실린더간의 분기관로에 유량조정밸브를 설치하여 기름탱크로 복귀시키는 유량을 제어함으로써 속도를 제어하는 회로이다.

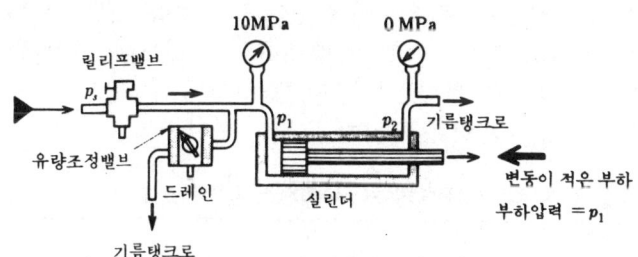

그림 6·32 브리드오프 회로

이 경우 펌프에 가해지는 압력은 실린더가 부하를 구동하는 데 필요한만큼의 압력밖에 안되므로 릴리프밸브에 의한 유출량이 없으며 동력손실이 적다. 그러나 부하변동이 큰 경우 펌프 토출량이 바뀌며 정확한 속도제어가 안된다. 따라서 비교적 부하변동이 적은 호우닝머시인이나 정밀도가 그다지 필요하지 않은 윈치의 속도제어 등에 사용된다.

[4] 유량제어밸브의 사용상의 주의사항과 고장대책

(a) 사용상의 주의사항

(1) 식(6·4), $p_2-p_3=S/a$가 성립되지 않으면 압력보상이 안되므로 $p_3=0$으로 하여도 $p_2=S/a$, 또한 $p_2<p_1$. 따라서 p_1이 6~10kgf / cm² {0.6~1MPa} 이상이 아니면 압력보상밸브가 완전하게 작동하지 않는다.

(2) 대용량의 유량조정밸브로 소용량의 제어는 곤란하다. 일반적으로 지시눈금의 30~70%가 사용범위로 되는 형식의 것을 선택하는 것이 좋다.

(3) 유량조정밸브는 되도록 액추에이터근처에 설치할 것.

(4) 내부누설이 많으면 유량을 바르게 제어할 수 없게 된다. 흐름이 많아지면 오리피스의 설정을 한쪽 끝에서 다른쪽 끝까지 바꾸어도 유량의 변화가 그다지 생기지 않게 된다.

(5) 점도변화가 크면 유량설정에 상당히 영향을 준다. 니이들밸브를 사용한 미터링오리피스의 경우에는 특히 심하다. 이 경우, 온도보상붙이 유량조정밸브를 사용하면 되지만 제어정밀도가 충분하다고는 할 수 없다.

(6) 기름이 유량제어밸브내를 흐르기 시작할 때 또는 입구의 압력이 갑자기 상승할 때 유량이 순간적으로 대량으로 흐르는 현상을 점핑현상이라고 하며 유량조정밸브나 분류밸브에 생긴다. 이것은 밸브입구의 급격한 압력변동에 대해서 압력보상밸브의 응답이 늦어지기 때문에 발생하는 것이다.

표 6·5 유량조정밸브의 고장원인과 그 대책

고 장	원 인	대 책
압력보상밸브가 작동하지않는다	1. 스푸울에 찌꺼기가 들어 있다. 2. 스푸울의 구멍이 막혀 있다. 3. 입구와 출구의 압력차가 작다.	분해소제한다. 상처유무를 조사하고 면을 다듬거나 신품과 교환한다. 최저압력차는 10kgf/cm² {1MPa}
교축밸브 다이얼의 회전이 빡빡하다	1. 다이얼축에 찌꺼기가 들어 있다. 2. 미터인회로의 1차압이 높은 경우. 3. 조정유량이 일정치 않다.	다이얼을 최대눈금위치에 두고 완전하게 플래싱하거나 분해소제한다. 1차압을 낮추어 돌려 본다. 지정되어 있는 최저제어유량범위에서 사용하고 있는가를 조사하고 적절한 밸브로 교환한다.
눈금판이 올라 간다.	1. 드레인관로가 막혀 있다. 2. 드레인측에 배압이 걸려 있다.	드레인관로를 떼어 조사한다. 다른 복귀관로를 따로 하고 배압은 0.35kgf/cm² {0.035MPa} 이하가 되도록 한다.

(b) 고장원인과 그 대책　유량제어밸브는 작동유를 깨끗하게 하여 두면 고장이 거의 발생하지 않는다. 표 6·5에 고장의 현상과 그 원인, 대책을 제시한다.

(c) 분류밸브·집류밸브　분류밸브는 그림 6·33과 같이 유압 공급원으로부터 둘 이상의 관로로 분류할때 각각의 관로압력에 관계없이 일정한 비율로 유량을 분배해서 흐르게 하는 밸브이다. 이

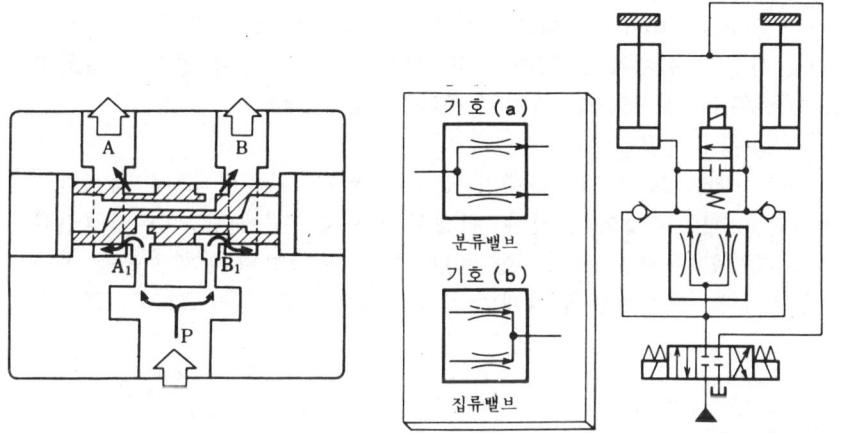

그림 6·33 분 류 밸 브　　　　　　　그림 6·34 분류밸브의 사용예

것과는 반대로 두 유압관로의 압력에 관계없이 소정의 출구유량이 유지되도록 합류하는 밸브를 집류밸브라고 한다. 그림 6·33(b)에 이 도기호를 제시한다.

분류밸브를 표시하는 그림 6·33에 있어서 P포트에서 들어간 기름은 A_1, B_1을 통해서 A, B포트에서 유출함과 동시에 좌측에서 들어가는 기름은 스푸울의 우단실(右端室)에, 우측에서 들어가는 기름은 스푸울의 좌단실에 들어가 좌우의 압력이 평행되게 작용하고 있다. 여기서 A_1측의 압력이 커지면 스푸울은 좌측으로 이동하여 압력이 동등해질때까지 B_1측의 유입포트가 교축되며 A_1측의 유입포트가 열린다. 이와같이 해서 P포트에서 유입하는 작동유를 2등분하여 A, B포트에서 송출하는 작용을 하고 있다.

분류밸브나 집류밸브는 액추에이터를 동기해서 작동시키려는 경우에 사용하면 회로가 간단해지지만 일반적으로 분배정밀도나 응

답성, 회로효율은 좋지 않다. 그림 6 · 34에 이 사용 예를 든다.

6 · 4 서 보 밸 브

서보밸브는 전기 기타의 입력신호의 함수로서 유량 또는 압력을 제어하는 밸브이다. 일반적으로 수 mW정도의 미약한 전기입력신호에 의해 수 마력내지 수 백마력에 상당하는 유압동력(압력 200-~350kgf／㎠{20~35MPa} 유량 4,000 l／min)을 제어할 수가 있다. 일종의 전기유압변환기이다. 서보밸브는 응답이 상당히 양호하여 주파수 200~500Hz까지 추종하는 것도 있다.

[1] 종 류

서보밸브에는 많은 종류가 있지만 전부 그림 6 · 35에 제시하는 기본요소로 구성되어 있다. 여기서 밸브출력면에서 보면 입력전류에 비례한 유량을 제어하는 유량제어 서보밸브와 입력전류에 비례한 압력을 제어하는 압력제어 서보밸브로 대별된다(그림 6 · 36).

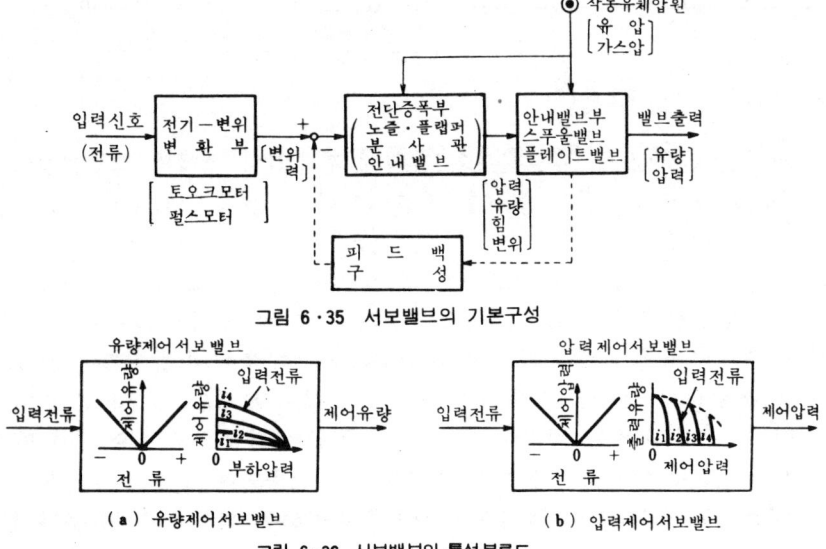

그림 6 · 35 서보밸브의 기본구성

(a) 유량제어서보밸브   (b) 압력제어서보밸브

그림 6 · 36 서보밸브의 특성블록도

(a) 유량제어 서보밸브   서보기구에 사용되고 있는 서보밸브

는 거의 이 종류의 것이며 그림 6 · 37은 대표적인 유량제어 서보밸브이다.

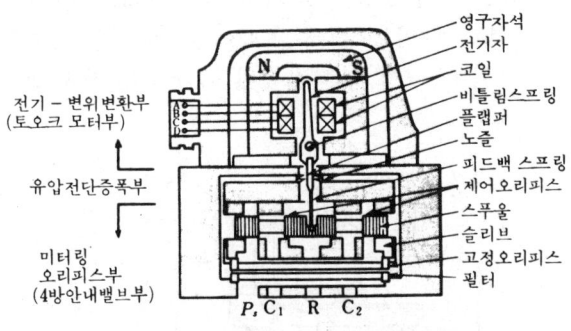

그림 6 · 37 유량제어서어보밸브 (東京精密測器)

이상적인 서보밸브(零重合)에 대해서 입력전류를 매개변수로 한 부하압력-제어유량특성을 그림 6 · 38에 든다. 이 그림에서 미소유량을 얻기 위하여 입력전류를 작게 하더라도 부하압력은 저하하지 않는다. 이 특성은 주로 슬리브, 스푸울의 중합(重合)에 의해 결정되는 것이다.

영중합(零重合)서보밸브가 미소유량시에도 높은 구동력을 갖고 스틱슬립의 발생을 방지할 수 있는 것은 이 때문이다. 유량제어 서보밸브는 위치제어에 적합하다.

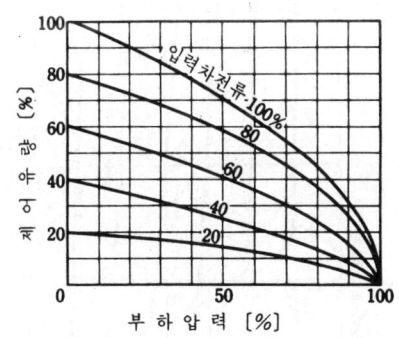

그림 6 · 38 유량제어서보밸브의 부하압력 – 제어유량특성

(b) 압력제어 서보밸브   그림 6 · 39에 있어서 토오크모터와 노

즐플랩퍼로 제어되고 있는 압력이 스푸울의 양단에 가해져서 스푸울을 움직이고 있다. 한편 부하로 통하는 접속구 A, B의 압력을 수푸울끝에 피드백하고 스푸울양단에 가해지는 전자의 압력차에 의한 힘과 후자의 압력차에 의한 힘이 평형하는 곳에서 스푸울은 정정(整定)한다. 이와같이 해서 입력전류에 비례하는 부하압력을 제어하고 있다.

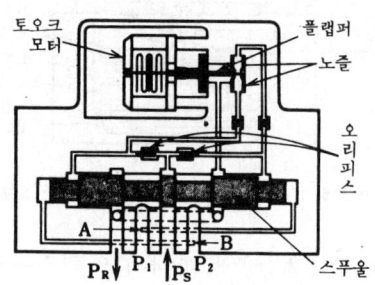

그림 6·39 압력제어서보밸브 (Moog 15형)

그림 6·40은 이상적인 압력제어서보밸브에 대한 부하압력-출력유량 특성이다. 이 그림에서 입력전류가 일정한 경우 출력유량이 변화하더라도 부하압력은 거의 영향을 받지 않고 일정한 부하압력을

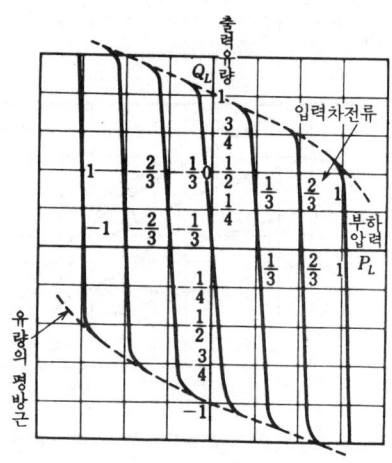

그림 6·40 압력제어서보밸브의 부하
압력-압력유량특성

유지하고 있다. 따라서 압력제어 서보밸브는 힘, 토오크 또는 가속
도등의 제어에 적합하다.

[2] 서보밸브의 기본특성

서보밸브의 사용에 있어서 알아두어야 할 기본특성으로 다음 네
가지를 들 수 있다.

(a) 입력전류-제어유량 특성   일정한 부하압력하에서 입력전
류 i와 제어유량 q_C의 관계를 표시하고 있는 특성이다. 그림 6 · 41은
무부하시의 경우인데. 이로부터 유량 게인, 히스테리시스, 분해능,
유량직선도 등을 알 수 있다.

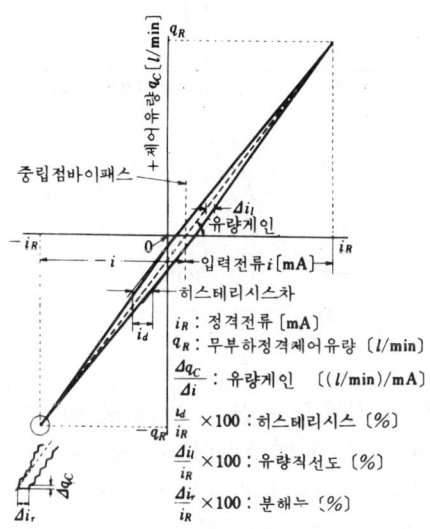

그림 6·41. 입력전류-제어유량특성
(무부하, 零重合)

(b) 입력전류-부하압력 특성   일정한 공급압력하에서 입력전
류 i와 부하압력 p_L의 관계를 표시하고 있는 특성으로서, $\Delta p_L/\Delta i$의
값을 압력게인이라고 한다(그림 6 · 42). 특히 유량을 영(零)으로
유지하고 있을 때의 중립점 부근에 있어서의 압력게인을 중립점 압
력게인이라고 한다.

중립점 압력게인은 안내밸브의 랩(1왕복)에 관계가 있으며, 일정
압력의 것에 있어서는 제로랩일 때 최대이고 언더랩량이 크게 됨에

따라 작아진다.

실린더와 서보밸브를 조합한 경우 실린더 자체의 고착력 이상의 힘을 내지 않으면 피스톤이 움직이지 않는다. 즉 중립점 압력게인이 큰 서보밸브를 사용하면 미소속도에서도 불감대를 작게 하여 원할한 동작을 시킬 수가 있다.

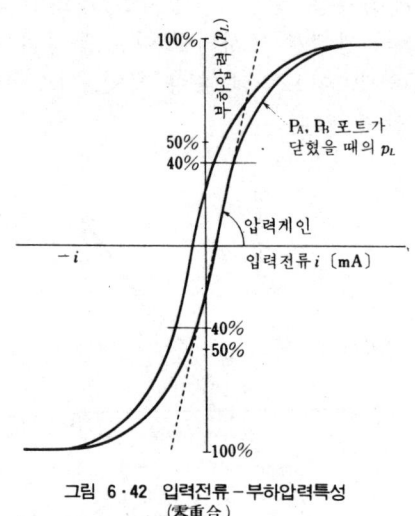

그림 6·42 입력전류 – 부하압력특성
(零重合)

(c) **부하압력-제어유량 특성**   서보밸브의 입력전류 i를 매개변수로 하여 부하압력과 제어유량의 관계를 표시하고 있는 특성이다 (그림 6·43). 이것은 직류전동기의 속도-토오크 특성에 상당하는 것으로서, 서보밸브와 액추에이터의 조합이 전동기와 유사한 작동을 하는 것은 이 특성이 유사하기 때문이다.

(d) **주파수 특성**   그림 6·44는 서보밸브로의 입력전류를 진폭이 일정한 정현파상(正弦波狀)으로 변화시키고 그 주파수를 여러가지로 변화시킨 경우의 제어유량의 정현파상변화를 조사하여 입력전류와 제어유량사이의 진폭비와 위상차의 관계를 나타낸 것이다.

이것은 서보밸브의 동특성(動特性)을 표시하고 있는 것으로서 주파수응답선도라고 하며 제어계의 설계에서 빼놓을 수 없는 특성이다.

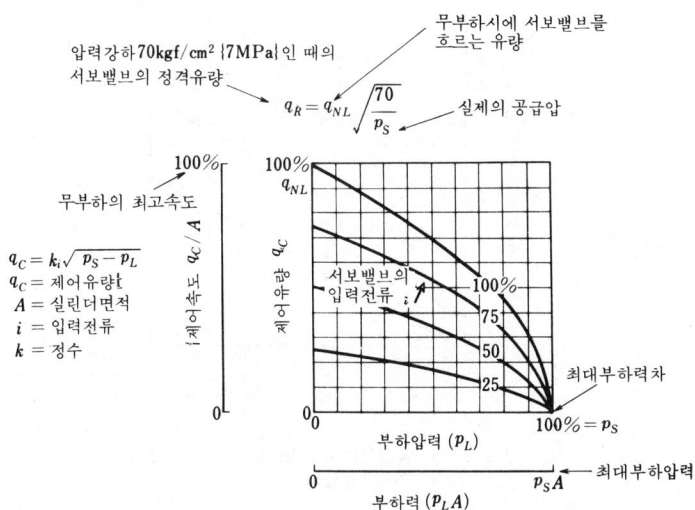

무부하시에 서보밸브를
흐르는 유량

압력강하70kgf/cm² {7MPa}인 때의
서보밸브의 정격유량

$$q_R = q_{NL} \sqrt{\frac{70}{p_S}}$$

실제의 공급압

무부하의 최고속도

$$q_C = k_i \sqrt{p_S - p_L}$$
q_C = 제어유량
A = 실린더면적
i = 입력전류
k = 정수

제어속도 q_C / A

100%

제어유량 q_C

q_{NL}

서보밸브의
입력전류 i

100%
75
50
25

최대부하력차

$100\% = p_S$

부하압력 (p_L)

$p_S A$ — 최대부하압력

부하력 $(p_L A)$

그림 6 · 43 부하압력 – 제어유량특성 (零重숨)

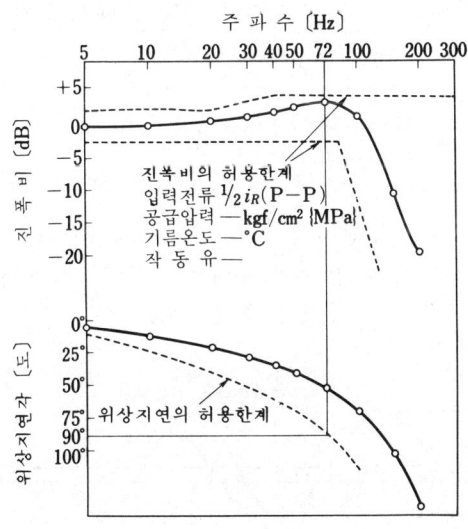

주 파 수 〔Hz〕

5   10   20 30 40 50 72 100   200 300

진폭비 〔dB〕

진폭비의 허용한계
입력전류 ½ i_R(P—P)
공급압력 — kgf/cm² {MPa}
기름온도 — ℃
작 동 유 —

위상지연각 〔도〕

위상지연의 허용한계

그림 6 · 44 서보밸브의 주파수응답

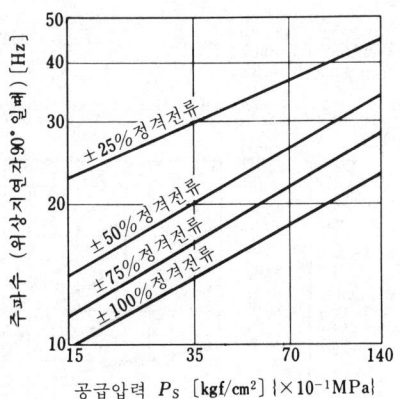

그림 6·45 공급압력이나 입력전류진폭에 의한
주파수응답의 변화

그림 6·45와 같이 서보밸브의 주파수 응답은 공급압력이나 입력 전류값에 따라 변하므로 설계에 있어서 주의해야 한다. SAE규격 에서는 이 입력전류값을 정격전류의 50%(P-P)로 시험하도록 규정 하고 있다. 진폭비는 다음 식으로 부여되는 데시벨(dB) 단위로 표 시하고 있다.

$$\text{진폭비}=20 \log_{10} \frac{\text{제어유량의 진폭}}{\text{입력전류의 진폭}} \ [\text{dB}]$$

이 진폭비의 값을 게인이라고 한다. 위상 지연각은 그 주파수에 있어서의 입력전류에 대한 출력유량의 시간적 지연에서 구해지며 단위는 [도]로 표시하고 있다(그림 6·46).

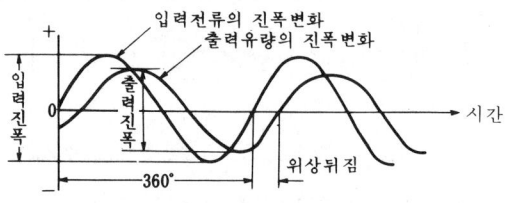

그림 6·46 입출력의 정현파운동

위상지연=(입력전류의 위상각)-(출력유량의 위상각)[도]
이 진폭비와 위상지연을 주파수에 대해 도시한 그림 6·44에 있어서 위상지연이 90%일 때의 주파수(72Hz)를 서보밸브의 응답주파수로 하고 있다.

[참　고] 서보밸브에 관련된 용어

제어유량(control flow)　　부여된 부하 및 특정한 입력신호에 의해 제어되는 서보밸브의 제어포트로부터 부하에 흐르는 유량[l/min].

유량게인(flow gain)　　입력전류와 제어유량을 표시하는 곡선의 구배[l/min/mA].

무부하유량(no-load flow)　　부하압력차가 0일 때의 제어유량 [l/min]

부하압력차(load pressure drop)　　제어포트사이의 압력차[kgf/㎠]{MPa}.

밸브압력강하(valve pressure drop)　　서보밸브 스푸울의 제어 오리피스사이의 압력차의 총합으로서 유효공급압력(p_S-p_R)에서 부하압력차를 뺀 것[kgf/㎠]{MPa}.

디저(dither)　　제어계의 분해능(分解能)을 좋게 하기위해 서보밸브 입력에 중첩시키는 교류신호. 디저주파수[Hz]와 디저전류의 파고치(波高値)[mA]로 표시.

유량직선도(flow linearity)　　이상유량게인을 표시하는 직선으로부터의 제어유량의 최대편차. 정격전류에 대한 백분율로 표시[%].

히스테리시스(hysteresis)　　+에서 -에이르는 입력신호변화의 전영역에 있어서 동일유량을 얻는 데 필요한 신호편차의 최대치. 정격전류에 대한 백분율로 표시[%].

드레숄드(threshold)　　제어유량에 변화를 발생시키는 데 필요한 입력전류의 증가분. 제어유량을 증가상태에서 감소상태로 바꾸는 데 필요한 전류의 변화분으로서 계측하며, 정격정류의 백분율 또는 그변화분으로 표시[%](또는 [mA]).

분해능(resolution)　　식별할 수 있는 2점사이 또는 2선사이의 최소거리. 감도한계(感度限界)라고도 한다.

압력게인(pressure gain)　　제어유량을 0로 했을 때의 입력전류에 대한 부하압력차의 변화비. 입력전류-부하압력곡선의 부하압력차±40% 범위에 있어서의 평균구배로 표시[kgf / ㎠ / mA],{MPa / mA}.

랩(重合)(lap)   서보밸브의 안내밸브부의 스푸울랜드부와 슬리브포트부의 겹침상태를 말하는데 겹침이 0인 상태를 제로랩(zero lap), 스푸울이 중립점에 있을 때 이미 포트가 열려 있는 겹침상태를 언더랩, 스푸울이 조금 변위하고 비로소 포트가 열리는 상태를 오버랩이라고 하며, 정격전류의 백분율로 표시[%](그림 6 · 46).

[3] 안내밸브의 랩

서보밸브에 사용되고 있는 안내밸브는 일반적으로 4방안내밸브(4-way pilot valve)라고 호칭하고 있는 밸브로서, 이 중립점에서의 랩의 상태가 유량게인, 압력게인, 부하압력-제어유량 특성에 어떻게 영향을 주고 있는가를 그림 6 · 47~그림 6 · 50에 제시한다.

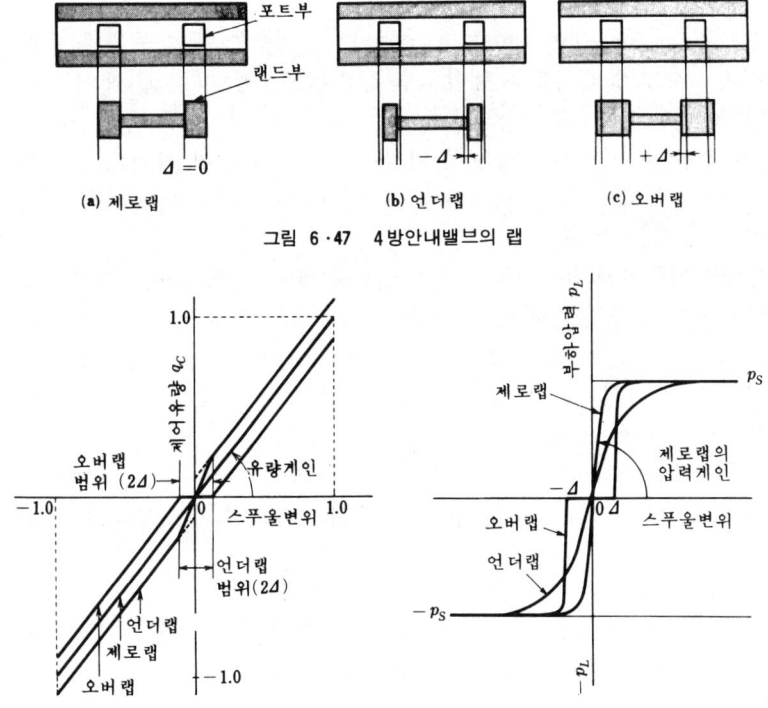

(a) 제로랩   (b) 언더랩   (c) 오버랩

그림 6 · 47   4방안내밸브의 랩

그림 6 · 48   4방안내밸브의 유량게인특성   그림 6 · 49   4방안내밸브의 압력게인특성

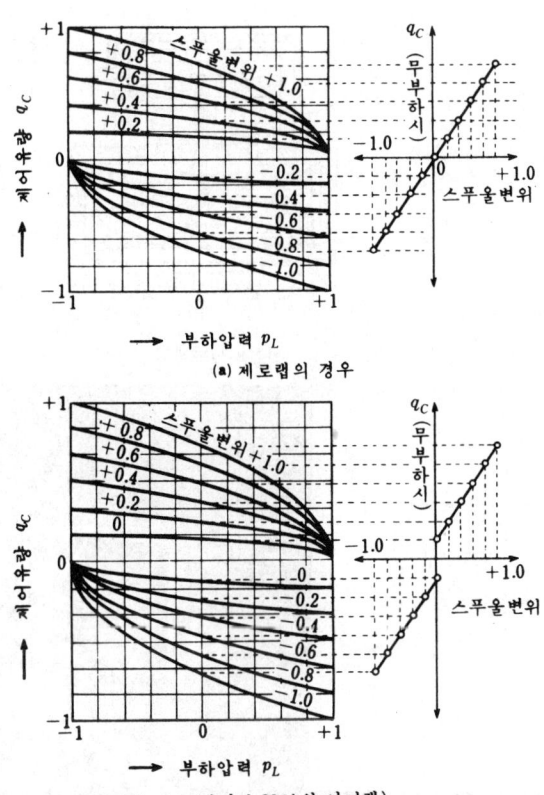

(a) 제로랩의 경우

(b) 언더랩의 경우 (전변위 20%의 언더랩)

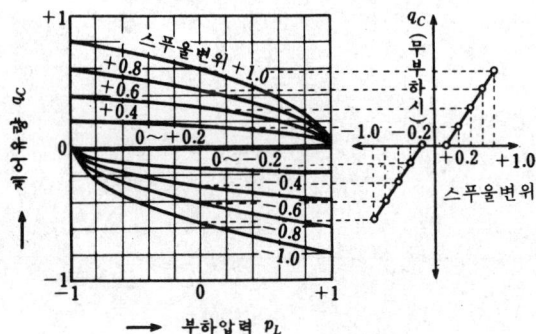

(c) 오버랩의 경우 (전변위의 20%의 오버랩)

그림 6·50 사방안내밸브의 부하압력 – 제어유량특성

영구자석

코일

전기자

노즐

스푸울

슬리브

필터

상부극판
(폴플레이트)

플렉시블튜브

플랩퍼

하부극판
(볼플레이트)

피드백스프링

고정오리피스

C₁   R   C₂ P$_S$

그림 6·51 Moog 서보밸브 (Model 76 - 104 SP)

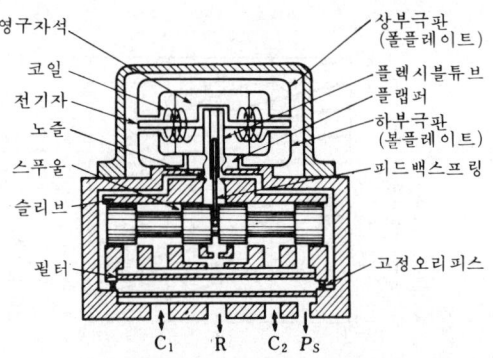

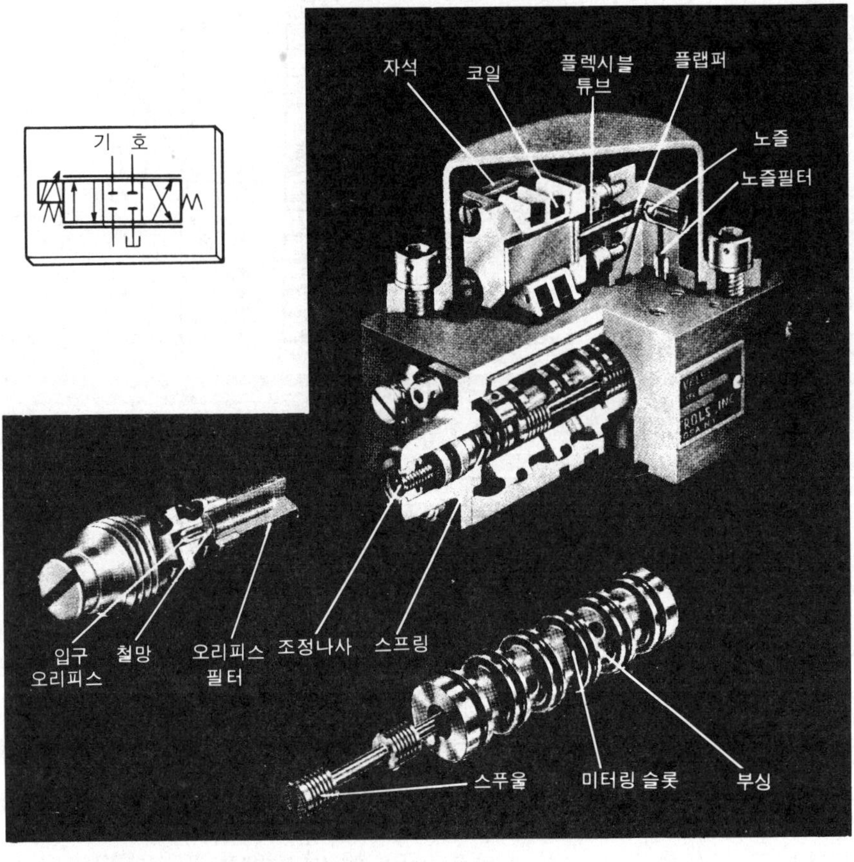

기   호

자석   코일   플렉시블
튜브   플랩퍼

노즐

노즐필터

입구   철망   오리피스 조정나사 스프링
오리피스   필터

스푸울   미터링 슬롯   부싱

그림 6 ·52   토오크모터식 유량제어 서보밸브(Moog Servocontrols Inc.)

[4] 서보밸브의 실례

오래전부터 애용되고 있는 서보밸브에 Moog Servocontrols Inc.
제의 노즐 · 플랩퍼 형식의 것이 있다(그림 6 · 51, 그림 6 · 52).

Moog 서보밸브의 기본원리는 1947년 W.Moog씨의 고안에 의한
것으로서 그동안 많은 개량을 거쳐 현재 그림 6 · 51과 같은 구조로
되어 있다. 전단증폭부(前段增幅部)는 토오크모터와 2조의 노즐과
플랩퍼 및 고정오리피스로 구성되어 있다. 또한 토오크모터와 스푸
울사이는 스프링에 의해 기계적으로 피드백을 취하여 서보밸브 내
부에서 폐루우프로 하고 있다.

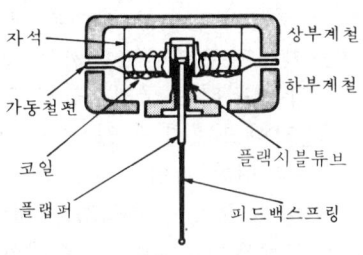

그림 6 ·53 토오크모터

그림 6 · 53에 제시하는 토오크모터는 전기신호를 기계적변위로
변환하는 것으로 가동부질량(可動部質量)을 작게 하여 응답성을 좋
게 하고 있다. 보통 토오크모터의 주파수응답특성은 1,400Hz 정도
이다. 플랩퍼와 플렉시블튜브는 동일축이며 이 플렉시블튜브에 의
해 토오크모터실에 압유(壓油)가 침입하는 것을 방지하고 있다.

플랙시블튜브는 열처리를 한 벨리리움 동(銅)을 사용하고 튜브
의 두께는 약 1.0mm이다. 노즐과 플랩퍼의 틈새는 보통 0.037mm정도
이고 노즐출구의 구멍은 0.4∼0.75mm 정도이다. 이들 치수를 정밀하
게 관리함으로서 최대영점(零点)이동을 2% 이하로 억제하도록 하
고 있다.

지금 그림 6 · 51에 있어서 펌프로부터의 압력유가 서보밸브의 압
력포트에 들어가면 압유는 스푸울과 슬리브사이의 공실(空室)을
채우고 일부는 필터를 통과하여 2개의 고정오리피스를 통과하여 서
로 대향하고 있는 노즐과 플랩퍼사이에서 분출하며 서보밸브의 복

귀포트로부터 기름탱크로 복귀한다.

지금 입력신호가 토오크모터에 전달되면 가동철편(可動鐵片)에 자계(磁界)가 생기며 입력전류에 비례한 편차토오크를 가동철편에 발생시킨다. 가동철편은 플렉시블튜브를 축으로 하여 지렛대운동을 하며 플랩퍼의 움직임으로 전해지고 있다. 노즐, 플랩퍼의 틈새 변화에 의해 생기는 배압은 스푸울 양단 사이에 전해지고 그것들에 압력차가 있으면 스푸울을 변위시킨다. 이 스푸울의 변위는 입력토오크와 상반된 방향의 토오크를 일으킨다.

스푸울의 변위는 피드백 스프링의 토오크가 입력전류에 의해 생기는 토오크모터의 토오크와 동등한 곳에서 평형되어 정정(整定)한다. 이와같이 해서 스푸울과 슬리브 사이의 제어포트의 개방을 입력전류에 비례시킴으로써 그곳에서 유출하는 유량을 제어하고 있다.

그림 6·51에 제시하는 필터는 구멍지름의 크기가 35μm정도이므로 먼지의 여과가 충분하다고는 할 수 없으나 고정오리피스와 노즐·플랩퍼부 틈새의 먼지로 인한 막힘을 보호하기 위한 예비필터의 역할을 시키고 있다. 또한 스푸울에 유입하는 대량의 기름은 이 필터의 외면을 세척하면서 흐르기때문에 이 필터의 수명을 연장시키고 있다.

[5] 서보밸브 사용상의 주의

서보밸브의 기능을 충분히 발휘하고 안정된 제어를 시키기 위해서는 다음과 같은 사항에 주의해야 한다.

(1) 유압원은 가능한한 하나의 서보계에 하나의 유압원을 사용하고 다른 계에 대해서 독립시킬 것. 불가피한 경우에는 다른 계로부터의 유압변동의 간섭을 경감시키는 대책을 고려할 것.

(2) 서보밸브와 부하사이의 배관은 아주 짧게 할 것.

(3) 신설 유압배관은 산세척, 플래싱 등을 하여 깨끗한 관로로 할 것. 오염도를 SAE규격으로 3~4등급내로 유지하면 서보밸브의 수명은 반영구적이라고 한다.

(4) 서보밸브에 적당한 진폭 및 주파수의 디저를 인가(印加)하면 계의 정특성을 향상시킬 수가 있다.

(5) 작동유는 서보계의 구성, 용도, 사용유온(油溫)의 조건, 압력 등에 대응해서 신중하게 선택하여야 한다. 정밀한 제어를 하는 서보계에서는 작동유의 온도를 일정하게 유지하는 것이 바람직하다.

6 · 5 전자비례 제어밸브

전자비례 제어밸브는 일반 유압제어밸브에 전기제어부를 부가시킨 것으로서, 입력신호에 비례한 출력(압력, 유량)의 제어가 가능한 밸브이다. 압력, 유량 등의 출력을 전기적으로 제어하는 점에서는 유압서보밸브와 동일하지만 서보밸브만큼 고정밀도가 아닌 일반 제어밸브를 개루우프로 원격제어할 수 있는 점에 특징이 있다.

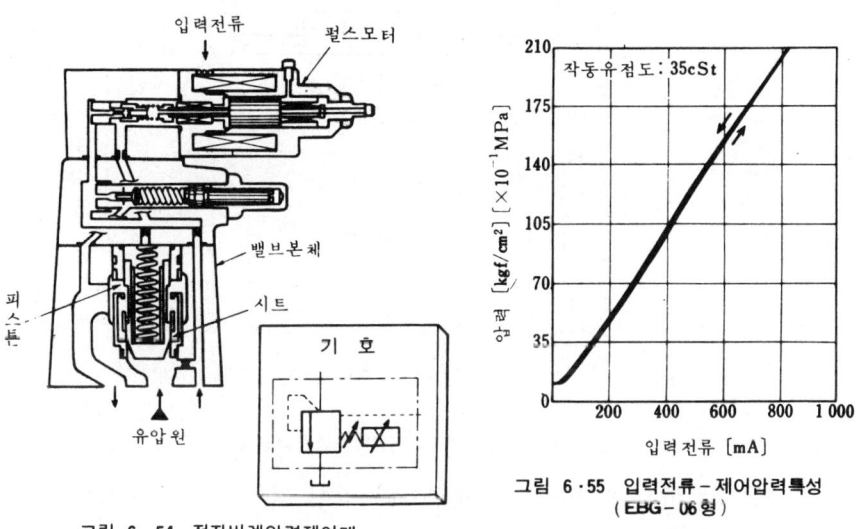

그림 6 ·54 전자비례압력제어계

그림 6 ·55 입력전류－제어압력특성
(EBG－06형)

(a) 전자비례 압력제어밸브   종래의 밸런스피스톤형 릴리프밸브와 펄스모터를 결합한 전자비례 압력제어밸브의 예를 그림 6 · 54에 제시한다. 그림에 있어서 릴리프밸브의 2차압제어부에 펄스모터를 설치하여 펄스모터로의 입력전류의 크기를 바꿈으로써 압력이 거의 비례적으로 제어되는 것으로서, 그 기본특성을 그림 6 · 55 ～그림 6 · 58에 제시한다.

(b) 전자비례 유량제어밸브   일반 유량제어밸브의 조정다이얼에 의한 교축밸브의 개도조정(開度調整)을 전자비례 유량제어밸브에서는 입력전류에 비례한 전자석의 출력으로 조정하고 있다.

이 교축밸브의 개도조정방식에는 전자석의 힘으로 교축밸브를

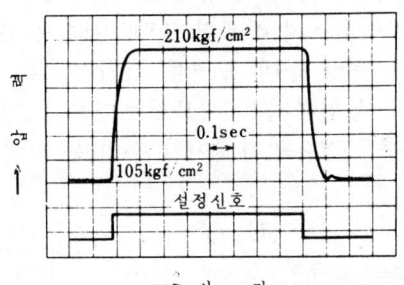

유   량 : 100 *l* / min
부하용량 : 1 ″ 고무호스 1.5
기름온도 : 50°C
          VG 56 상당유

그림 6·56 스텝응답특성 (**EBG－06** 형)

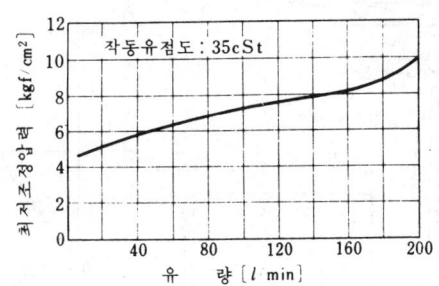

그림 6·57 최저제어압력특성 (**EBG－06** 형)

직접 움직이는 방법이나 전술한바와 같이 파일럿압력과 스프링력
을 평형시켜서 위치결정을 하는 방법 등이 있다. 그림 6·59는 전자
(前者)의 사례(事例)이며, 그 주요특성을 그림 6·60~그림 6·62
에 제시한다.

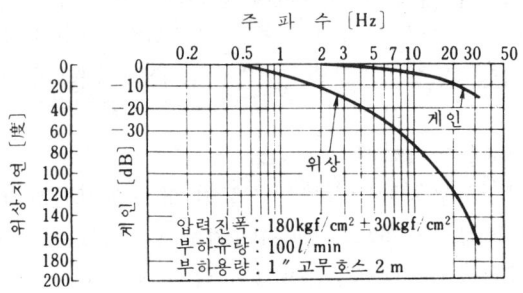

그림 6·58 주파수응답특성 (**EBG－06－H** 형)

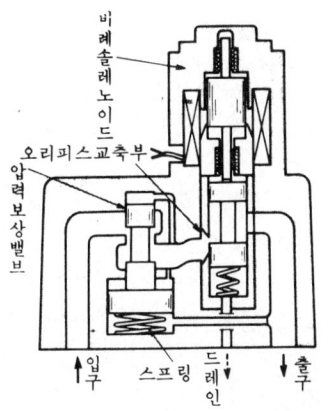

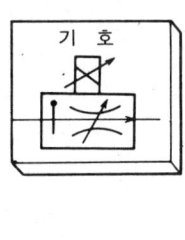

그림 6 ·59 전자비례유량제어밸브 (유연제)

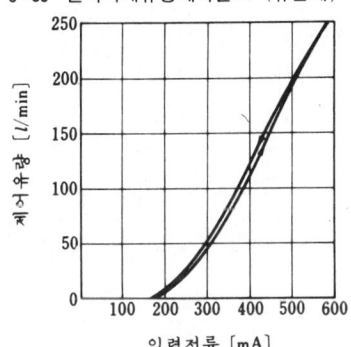

그림 6 ·60 입력전류 – 제어유량특성
(유연 EFG – 06 형)

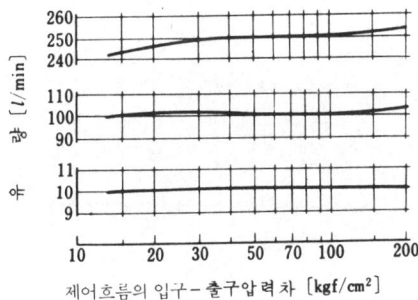

그림 6 ·61 압력 – 유량특성
(유연 EFG – 06 형)

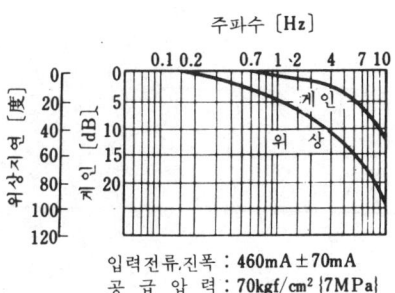

입력전류.진폭 : 460mA ± 70mA
공 급 압 력 : 70kgf/cm² (7MPa)

그림 6 ·62 주파수응답특성
(유연 EFG – 06 형)

제 7 장

부속기기류

7·1 축압기

축압기는 용기내에 기름을 고압으로 압입하여 유효한 일을 하도록 한 유압유저장용의 용기로서 어큐뮬레이터라고도 한다.

[1] 종류와 특징

구조상으로 본 종류와 특징을 표 7·1에 제시한다.

[2] 용 도

(a) 유압에너지의 축적   간헐운전을 하는 펌프의 보조로 사용함으로써 대용량 펌프를 대신할 수가 있다. 또한 정전이나 사고 등으로 동력원이 중단되었을 경우 축압기에 축적한 압력유를 방출하여 유압장치의 기능을 유지시키거나 펌프를 운전시키지 않고 장기간 고압으로 유지시켜 두고자 하는 경우에 사용한다. 이런 경우 서어지탱크라고도 부르고 있다.

(b) 2차회로의 구동   기계의 조정, 보수, 작업준비 등을 위하여 주회로가 정지하더라도 2차회로를 작동시키고자 하는 경우에 사용한다.

(c) 압력보상   유압회로내의 기름누출로 인한 압력강하나 폐회로에 있어서의 유온변화를 수반하는 기름의 팽창, 수축에 의해 생기는 압력이나 유량의 변화를 보상한다.

표 7·1   구조상으로 본 축압기의 종류와 특징

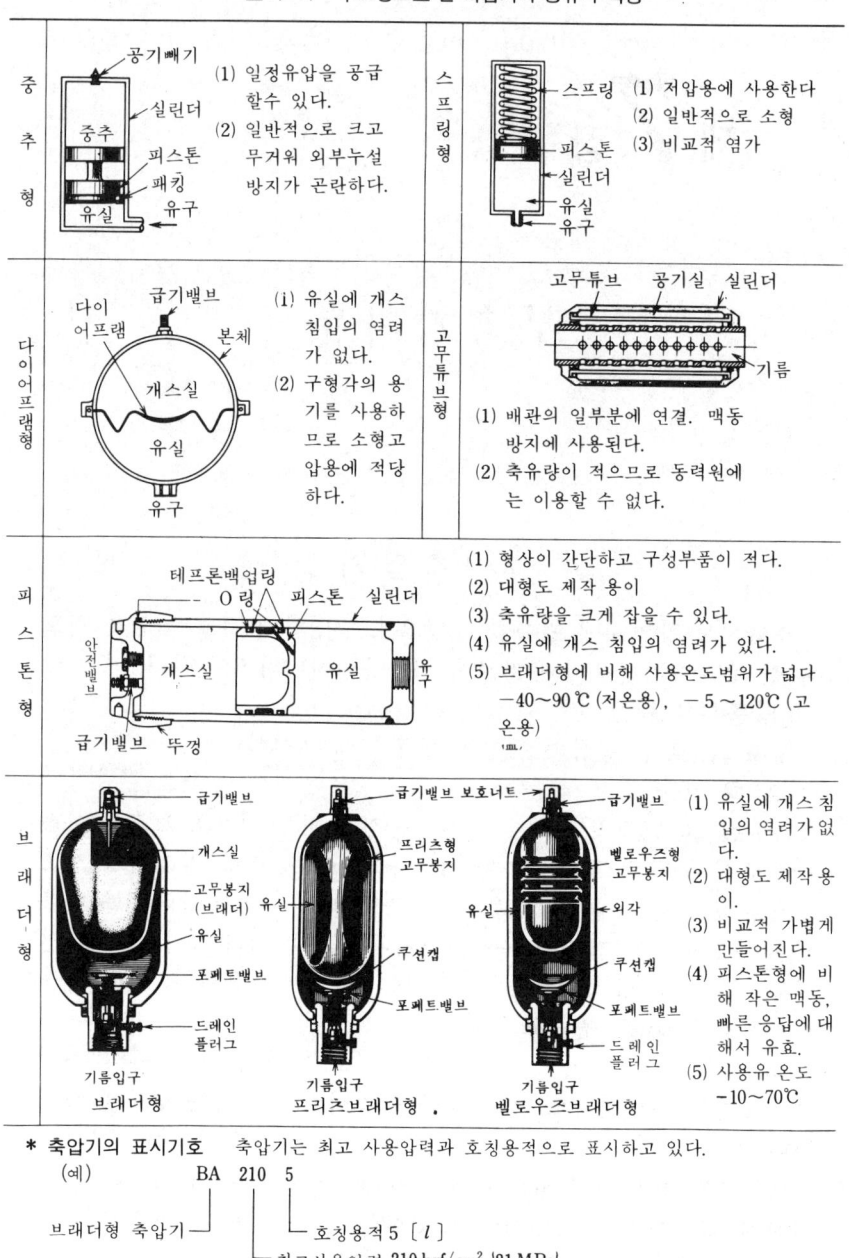

중추형 — 공기빼기, 실린더, 중추, 피스톤, 패킹, 유실, 유구	(1) 일정유압을 공급할 수 있다. (2) 일반적으로 크고 무거워 외부누설 방지가 곤란하다.
스프링형 — 스프링, 피스톤, 실린더, 유실, 유구	(1) 저압용에 사용한다 (2) 일반적으로 소형 (3) 비교적 염가
다이어프램형 — 다이어프램, 급기밸브, 본체, 개스실, 유실, 유구	(i) 유실에 개스 침입의 염려가 없다. (2) 구형각의 용기를 사용하므로 소형고압용에 적당하다.
고무튜브형 — 고무튜브, 공기실, 실린더, 기름	(1) 배관의 일부분에 연결. 맥동 방지에 사용된다. (2) 축유량이 적으므로 동력원에는 이용할 수 없다.
피스톤형 — 테프론백업링, O링, 피스톤, 실린더, 안전밸브, 개스실, 유실, 유구, 급기밸브, 뚜껑	(1) 형상이 간단하고 구성부품이 적다. (2) 대형도 제작 용이 (3) 축유량을 크게 잡을 수 있다. (4) 유실에 개스 침입의 염려가 있다. (5) 브래더형에 비해 사용온도범위가 넓다 $-40 \sim 90\,℃$ (저온용), $-5 \sim 120\,℃$ (고온용)
브래더형 — 급기밸브, 개스실, 고무봉지(브래더), 유실, 포페트밸브, 드레인플러그, 기름입구 / 브래더형 ‖ 급기밸브 보호너트, 프리츠형 고무봉지, 유실, 쿠션캡, 포페트밸브, 기름입구 / 프리츠브래더형 ‖ 급기밸브, 벨로우즈형 고무봉지, 유실, 외각, 쿠션캡, 포페트밸브, 드레인플러그, 기름입구 / 벨로우즈브래더형	(1) 유실에 개스 침입의 염려가 없다. (2) 대형도 제작 용이. (3) 비교적 가볍게 만들어진다. (4) 피스톤형에 비해 작은 맥동, 빠른 응답에 대해서 유효. (5) 사용유온도 $-10 \sim 70\,℃$

＊ 축압기의 표시기호   축압기는 최고 사용압력과 호칭용적으로 표시하고 있다.

(예)   BA   210   5

브래더형 축압기 ┘   │   └ 호칭용적 5 [l]

└ 최고사용압력 210 kgf/cm² {21 MPa}

(d) 맥동제거 유압펌프가 발생하는 맥동을 흡수하고 초기압력을 억제하며 진동이나 소음방지에 사용한다. 이 경우 노이즈댐퍼라고도 한다.

(e) 충격완충 유압회로내의 밸브를 개폐함으로써 생기는 유격(油擊:오일해머)이나 압력노이즈는 축압기를 사용하면 제거할 수 있으므로 충격에 의한 압력계, 배관 등의 누설이나 파손을 방지할 수 있다.

(f) 액체의 수송 유독, 유해, 부식성의 액체를 누출시키지 않고 수송하는 데 사용된다. 이 경우 트랜스퍼배리어라고도 호칭하고 있다.

[3] 크기의 선정법

(a) 유압에너지 축적용으로서 사용하는 경우 브래더형 축압기에 있어서 최고 작동압력 P_1(절대압력)에서 최저 작동압력 P_2(절대압력)로 될 때까지의 소요 방출량이 v인 경우의 축압기의 용량은 다음과 같은 식으로 구한다.

$$P_0 V_0 = P_1 V_1 = P_2 V_2 = 일정 \tag{7·1}$$

$$v = V_2 - V_1 = P_0 V_0 \left(\frac{1}{P_2} - \frac{1}{P_1} \right) \tag{7·2}$$

따라서

$$V_0 = \frac{v}{P_0 \left(\dfrac{1}{P_2} - \dfrac{1}{P_1} \right)} \tag{7·3}$$

여기서

P_0:개스봉입압력[kgf / cm²]

P_1:최고작동압력[kgf / cm²]

P_2:최저작동압력[kgf / cm²]

V_0:축압기의 용적[l]

(주):P_0, P_1, P_2는 절대압력(게이지압력＋1kgf / cm²)이나 10kgf / cm²이상의 압력에 대하여는 게이지압력으로 계산하여도 실제상의 오차는 작기 때문에 그다지 지장이 없다.

$V_1 : P_1$에 있어서의 개스용적[l]
$V_2 : P_2$에 있어서의 개스용적[l]
$v : P_1 \sim P_2$에 있어서의 개스방출량[l]

실용적으로는 그림 7·1에 제시하는 계산도표를 사용하면 편리하다.

이제 총합 용적 10 l의 축압기 중에 30kgf/㎠{3MPa}의 질소 개스를 봉입해 두면 작동압력 70~40kgf/㎠{7~4MPa}의 사이에서 방출되는 유량은 그림 7·1의 점선으로 나타나는바와 같이 5.7 l — 2.6 l =3.1 l로 된다.

방출량은 방출의 빈도(頻度)에 의한 고무봉지의 수명을 고려하여 총합용적의 1/3 이하로 하는 것이 적당하다.

또 개스 봉입압력은 보통 최저 작동압력의 약 60~70%로 하는 것이 적정치이며 최저 작동압력(릴리프밸브 설정압)의 20~25% 이하로 하여서는 안된다.

[예　제]

유압프레스에 있어서 하중 40t, 램의 행정 10cm, 램의 속도 5cm/sec. 사용회수 0.5회/min, 사용펌프 토출압력 200kgf/㎠인 경우 축압기를 사용하지 않는 때의 소요동력과 축압기(사용압력 200~133kgf/㎠)를 사용하는 때의 소용동력을 비교하라. 또 그 때의 축압기 크기를 구하여라.

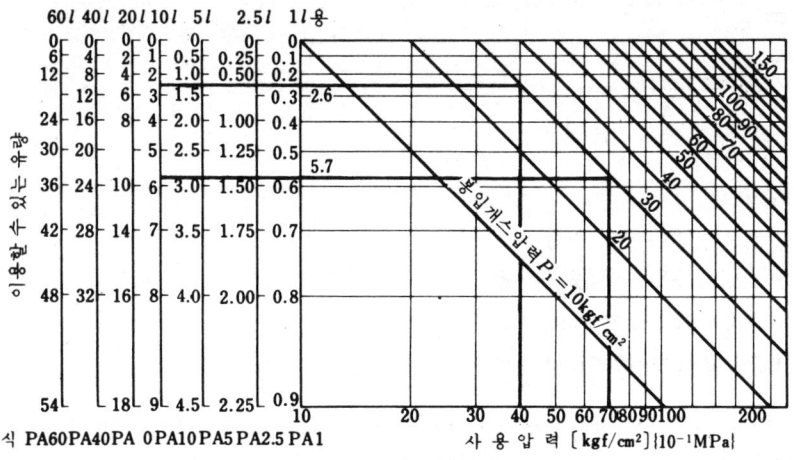

그림 7·1 브래더형 축압기용적계산도표

[해답] 축압기가 없는 경우

$$소요최소램의 \ 면적 = \frac{40 \times 1000}{200} = 200 \text{cm}^2$$

램의 용적 $= 200\text{cm}^2 \times 10\text{cm} = 2000\text{cm}^3$

소요 유량 $= 200\text{cm}^2 \times 5\text{cm} / \text{sec} = 1000\text{cm}^3 / \text{sec}$

따라서 펌프는 압력 200kgf / ㎠, 토출량 1000cm³ / sec의 유압동력을 프레스에 공급하지 않으면 안된다. 즉 펌프구동용 동력으로는

$$\frac{1000 \times 200}{75 \times 100} = 26.6\text{PS} 로 \ 된다.$$

축압기를 사용하는 경우

$$소요최소 \ 램면적 = \frac{40 \times 1000}{133} = 300 \text{cm}^2$$

소요 유량 $- 300\text{cm}^2 \times 5\text{cm} / \text{sec} = 1500\text{cm}^3 / \text{sec}$

램의 용적 $= 300\text{cm}^2 \times 10\text{cm} = 3000\text{cm}^3$

이제 소요유량을 전부 축압기로부터 공급시킨다고 하면 축압기는 축압유량이 3 l 외 것을 사용하면 충분하다. 또 축압기에 공급하는 유량은

3000cm³ ÷ 120sec = 25cm³ / sec

따라서 펌프구동용 동력으로서는

$$\frac{25 \times 200}{75 \times 100} = 0.67\text{PS} 로 \ 된다.$$

즉 축압유량 3 l 의 것을 사용함으로써 소요 펌프동력을 26.6PS로부터 0.67PS로 감소시킬 수 있다.

(b) 충격압력 제거용으로서 사용하는 경우

가늘고 긴 관로를 고속으로 작동유가 흐르는 경우 갑자기 일부의 밸브가 닫히면 관로내의 일부에 충격압력이 생긴다.

이것은 밸브의 닫히는 시간 t[s]가 밸브와 관로 끝과의 사이 l[m] 을 압력파가 속도 c[m/s]의 속도로 왕복하는데 소요되는 시간보다 작은 경우에 생긴다.

즉 $t \quad \dfrac{2l}{c}$ (7·4)

여기서 $c = \sqrt{K(1/\rho) \times 10^{-2}}$ (7·5)

c : 유체압력전파속도[m / s]

K : 유체의 체적탄성계수[kgf / ㎠]{MPa}

ρ : 유체의 밀도[kg / ㎤]{kg / ㎥}

충격압력을 완충시키기 위한 축압기의 용량을 정하는데는 여러 가지 실험식이 발표되어 있다. 그러나 축압기의 설치방법, 접속구지름 기타 인자의 영향을 크게 받아서 이들 식에 의한 용량결정은 실제의 경우에 적당하지는 않다. 사용함에 있어서는 메이커와 상담하여 결정하는 것이 바람직하다.

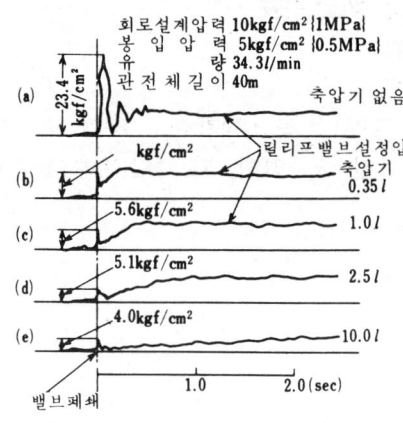

그림 7·2 각종 축압기에 의한 충격압 완충효과의 실측치

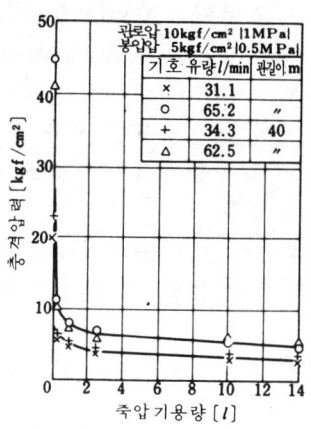

그림 7·3 축압기용량의 효과

그림 7·2는 어떤 조건에서의 실례이고 그 완충효과는 어느 정도의 용량이 있으면 충분한가를 알 수 있다. 그림 7·2에 있어서 밸브의 닫히는 시간은 어느 것이나 0.05~0.07초이다.

(c) 유압펌프의 맥동흡수용으로서 사용하는 경우

그림 7 · 4에 제시하는 바와 같이 피스톤펌프의 토출측 맥동을 흡수하기 위하여 사용하는 축압기의 용량은 다음 식에 의해서 구할 수 있다.

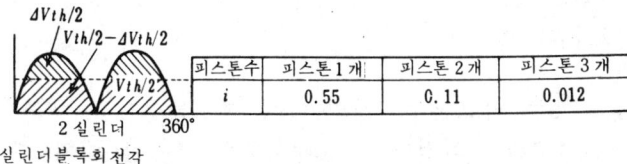

피스톤수	피스톤 1 개	피스톤 2 개	피스톤 3 개
i	0.55	0.11	0.012

2 실린더   360°
실린더블록회전각

그림 7 · 4 피스톤펌프의 토출변동률

$$V=\frac{V_{th}i}{ek} \tag{7 · 6}$$

여기서

V:구하는 축압기의 용적[l]

V_{th}:펌프1회전당의 토출량[l]

i:토출 변동률 $=\dfrac{\text{과잉토출량}(\varDelta V_{th})}{V_{th}}$

k:맥동 변동률 $=\dfrac{\text{맥동압진폭(편측)}}{\text{펌프평균토출압력}}$

(맥동압진폭은 축압기를 설치한 후의 목표 값을 취한다.)

e:정수로서 0.57

[예 제]

토출량100 l / min, 회전수 75rpm, 토출압력 100kgf / ㎠{10MPa}의 단동 2연 피스톤 펌프에 있어서 맥동압진폭을 5kgf / ㎠{0.5MPa}로 억제하는 데는 축압기의 용량을 어느 정도로 하면 좋은가?

[해 답]

펌프1 회전당의 토출량 $V_{th}=\dfrac{100}{75}=1.33\ l$

단동 2연 피스톤펌프이므로 그림 7·4로부터 토출 변동률 $i=0.11$, 맥동변동률 $k=\dfrac{5}{100}=0.05$이다. 이들 수치를 식(7·6)에 대입하면 구하는 축압기의 용량은

$$V=\dfrac{1.33\times0.11}{0.57\times0.05}=5.15\ l$$

그림 7·5는 피스톤수 7개의 액셜 피스톤펌프를 평균 토출압력 40kgf/cm²{4MPa}, 회전수 1,750rpm으로 구동할 때의 맥동상태와 이 회로에 축압기를 설치한 때의 토출압력 상태를 기록한 것이다.

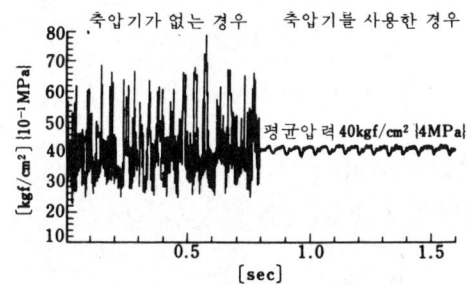

그림 7·5 액셜형피스톤펌프 토출부
의 맥동상태

[4] 축압기 취급상의 주의사항

(1) 개스봉입형식인것은 미리 소량의 작동유(내용적의 약10%)를 넣어둔 다음 개스를 소정의 압력*(최저 작동유압의 약60~65%)으로 봉입할 것.

기름을 넣어두지않으면 압입(壓入)한 개스압으로 고무봉지나 격막을 상하게 하는 경우가 있으므로 주의할 것.

(2) 봉입개스로는 질소개스 등의 불활성개스 또는 공기압(저압용)을 사용할 것이며 산소 등의 폭발성 기체를 사용해서는 안된다.

＊ 봉입가스압력(참고값)

에너지축적………최저작동압력의 80~85%

펌프류의 맥동흡수………평균맥동압력의 60%이하

서어지압력의 흡수………밸브를 닫기전의 밸브부분압력의 60~70%

(3) 연결은 수직으로 하여 기름출입구(油口)를 아래쪽으로 **향하**는 것을 원칙으로 하고 축압기 자체를 확실하게 지지해둘 것. 그리고 그 최고 위치에서 공기빼기를 할 수 있도록 배려할 것(그림 7 ·

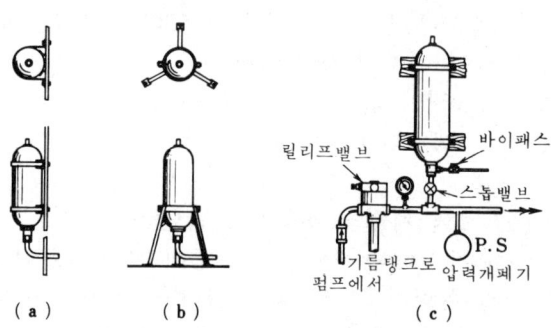

(a)　　　　(b)　　　　(c)

그림 7 · 6　축압기 연결법의 표준예

6). 특히 진동이 심한 곳에는 튼튼하게 고정시킬 것.

(4) 펌프와 축압기 사이에는 체크밸브를 설치하여 압유가 펌프로 역류히지 않도록 할 것.

(5) 충격완충용에는 될 수 있는대로 충격이 발생하는 곳에 가까이 설치할 것.

(6) 축압기와 유압 관로와의 사이에 스톱밸브를 넣어 펌프 토출 입력이 봉입개스 압력보다 낮은 때에는 차단해 놓을 것. 이 스톱밸브는 점검, 개스봉입시의 관로의 차단과 배출 유속의 조정에도 이용할 수 있다.

(7) 축압기에 금속부품(金具) 등을 용접하거나 가공, 구멍뚫기 등을 해서는 절대로 안된다.

(8) 축압기는 점검, 보수 등이 편리한 장소에 설치할 것.

(9) 운반, 설치, 분리 등의 경우에는 반드시 봉입개스를 **빼고 취급**할 것.

(10) 봉입개스압력은 봉입후 1주일 이내에 확인한 후 매월 1회 개스압력을 점검하고 항상 소정의 예비압력을 유지시킬 것.

7·2 증 압 기

유압 유닛으로부터 공급되는 저압 대용량의 유압을 고압 소용량의 유압으로 변환하는 경우에 사용되는 것이다.

작동방식으로는 단동형과 연속형이 있다. 작동유체로서는 기름-기름인 것과 공기-기름인 것이 있다.

후자는 유압유닛이 없이도 사용할 수 있다는 것이 잇점이다. 이들의 증압률은 보통 50:1 정도 이하이다.

[1] 구   조

(a) 단동형 기름-기름형(油對油形)증압기

그림 7·7에 제시하는 증압기는 보통의 피스톤과 다소 다른 내경을 갖는 2개의 실린더로 구성되어 있다. 마찰이나 누설 등에 의한 손실을 무시하면 증압률은 다음 식으로 얻어진다.

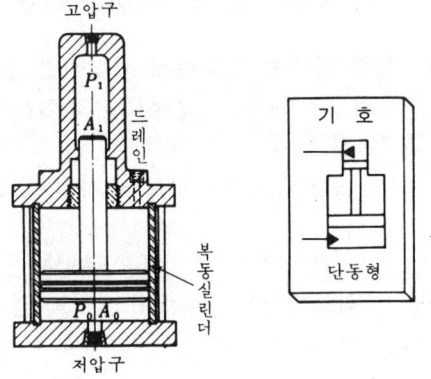

그림 7·7 단동형 기름－기름 증폭기

$$P_1 = \frac{A_0}{A_1} P_0 \qquad (7 \cdot 7)$$

여기서

P_0:공급압력

P_1:증압된 압력

A_0:피스톤의 수압면적

A_1:피스톤로드 즉 램의 수압면적

이와 같은 증압기는 다음과 같은 잇점이 있다.

(1) 소량의 기름만을 고압으로 하므로 열의 발생을 적게 할 수 있다.

(2) 값비싼 고압펌프가 필요없다.

(3) 압력이 증가하면 유량이 감소하므로 그 소요마력은 일정하다.

(b) 연속형 공기-기름형 증압기

그림 7·8(a)에 있어서 A_0, B_0는 공기압실린더이고 A_1이 유압실

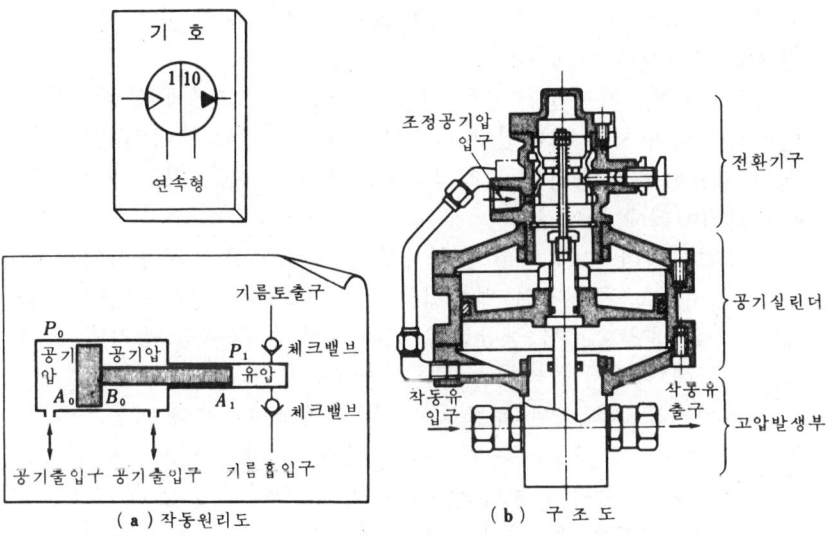

(a) 작동원리도　　　(b) 구 조 도

그림 7·8 공거대유형증압기 (정립공업)

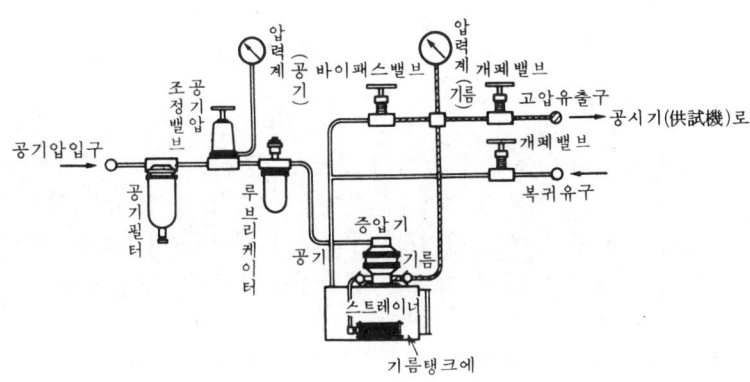

그림 7·9 공기대기름형증압기의 표준회로

린더로 되어 있다. 이제 조정된 공기압을 A_0측에 넣으면 A_0, A_1의 수압면적에 반비례하는 유압이 A_1에 발생한다.

A_0, A_1실에 P_0인 조정공기압을 교대로 넣으면 A_1실은 흡입과 토출을 교대로 하는 펌핑작용을 한다.

이 A_1실의 한쪽은 체크밸브를 통하여 오일탱크에 접속하고 다른쪽은 체크밸브를 통하여 토출측에 접속하면 기름을 흡입, 토출하는 펌프로서 사용할 수 있다.

그림 7·8(b)는 이 구조도로서 Pneumatic-Hydraulic Pump의 상품명으로 알려져 있는 것이다.

그림 7·9는 이것을 사용한 표준회로도이다. 그림에서 공기압은 일반적으로 먼지나 드레인이 많으므로 공기필터나 드레인세퍼레이터를 사용하여 여과하고 지정압력으로 조정한 다음 기름 분무식의 루브리케이터에 들어간다.

루브리케이터는 그 속의 윤활유를 공기회로 중에 분무상태로 하여 혼입시키고 증폭기의 변환기구인 안내밸브나 공기실린더의 습동 부분에 윤활제로서 공급하고 있다. 이들을 통과한 공기압은 이 변환기구에 의해서 공기피스톤을 왕복운동시킨다.

공기피스톤에 직결된 유압실린더는 기름탱크로부터 작동유를 흡입하고 고압으로 토출되는 기름은 공시기(供試機)에 공급된다.

이 증압기는 전원이 불필요하고 경량, 소형이며 공장공기압(공장압10kgf / cm²{1MPa}이하)이 있는 곳이라면 어느 곳에서나 사용할 수 있고 조작이 간단한 것 등이 특징이다.

7·3 유 압 필 터

[1] 개   요

「유압장치의 보수에 있어서 고장의 75%는 기름의 오염에 의한다」라고 말하는 것처럼 기름의 오염은 유압장치 전체에 있어서 많은 손상의 원인이 되고 있다.   특히 서보밸브를 사용하는 유압장치에서는 미세한 먼지가 작동을 불안정하게 하는 원인이 되는 경우가 많다.

「액체에서 고형물을 여과작용 등에 의해 제거하는 기기」를 유압 필터라고 한다.

유압필터의 종류는 표 7 · 2와 같다. 탱크용 필터는 펌프의 홉입부 압측에서 사용하는 필터를 말한다. 관로용 필터는 탱크용 필터 이

표 7 · 2 유압필터의 종류

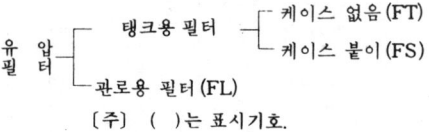

〔주〕 ( )는 표시기호.

외의 것을 말한다. 이들 구경의 호칭구분, 정격유량 등을 JIS B 8356 에서는 표 7 · 3, 표 7 · 4 와 같이 규정하고 있다.

표 7 · 3 탱크용 필터의 구경호칭구분

(JIS B 8356)

구경의 호칭	나 사 의 호 칭		플랜지의 호칭	정격유량 [l/min]	여과입도 [μm]
15	PT 1/2	PF 1/2	15	18	
20	PT 3/4	PF 3/4	20	36	44
25	PT 1	PF 1	25	63	74
32	PT 11/4	PF 11/4	32	125	105
40	PT 11/2	PF 11/2	40	200	149
50	PT 2	PF 2	50	315	
65	PT 21/2	PF 21/2	65	500	

〔비고〕 1. 나사이음의 나사는 JIS B 0202 (관용 평행나사) 또는 JIS B 0203 (관용 테이퍼나사) 에 의한다.
2. 플랜지이음의 상대플랜지는 JIS B 2291 (유압용 210kg f/cm² 관플랜지)의 SSB를 사용한다.

[3] 탱크용 필터

탱크용필터를 ISO에서는 스트레너라고 부르고 있다. 이것은 펌프를 고장 또는 마모시키는 먼지를 제거하기 위해 펌프의 홉입관로에 장치한다. 탱크용필터의 여과능력은 펌프의 홉입량의 2배 이상의 용량을 갖게 해야 한다. 탱크용필터가 막히면 펌프가 규정된 유량을 토출하지 않거나 소음을 발생시킨다. 또한, 탱크용필터의 막힘은 홉입진공압력을 측정함으로써 판정할 수 있다. 탱크용필터의 설치에 있어서는 기름탱크내의 작동유를 방출하지 않아도 제거할 수

표 7 · 4 관로용 필터의 구경호칭구분

(JIS B 8356)

정격압력 / 구경의 호칭	16 [kgf/cm²] 1.6 [MPa]		40, 80, 160 [kgf/cm²] 4, 8, 16 [MPa]		250 [kgf/cm²] 25 [MPa]	
	정격유량 [l/min]	여과입도 [μm]	정격유량 [l/min]	여과입도 [μm]	정격유량 [l/min]	여과유량 [μm]
10	8	5	8	5	8	5
15	18	10	18	10	18	10
20	36	20	36	20	36	20
25	63	44	63	44	63	44
32	125	10 20 44	125	10 20 44	—	
40	200		200	20 44	—	
50	315		—	—	—	

있도록 해 두어야 한다. 또한 그림 7 · 10과 같이 그 상면을 유면보
다 항상 10~15cm이상의 깊이에 있도록 하고 또 기름탱크 바닥에서
약간 떨어져 장치하여 기름탱크 바닥에 침전되어 있는 먼지나 슬러
지 등을 흡입하지 않도록 하는 일이 중요하다. 그리고 펌프흡입관
과는 유니온으로 접속하고 이 이음매를 기름안에 들어가도록 하여
둔다.

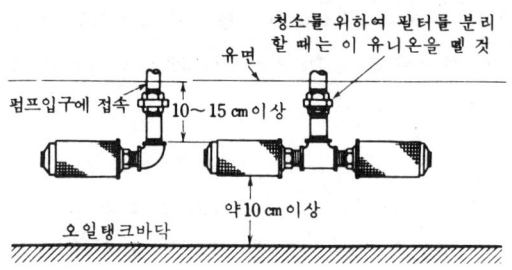

그림 7 ·10 탱크용 필터의 연결법

탱크용필터의 보수로서는 기름을 교환할때마다 여과재를 제거하
고 깨끗이 손질할 것. 스트레너에 부착한 먼지는 초음파세정기를
사용하면 잘 제거할 수 있다.

[4] 관로용필터

관로용필터에는 표면식, 적층식 등이 있다. 표면식필터(그림 7·11)는 철망이나 여과지(濾過紙)에 의한 여과와 같이 표면만으로 행하여진다. 적층식필터(그림 7·12)는 여과면이 많이 겹쳐져 있어 각각의 면에서 행하여진다.

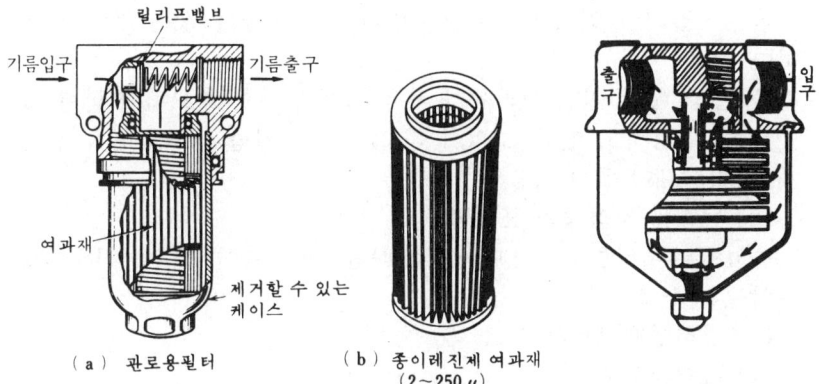

(a) 관로용필터

(b) 종이레진제 여과재
(2~250 μ)

그림 7·11 표면식 관로용 필터

그림 7·12 적층식 관로용 필터
(금속리본)

표면식필터와 적층식필터의 비교

표면식필터에서는 여과되는 먼지의 크기가 여과재의 구멍의 크기에 따라서 결정된다.

적층식필터의 여과재의 구멍크기는 제거하고자 하는 먼지의 크

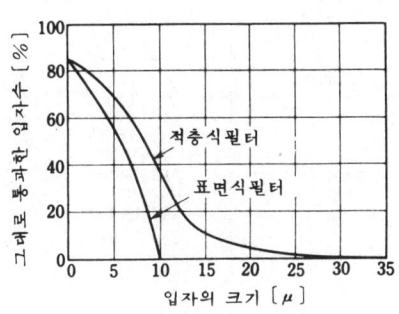

그림 7·13 표면식과 적층식필터의
입자제거능력

기보다 약간 크다 싶은 것을 사용한다. 적층식필터를 통과하는 먼지의 최대치의 한계는 그림 7·13에 제시되는 바와 같이 그리 분명하지 않고 여과재 구멍의 크기의 균일성, 구멍의 분포상태에 따라서 변화한다.

표면식필터의 여과재는 구멍크기가 균일한 것이 적당하고 강인하거나 극히 점착력이 강한 여과재료(직포, 철망)가 사용되고 있다.

적층식필터의 여과재로서는 구멍배치가 굴곡이 많은 것이 필요하다.

즉 입상(粒狀)인 것이라든가 섬유 상태의 것을 부드럽게 굳힌 것을 많이 사용하고 있다. 그외에 특수하게 짠 철망, 금속리본을 감은 것, 자기(磁器) 등이 사용되고 있다.

[5] 유압필터 성능의 표시법

유압필터의 성능평가에 대해서는 다음 4개의 항목이 있다(JIS 8359 유압필터 참조).

(1) 필터엘레멘트의 강도

(2) 압력강하

(3) 내압(반복충격압에 의한 내구성)

(4) 여과입도(粒度)

「필터엘레멘트의 내압강도는 표 7·5에 제시하는 압력차에 견디고 정격유량에 있어서의 압력강하가 표 7·5의 값 이하이어야 한다」고 JIS에 규정되어 있다.

표 7·5 필터엘레멘트의 내압강도와 압력강하 (JIS B 8356)

종 류	압 력 차 [kgf/cm²] {MPa}	정격압력 [kgf/cm²] {MPa}	압 력 강 하
탱크용 필터엘레멘트	1.5 {0.15}	——	80 mmHg {0.011 MPa}
관로용 필터엘레멘트	6.0 {0.6}	16 {1.6}	0.6 kgf/cm² {0.06 MPa}
		40 {4.0} 80 {8.0}	1.0 kgf/cm² {0.10 MPa}
		160 {16.0} 250 {25.0}	정격압력의 1%

여과입도는 JIS B 8356에서 지정하는 여과입도시험장치에 의해 시험했을 때 표 7·3, 표 7·4에 제시하는 값을 초과해서는 안된다

고 규정하고 있다.

　오염관리면에서 기름의 오염도를 평가하는 기준과 필터의 성능을 평가표시하는 기준은 동일수준의 척도로 표시되는 것이 좋으며 현재 몇가지가 시도되고 있다.

[6] 유압필터의 사양서에 구비할 조건

　여과기를 주문하는 경우, 지정해야 할 일반적 조건으로서는 다음

표 7 · 6　세립에 대한 여과망목의 열림과 메시번호

(JIS Z 8801-1976)

호칭치수 [μm]	여과망목의 열림 [mm]	강선의 지름 [mm]	ASTM[*1] 메시 〔눈수 / 인치〕
5 660	5.66	1.600	3.5
4 760	4.76	1.290	4.2
4 000	4.00	1.080	5
3 360	3.36	0.870	6
2 830	2.83	0.800	7
2 380	2.38	0.800	8
2 000	2.00	0.760	9.2
1 680	1.68	0.740	10.5
1 410	1.41	0.710	12
1 190	1.19	0.620	14
1 000	1.00	0.590	16
840	0.84	0.430	20
710	0.71	0.350	24
590	0.59	0.320	28
500	0.50	0.290	32
420	0.42	0.290	36
350	0.35	0.260	42
297	0.297	0.232	48
250	0.250	0.174	60
210	0.210	0.153	70
177	0.177	0.141	80
149	0.149	0.105	100
125	0.125	0.087	120
105	0.105	0.070	145
88	0.088	0.061	170
74	0.074	0.053	200
63	0.063	0.039	250
53	0.053	0.038	280
44	0.044	0.028	350
37	0.037	0.026	400

＊1. 메시에는 「길이 1inch 에 대한 구멍의 수」로 표시하는 Tyler 와 ASTM메시 (미국), 「1 cm² 에 대한 구멍의 수」로 표시하는 DIN메시(독일) 등이 있는데 모두 약간씩 상이하다. 미국에서는 미터제의 ASTM으로 통일되어 가고 있다.

＊2. 〔예〕 두발 50~70μm (270~200메시), 탱크필터 100μm (150 메시)

과 같은 여러항목을 들 수 있다. 피여과체의 종류, 피여과체의 pH
또는 부식성, 사용온도, 점도, 사용압력(최고와 보통), 압력손실과
허용범위, 유량, 여과할 먼지의 크기(미크론 또는 메시), 사용할 여
과재료의 크기의 제한과 그 재질, 용기의 중량, 치수, 재질의 제한,
파이프와 접속부(기름입구·출구)의 크기 및 나사의 종류.

표 7·6에 여과망 크기를 나타내는 메시번호의 규격을 제시한다.

[7] 유압필터 연결장소

유압필터를 어느 위치에 연결할 것인가는 예방보전의 관점에서
중요하며, 설계단계에서 오염관리를 고려해야 한다. 즉 여과의 정도·
세밀성·계의 압력과 유량, 청소나 교환의 빈도, 가격 등 여러가지
요인에 의해 결정하여야 한다. 유압필터의 대표적인 연결위치를 그
림 7·14에 제시한다.

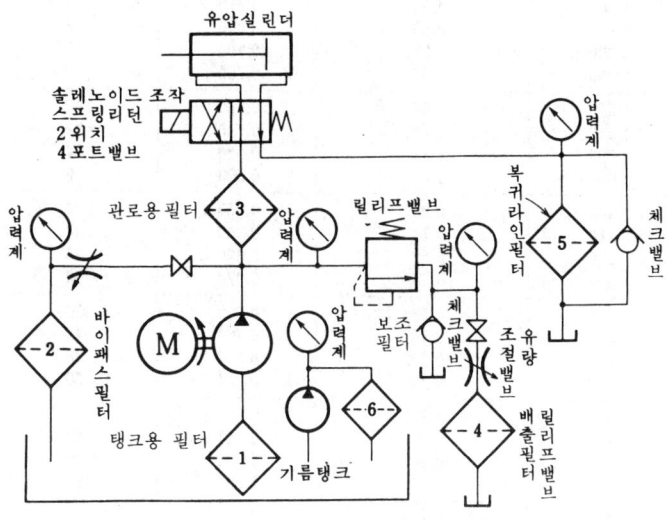

그림 7·14 유압필터연결장소의 대표예

(1) 탱크용 필터   보통 기름탱크내에서 펌프흡입관로에 연결
된다. 눈의 크기는 100~200메시의 거친 것으로 압력강하를 가능한
한 작게 하여 두어야 한다.

(2) 바이패스 필터   전체유량을 여과할 필요가 없는 경우는 펌
프토출량의 10%정도를 눈이 가는 필터로 계속 여과하는 방법이 사

용된다. 이 연결위치는 압력관로의 어느 곳이라도 되며 작은 여과기로도 충분하다.

(3) 관로용 필터　　전체유량 또는 회로의 일부분을 여과하고자 할 때 사용된다. 서보밸브회로에는 반드시 이 위치에 필터를 연결할 것.

(4) 릴리프밸브 배출필터　　기계작동중 다량의 작동유가 릴리프밸브에서 기름 탱크로 복귀하는 경우에 사용하면 효과적이다. 이 위치에 필터를 연결하는 경우에는 릴리프밸브에 배압이 걸려 작동불량이 되지 않도록 보조릴리프밸브나 체크밸브를 설치하여야 한다.

(5) 복귀라인 필터　　회로의 복귀측에 필터를 설치하면 실린더나 유압모터로부터의 복귀유의 전량을 여과할 수도 있다. 유압펌프의 토출량이 무부하밸브나 릴리프 밸브를 거쳐 기름탱크로 복귀하는 양이 많은 경우에는 이 위치에 필터를 두어도 효과가 적다. 복귀관로의 서어지압력에 대해 필터를 보호하기 위해서는 체크밸브를 설치할 필요가 있다.

(6) 보조 필터　　그림 7·14의 ⑥과 같이 저압소용량의 보조펌프와 저압필터에 의해 여과시키는 방법으로서 장치의 일부로서 설치하거나 포터블유닛으로 하여 이따끔 여과하도록 해서 사용해도 좋다. 이 보조필터는 큰 장치에 많이 사용된다.

7·4 통기필터

대기로의 통기관로에 장착되는 여과기를 통기필터라고 한다. 일반적으로 기름 탱크 상부의 통기구에 설치하여 공기내의 먼지가 혼입하지 않도록 하고 있다. 대단히 먼지가 많은 곳에서는 오일 배스형식의 것이 먼지제거에 효과적이다. 어느 경우나 통기필터를 정상으로 작동시키기 위해서는 정기적으로 용제(가솔린, 세유, 합성세제 등)로 세척하는 것이 좋다.

그림 7·15는 폴리비닐의 엘레멘트를 사용한 통기필터로서 통기저항은 약10mmAq이다. 그림 7·16과 같은 통기필터붙이 주유구를 사용하면 기름탱크가 간단해진다. 공기의 필터엘레멘트에는 소결합금, 스티일우울, 모르트프레인, 펠트, 다공질의 폴리비닐 등 여러가지가

있으므로 사용할때 가장 적합한 것을 선택해야 한다.

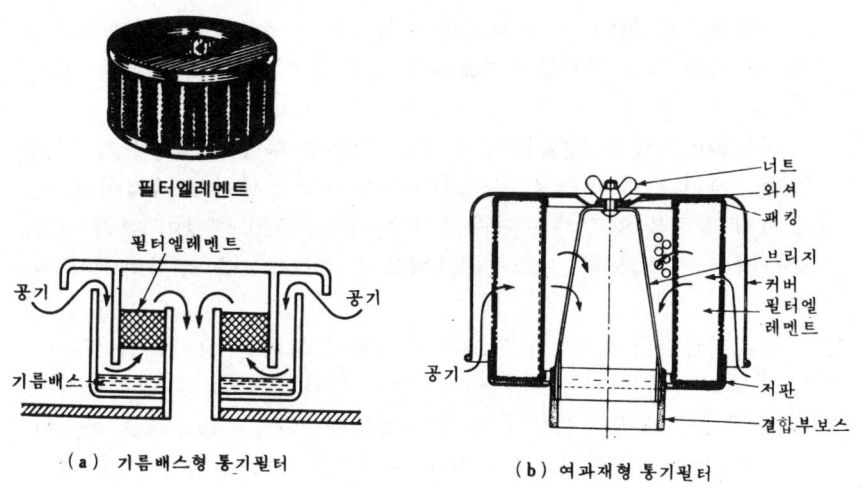

(a) 기름배스형 통기필터 　　　　(b) 여과재형 통기필터

그림 7·15 공 기 청 정 기

통기필터는 보통 기름탱크 위에 연결한다. 램이 큰 프레스 등에
대한 통기필터는 다량의 공기를 흡입할 수 있는 것을 사용하여야
한다. 이것들의 용량에 대해서는 경시하기 쉬우므로 주의를 요한다.

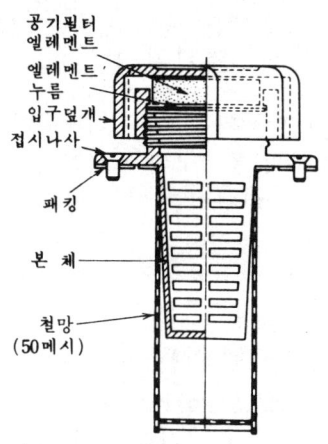

그림 7·16 공기청정기붙이주유구

7 · 5 관, 이음매, 배관

유압장치에서는 관, 이음매류의 크기나 재질의 적정한 사용을 제대로 지키지 않는 경우에 동력 손실이 많거나 관이 파손하는 등 여러 가지 문제가 생기기 쉬우므로 주의할 필요가 있다.

[1] 관

유압용의 관에는 강관(鋼管), 스테인레스강관, 고무호스, 수지호스 등이 있다.

(a) 강 관   펌프 토출(吐出)측에 사용하는 압력 100~1,000kgf／㎠{10~100MPa} 정도의 고압관에는 고압관용 탄소강 강관(STS-35)를 사용하고 상용(常用) 100kgf／㎠{10MPa}이하의 배관에는 압력 배관용 탄소강 강관(STP G-35)이, 압력이 그다지 걸리지않는 드레인관 등에는 배관용 탄소강 강관(SGP)이 사용되고 있다. 유압 배관 중 특히 플레어형 또는 bite type pipe fitting을 사용하는 배관에는 유압배관용 정밀탄소강관(STPS)이 사용된다.

이상의 강관 두께는 다음 식에 의해서 구한다.

$$P=\frac{200\,\bar{\sigma}t}{D} \quad [\text{kgf／㎠}] \quad \{P=\frac{2\sigma t}{D}\ \text{MPa}\} \tag{7 · 8}$$

여기서 P : 내압력 $[\text{kgf／㎠}]$ {MPa}
  D : 관의 외경 $[\text{mm}]$
  σ : 인장강도 $[\text{kgf／㎠}]$ {MPa}
    (통상항복점의 60%값)
  t : 관의 두께 $[\text{mm}]$

(b) 스테인레스강관   매우 높은 압력에 대하여 큰 구경(口徑)의 강관을 사용하면 관의 두께가 두꺼워져 굽히거나 플레어로 하는데 곤란해진다. 이런 경우 또는 중량을 절감시키고자 할 경우에는 스테인레스 강관(SUS)이 사용된다. 이 관은 이음매 없이 풀림을 잘 하면 적당히 굽히거나 플레어로 가공할 수 있다.

★강관기호 S : Stael, G : Gas, T : Tube, P : Piping, 말미의 S : Special, 말미의 T : Temperature, 말미의 A : Alloy, 말미의 L : Low.
[예] STPT : Steel Tube Piping Temperature.

(c) 정밀탄소강강관　　이 관은 전기저항용접강관 또는 연결부 없는 강관으로부터 냉각인발로 내외면의 마무리를 좋게 해서 가공 후에 광택(光澤)열처리를 하고 굴곡가공을 좋게 한 유압전용강관 으로 제작되고 있다. 따라서 관의 외경치수는 고정밀도이고 관 내 측은 청결히 하여 녹을 방지하는 처리를 하여 두도록 JIS에서 규정 하고 있다. 이 관의 외경과 두께의 기준치수를 표 7·7에 제시한다.

(d) 액압용 고압고무호스　　합성고무로 만든 고무호스에는 저 압·중압·고압용 3종류가 있다. 저압호스는 합성고무 외측에 면사 로 짠 것을 피복하여 튼튼히 한 것과 고무관만으로 된것 등이 있다. 고압용은 면사와 강선으로 짠 것을 피복하여 보강하고 있다. 고무 호스의 최고사용압력에 대해서 시험압력은 2배, 최소파괴시험압력 은 4배, 최대충격압력은 1.5배를 갖게 하고 사용온도범위를 JIS에서 는 $-40 \sim +100\,°C$로 규정하고 있다(JIS B 8360). 설치에 있어서는 비틀림이나 인장 및 갑자기 구부리는 일이 없도록 하고 처짐을 충

표 7·7 밀어넣기관 이음봉 정밀탄소강강관의 표준치수

단위 : mm　(JIS B 2351)

순　도	기준치수		1	1.5	2	2.5	3	3.5	4	4.5	5	5.5	6	7
	허용차		±0.15	±0.2	±0.2	±0.25	±0.3	±0.35	±0.4	±0.45	±0.5	±0.55	±0.6	±0.7
관의 외경														
기준치수	허용차													
4			○											
6			○	○										
8			○	○										
10	±0.1		○	○	○									
12			○	○		○								
16				○	○		○							
20				○	○	○		○						
25						○	○			○				
30	±0.15				○		○					○		
38						○		○		○				○

〔비고〕 1. 굵은 선의 안쪽은 관의 외경에 대한 두께의 범위를 표시한다.
　　　　2. 특별한 이유가 없는 한 ○표의 두께를 채용하는 것이 좋다.

분히 주어야 한다.

(e) **액압용 고압수지호스**   수지호스는 수지내면층, 섬유보강층 및 수지외면층으로 구성되며, 광물성, 수성계, 에스텔계 작동유 등의 유압배관에 사용하고 있다. 최고사용압력은 관지름에 따라 다르지만 350kgf／㎠ {35MPa}(내경 φ5)로 부터 70kgf／㎠ {7MPa}(내경 φ25) 정도의 것이 있다. 이것들의 최고사용 압력에 대해서 시험압력, 최소파괴시험압력은 고무호스와 동일한데, 최대충격압력은 약 1.3배, 사용온도범위 −40~+93℃로 규정되어 있다(JIS B 8362).

[2] 이 음 매

이음매에는 나사이음매, 플랜지이음매, 플레어이음매, 바이트타입 이음매, 용접이음매 등이 있다. 나사이음매는 주로 저압이거나 분리의 필요가 있는 곳에 사용된다. 고압용이거나 분리할 필요가 영구적으로 필요치 않은 곳에는 용접이음매가 사용된다.

(a) **나사이음매**   나사이음매중 정확하게 절삭된 것은 상당한 시일 효과가 있으나 조잡하게 절삭된 것은 누설을 방지하기가 곤란하다. 테이프 시일 등은 일시적으로 시일이 될 수 있으나 장기간에는 진동에 의하여 헐거워지는 등의 문제가 생긴다.

(b) **플랜지이음매**   플랜지이음매는 여러개의 볼트에 의하여 조임의 힘이 분할되므로서 조임이 용이하므로 대형관의 이음매로서 편리하다(그림 7 · 17).

(c) **플레이이음매**   그림 7 · 18에 제시하는 바와같이 본체, 슬리브, 너트의 3가지 부품으로 구성되어 있다. 플레어각도로는 37° 및 45°의 2종류가 있다. 37°의 것이 시일면이 길고 플레어로 하는 변형도 적어 너트의 조임에 높은 접촉력을 얻을 수 있으므로 고압

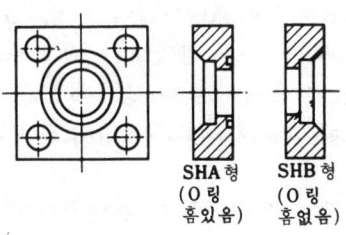

그림 7·17 플랜지이음매〔유압용 210 kg f/cm² : 관플랜지 (JIS B 2291)〕

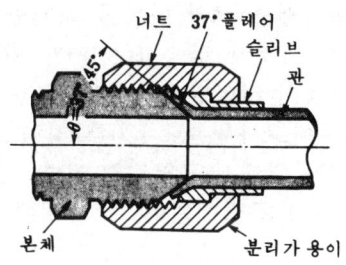

그림 7·18 플레어이음매

에 적당하다.

'45°의 것은 자동차의 브레이크계통이나 연료관 등의 저압이고 극히 얇은 것에 적당하며 슬리브가 없는 것이 많다. 플레어로 하기 위한 관은 비교적 연질이고 두께가 얇은 것이 바람직하다. 따라서 고압배관용으로서는 어떤 제약이 있다.

(d) 바이트타입이음매   그림 7·19와 같이 슬리브를 관에 밀어넣어 관과 관 이음매를 접속하여 압력유체를 밀봉하는 형식의 이음매이다.

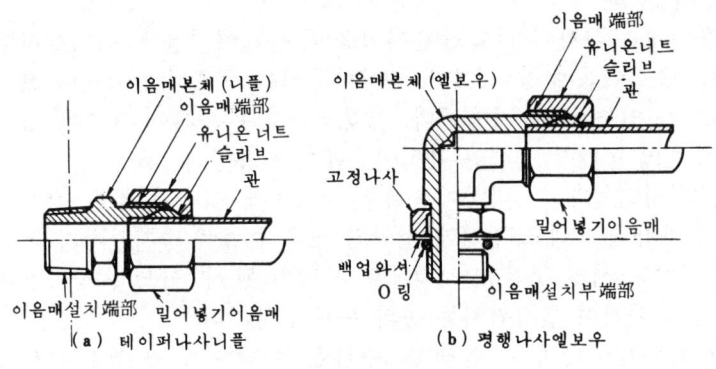

그림 7·19 밀어넣기이음매

바이트타입이음매는 이음매본체, 유니온너트, 슬리브의 세가지 부분으로 구성되어 있다. 유니온너트의 조임에 의해 슬리브는 이음매본체의 테이퍼부와 관사이에 압입되어 슬리브 선단이 관에 파 들어가 강한 금속접촉에 의해 시일링을 하고 있다. 바이트타입이음매는 나사절삭, 플레어가공, 용접작업 등이 없고 관을 필요한 길이로 잘라서 너트의 나사를 죄기만 하는 이점이 있어 많이 사용되고 있다. 이것에 접속하는 관의 외경치수는 높은 정밀도가 필요하므로 전용의 정밀탄소강강관(표 7·7)을 사용해야 한다. JIS B 2351에서는 최고사용온도 120℃, 압력 210kgf / cm² {21MPa} 이하의 유압배관계에 대해서 규정하고 있다.

(e) 용접이음매   용접이음매에는 유니언형과 플랜지형의 2가지 형식이 있다. 그림 7·20(a)는 O링에 의한 시일을 평면으로 하는 유니온형식으로서 배관은 쉬우나 관의 중심이 제대로 내어져 있

지 않으면 O링부분에서 누설될 염려가 있다. 그림 7·20(b)는 O링
이 끼워지는 유니온 방식으로서 배관은 어려우나 누설에 대하여는
(a)보다 우수하다. 플랜지용접이음매는 그림 7·20(c, d)에 제시하
는 바와 같다.

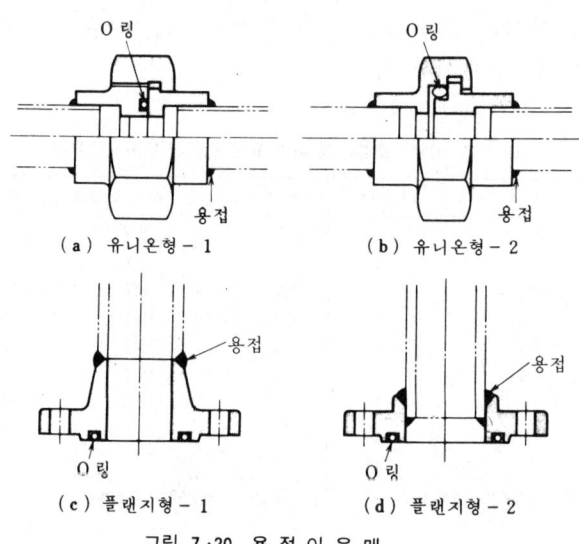

(a) 유니온형 - 1   (b) 유니온형 - 2

(c) 플랜지형 - 1   (d) 플랜지형 - 2

그림 7·20 용접이음매

[3] 배 관

파워유닛의 배관에 있어서는 관의 내측에 부착되어 있는 유지(油
脂), 녹, 인발(引拔)때의 첨가제, 스케일, 탄소 부착물 등의 오물을
알칼리성의 세척제용액 또는 유기세제로 세척하여 청결하게 한 다

표 7·8 관로의 최대허용유속

관 로 의 종 류	최대허용유속 m/s
압 력 관 로	4.5
흡 입 관 로	1.2
밸브류 기타 저항이 짧은 부분	9
릴리프밸브에서 기름탱크에 복귀하는관로	30~45

〔주〕고압관로에 대하여는 약간 큰 수치를 잡아도
    무방하나, 9 m/s를 넘어서는 안된다.

음 연결해야 한다.

관경(管徑)은 소요 유량에 대하여 적당한 크기이어야 한다. 표 7·8에 관로(管路)의 최대 허용 유속의 기준을, 표 7·9에 관의 호칭경에 대해 권장 표준 유량의 일람표를 제시한다.

배관은 진동이나 이로 인한 피로, 절손 등을 최소한으로 하도록 그 요소를 확실하게 지지하는 것이 중요하다. 배관 지지의 최대간격을 표 7·10에 제시한다.

표 7·9 관의 호칭경에 대한 표준유량 (JIC H-1-1973)

관의 호칭경 [in]	대시번호	관의 외경	표준유량 [gal/min]	[ℓ/min]
1/4	−4	3/8	2.4	9.1
3/8	−6	1/2	4.1	15.5
3/8	−6	5/8	6.7	25.4
1/2	−8	3/4	10.1	38.2
3/4	−12	7/8	14.8	36.0
3/4	−12	1	19.1	72.3
1	−16	1 1/4	30.0	113.6
1 1/4	−20	1 1/2	41.2	156.0
1 1/2	−24	2	72.3	273.7

[주] 압력 70~175 kgf/cm² [7~17.5 MPa], 관내유속 4.5 m를 기준.

표 7·10 배관지지의 최대간격 (JIC-H-1-1973)

관의 호칭경	관 의 외 경 [인치]	최대지지간격 [피이트 (미터)]
1/8, 1/4	1/4, 3/8	3 (0.9)
3/8, 1/2, 3/4	1/2, 5/8, 3/4, 7/8, 1	5 (1.5)
1 이상	1 1/4 이상	7 (2.1)

배관은 지지없이 공간에 매달거나 하지 말아야 한다. 관의 접합점 또는 배관의 지지는 관에 손상을 주지 않도록 설계할 것이며 이것을 지지하기 위하여 용접으로 고정하여서는 아니된다. 또 각 배관은 되도록 일체로 하여 이음매를 작게 해야한다. 장치의 부품을 분리하지 않고 배관의 분해를 할 수 있도록 설계하는 것이 바람직하다.

7 · 6 압력스위치

유압회로중의 압력변화를 검출하여 미리 설정해 둔 압력에 달하면 전기회로가 개폐하는 일종의 스위치이다. 압력스위치는 솔레노이드조작밸브 등과 같이 전기적으로 제어되는 밸브, 전동기의 기동스위치 또는 단순히 신호 등을 점멸시키고자 하는 경우 등에 사용된다. 압력스위치의 신뢰성은 작동유에 관계가 있다. 즉 오염된 기름은 피스톤의 작동을 활발하게 하지 못하여 오차를 발생시키기 쉽게 하므로 주의해야 한다.

그림 7 · 21(a)에 있어서 회로압력 P_s가 볼(1)을 누르고 있는 스

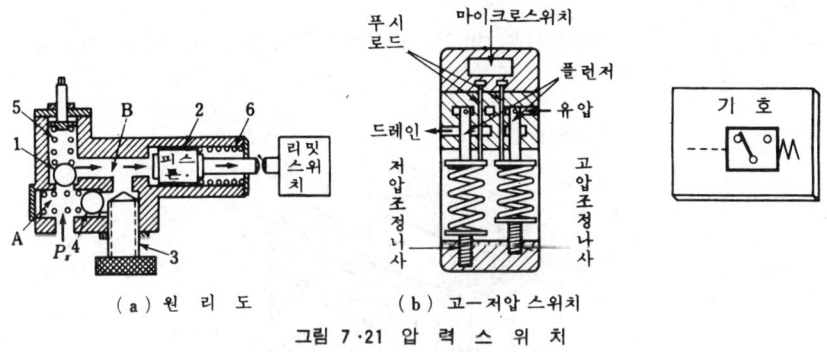

(a) 원 리 도 　　　　(b) 고—저압 스위치

그림 7·21 압 력 스 위 치

프링(5)의 힘 이상이 되면 기름은 B실에 유입, 피스톤(2)를 우측으로 움직여 리밋스위치를 작동시킨다. A실의 유압이 스프링(5)의 힘보다 낮아지면 볼(1)이 복귀되어 B실의 기름이 피스톤(2)를 누르고 있는 스프링(6)에 의해 복귀되며 볼(4)를 통해 압출되어 리밋스위치를 원위치로 복귀시킨다. 이 복귀에 요하는 시간은 교축밸브(3)을 조절하여 결정하고 있다. 그림 7 · 21(b)는 고압, 저압을 제한하는 두 리밋스위치를 하나의 케이스에 내장하고 있는 압력스위치이다.

7 · 7 기름탱크

[1] 기름탱크의 크기
기름탱크의 크기는 그 속에 들어가는 유량이 적어도 펌프 토출량

의 3배이상이 되도록 하는 것이 표준화되어 있다. 이것은 펌프작동
중의 유면(油面)을 적정하게 유지하고 발생하는 열을 방출하여 장
치의 가열을 방지하며 기름 중에서 공기나 이물을 분리시키는 데
충분한 크기이다. 또 운전 정지중에는 관로내의 기름이 중력(重力)
에 의해서 넘치지않고 관을 분리할 때에도 탱크에서 넘쳐 흐르지
않을만큼의 크기로 해야한다. 따라서 기름탱크의 크기는 냉각장치
의 유무, 사용압력, 유압회로의 상태에 따라서 달라진다.

　[2] 기름탱크를 설계함에 있어서의 주의사항

　기름탱크의 설계는 유압장치의 사양에 지배되는 경우가 비교적
많은바 설계함에 있어서의 유의할 일반사항을 들면 다음과 같다(그
림 7·22).

　(1) 기름 탱크 내에서는 먼지, 절삭분, 윤활유 등의 이물질이 혼

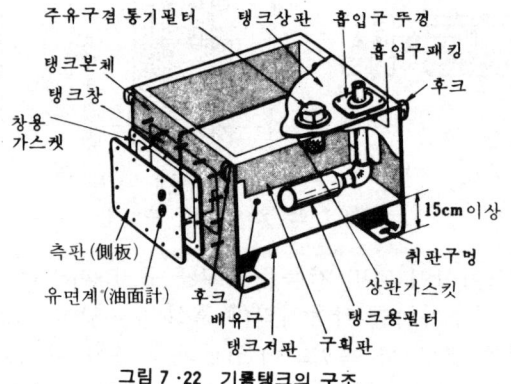

그림 7·22 기름탱크의 구조

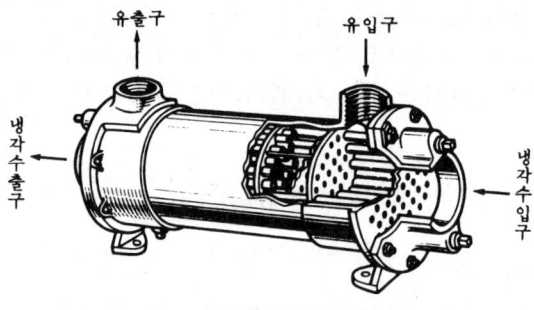

그림 7·23 냉 각 기

입하지 않도록 주유구에는 여과망과 캡 또는 뚜껑을 부착할 것.

(2) 통기구에는 통기필터를 부착하여 먼지의 혼입을 방지하고 기름 탱크내의 압력을 언제나 대기압으로 유지하는 데 충분한 크기인 것으로 비말유입(飛沫流入)을 방지할 수 있어야 한다. 통기필터의 통기용량은 유압펌프토출량의 2배 이상이면 된다. 소형의 기름탱크에서는 통기구와 주유구를 공용시켜도 무방하다(그림 7 · 16, 그림 7 · 22).

(3) 기름 탱크에는 적당한 기름냉각기를 고려해야 한다(그림 7 · 23).

(4) 기름 탱크의 용량은 장치의 운전 정지 중 장치내의 작동유가 복귀하여도 지장이 없을만큼의 크기를 가져야 한다. 또 작동 싸이클 중에도 유면의 높이를 적당히 유지할 수 있어야 한다.

(5) 기름 탱크의 내부는 구획판으로 흡입측과 복귀측을 구별하여 기름 탱크내에서의 순환거리를 길게 하고 기포(氣泡)의 방출이나 기름의 냉각을 보조하며 먼지의 일부를 침전케 할 수 있도록 해야 한다. 복귀유를 기름 탱크의 측벽을 따라서 흐르도록 하는 것은 좋은 방법이다.

(6) 기름 탱크의 연결구멍은 바닥에서 최소 간격 15㎝를 유지하는 것이 바람직하다. 각부(脚部)에는 적당한 연결구멍을 설치해야 한다.

(7) 운전중에도 보기 쉬운 곳에 유면계를 설치해야 한다. 유면계에는 유압펌프 운전 중에 있어서의 유면의 최고와 최저 위치를 나타내는 표시를 해 둘 것. 유압펌프 정지시의 최고 유면 위치에 표시를 해 두면 더욱 편리하다. 유면계는 기름 탱크의 상부벽과 같은 높이에 설치해야 한다.

(8) 기름 탱크는 완전히 세척할 수 있는 방법을 고려해야 한다. 또 기름 탱크의 바닥은 작동유의 방출이나 세척에 편리한 형식으로 만들어야 한다.

(9) 기름 탱크에는 탱크용필터의 삽입이나 분리를 용이하게 할 수 있는 출입구를 만들어 두어야 한다.

(10) 탱크용필터의 용량은 유압펌프 토출량의 2배 이상의 것을 사용해야 한다.

(11) 기름 탱크의 내면은 방청(防請)을 위하여 또 수분의 응축(凝

縮)을 방지하기 위하여 양질의 내유성도료(耐油性塗料)를 도장하든
가 도금해야 한다.

(12) 설치 운반용으로서 적당한 곳에 후크를 달아 두어야 한다.

7·8 유압 유닛

유압유닛(통칭:파워 유닛)은 보통 유압펌프와 그 구동전동기, 릴
리프밸브, 방향체어밸브 등의 부속 밸브류, 압력계, 커플링, 배관, 기
름 탱크 및 그 부속품 등으로 구성되어 있는 이른바 유압 발생장치

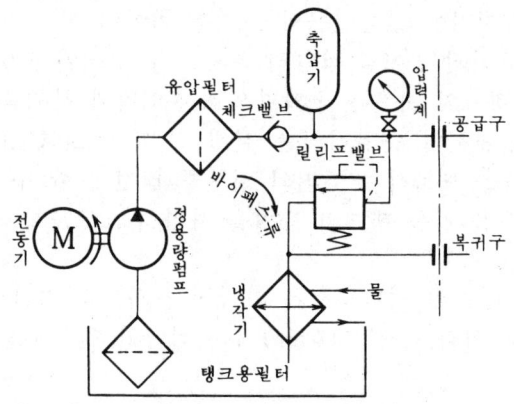

그림 7·24 바이패스형 유압유닛의 유압회로

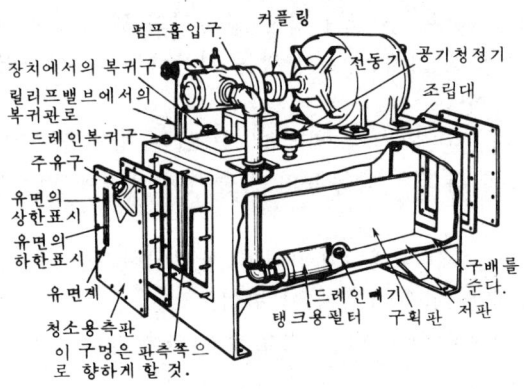

그림 7·25 바이패스형 유압유닛

를 말하며 소형의 것은 파워팩(power pack)이라 하고 있다.

[1] 종 류

유압유닛은 그 유압동력 공급방식에서 보면 바이패스형, 언로우드형, 온·오프형 등이 있다.

(a) 바이패스형 유압유닛   정용량 펌프를 사용한 유압회로로서 부하측(負荷側)이 작업을 하지 않고 있는 동안은 압력유는 릴리프 밸브를 통하여 유압탱크로 바이패스되고 있는 유압유닛을 말한다. 이 회로는 릴리프밸브에서 브리드오프 될 때 가열되므로 배유구(排油口)에서의 복귀유관로에 냉각기를 설치하여 기름을 냉각하고 있다(그림 7·24, 그림 7·25).

(b) 언로우드형 유압유닛   유압펌프는 연속적으로 회전하고 있지만 부하가 유량을 필요로 하지않고 있는 동안은 무부하밸브로 기름 탱크에 복귀시켜 동력의 낭비를 방지하고 있는 유압유닛이다. 항공기나 자동차의 엔진과 같이 항상 회전하고 있는 원동기에 유압펌프를 직결하여 사용하는 경우 이 형식이 사용된다. 최근 가변 용량펌프를 비교적 저렴한 가격으로 구입할 수 있으므로 조압형(調壓形)가변 용량펌프가 무부하밸브를 대신하고 있다(그림 7·26).

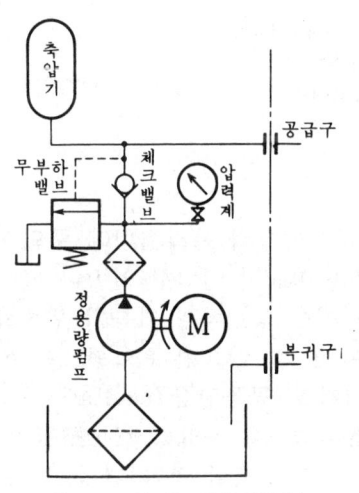

그림 7 ·26 언로우드형 유압유닛의 유압회로

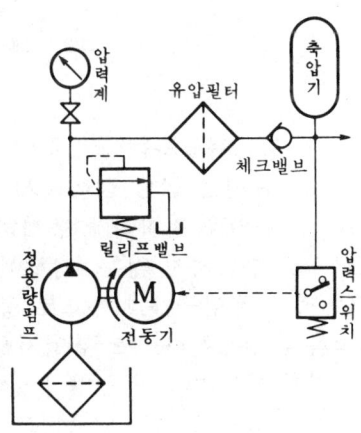

그림 7 ·27 온·오프형 유압유닛의 유압회로

(c) 온·오프형 파워유닛　축압기(蓄壓器)에 유압에너지가 축적되어 있는 동안은 유압펌프를 정지시켜 장치의 효율을 높이도록 한 유압유닛이다.

그림 7·27에서 축압기내의 압력이 저하하면 압력스위치가 작동하여 유압펌프를 구동시키고 축압기에 유압을 보충한다. 축압기, 펌프 및 전동기를 운전상태에서 최대효율이 되도록 설계하면 효율이 좋은 장치를 얻을 수 있다. 이 형식의 유압원은 온·오프의 반복 빈도를 적게 하도록 하면 축압기가 커지게 된다. 또 유압력은 압력 스위치의 설정치와 유압펌프의 압력설정치와의 사이를 부단히 왕복하므로 계(系)에 일정압력과 유량을 공급시킬 수 없다. 보통 이 설정압력의 상한(上限)은 계의 작용압력으로, 하한(下限)은 작용압력의 85~95%로 설정하고 있다.

상기 3형식의 동력을 비교한 것이 그림 7·28이다.

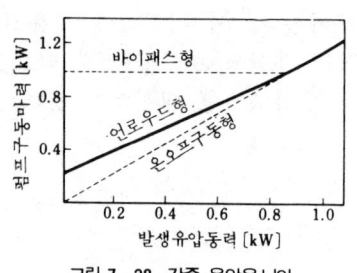

그림 7 ·28 각종 유압유닛의
동력비교

[2] 유압유닛사용상의 주의사항

(a) 유면은 항상 정확하게 유지하고 펌프의 흡입저항에 주의할 것　유면을 정확하게 유지하는 것은 비교적 간단한 일이나 일반적으로 주의하지 않는 경향이 있다. 기름 탱크속의 기름이 부족하여 펌프 흡입구가 기름으로 충만되어 있지 않으면 유압펌프는 이상음을 발생한다. 또 흡입저항이 커지면 공동현상 (cavitation)이 생기기 쉽고 기름의 증발이 일어나 유압펌프의 가압행정(加壓行程)에서 기름을 급격히 압축하므로서 기름의 열화를 조속화한다. 이를 방지하기 위해서는 다음의 여러 사항에 대하여 주의해야 한다.

(1) 기름 탱크속의 기름 점도(粘度)는 시동시 800cSt를 넘지 않

게 할 것.

(2) 입구양정(入口揚程)은 1m이하로 하여 흡입 저항을 300mmHg 이하로 억제할 것.

(3) 흡입관의 굵기는 유압 펌프흡입구연결부의 크기와 같은 것을 사용할 것. 흡입관로가 길어지는 경우에는 보다 더 굵게 하여 펌프 흡입측의 배관 저항을 적게 할 것.

(4) 유압 펌프의 구동 속도를 규정속도이상으로 해서는 안된다.

(b) 작동유는 항상 깨끗하게 유지하고 정기적으로 점검, 교환하여 그 온도를 적정하게 유지할 것   기름온도의 상승은 유압펌프의 운전에 있어서 특히 주의하지 않으면 안된다. 작동유에서 본 최적 구동온도는 그림 8 · 3에 제시하는 바와 같이 29~50℃이다. 최대 능력 또는 과부하로 장시간 구동하는 때와 열의 발산이 충분하지 못한 때에는 기름냉각용으로 냉각수를 사용한 열교환기가 많이 사용되고 있다. 냉각수를 간단하게 얻을 수 없는 곳에서는 공냉식 냉각기가 사용된다. 유압유닛운전중 고온으로 되는 것이 불가피한 경우에는 오일을 자주 갈아 줄 필요가 있다.

(c) 기름압력에 주의할 것   유압유닛 운전중 압력이 저하되면 릴리프밸브의 설정압을 높이지 말고 그 원인을 탐색해야 한다. 유온 상승에 의한 기기의 내부누설의 경우가 많다.

이런 때에 압력을 올리기 위하여 릴리프밸브의 설정압을 높이는 것은 위험하나. 압력이 변동하면 공동현상을 일으키거나 기름에 공기가 혼입하여 유압펌프고장의 원인이 되므로 주의할 것.

(d) 유닛 운동중에는 그 소음에 주의할 것   소음의 주된 원인으로서는 흡입관 또는 축단(軸端)에서 공기를 흡입하거나 탱크용 필터가 막히거나, 거품이 있는 기름을 흡입하든가, 점도가 너무 높거나 압력 또는 회전 수가 너무 높은 경우 등이다. 이상음이 발생하면 곧 소음을 제거시킬 조치를 취할 것.

(e) 옥외에 설치하는 경우   유압유닛을 옥외에 설치하는 경우에는 온도 변화가 심하므로 점도지수(粘度指數)(VI)가 큰 기름을 사용하는 것이 바람직하다. 계절에 따른 온도변화가 심한 곳에서는 자동차의 엔진오일과 같이 기름의 점도를 봄과 가을에 바꾸어 사용하면 좋다. 기온의 변화는 용기 내면에 수증기의 응결을 일으키기 쉽다. 적어도 1주에 1번은 검사하여 발견하는 대로 제거하는 것이

바람직하다. 또 기름 탱크는 풍우를 피하기 위한 덮개를 준비하는 것 또한 바람직하다. 옥외에서는 수증기나 불순물이 작동유중에 혼입하기 쉬우므로 기름의 장시간 사용을 지양하고 자주 교환해 주는 것이 결과적으로 경제적이다.

(f) 한시시동(寒時始動)　　한냉기에 유압유닛을 사용하는 경우에는 공급관로의 작동유를 가열기로 가열하는 것이 바람직하다. 이에 의해서 기름을 가열하는 시간을 단축하여 조속히 정상상태로 할 수 있다. 그러나 각 부분이 불균등하게 팽창하는 것에 의하여 유압펌프를 고장나게 하는 경우가 있으므로 주의할 필요가 있다. 한냉시에 유압펌프를 시동시키는데는 간헐적으로 기동시키거나 정지시키는 것에 의하여 연속 운동전에 강제 순환류를 시키는 것이 중요하다.

[3] 유압유닛을 처음으로 시동시키는 경우의 주의사항

처음으로 시동시키는 경우 베인펌프는 고장을 이르키는 사례가 많으므로 다음 여러가지 점에 주의할 것.

(1) 유압 회로도와 같이 조립되어 있는가를 확인할 것.

(2) 유압펌프의 회전방향, 플렉시블이음매의 연결부가 정확한가, 회전충동면에 주유되어 있는가를 확인할 것.

(3) 밸브류의 개폐, 유면 높이를 확인할 것.

(4) 신품인 유압펌프는 압력을 약간 걸어 시동시키고 최초의 5분간은 간헐적으로 작동시킬 것.

(5) 차거운 유압펌프에 고온유로 작동시키거나 반대로 고온의 유압펌프에 저온유를 사용하여 시동시키면 유압펌프를 고장나게 하므로 주의할 것.

제 8 장

작 동 유

작동유는 펌프에 의해 부여된 압력을 액추에이터에 전하는 전달
작용의 역할을 하고 있다. 이에 의해 기기의 습동부분의 윤활을 좋
게 히기도 하고(윤활작용), 틈새로부터의 누설을 방지하며(시일작
용), 금속의 녹을 방지하고(방청·방식작용), 유압기기가 발생하는
열을 제거(냉각작용)하는 작용을 하고 있다. 이와 같은 역할을 하
고 있는 작동유에는 어떠한 종류가 있으며 어떠한 성질을 가지고 있
는가에 대해 알아보기로 한다.

표 8·1 작동유의 분류

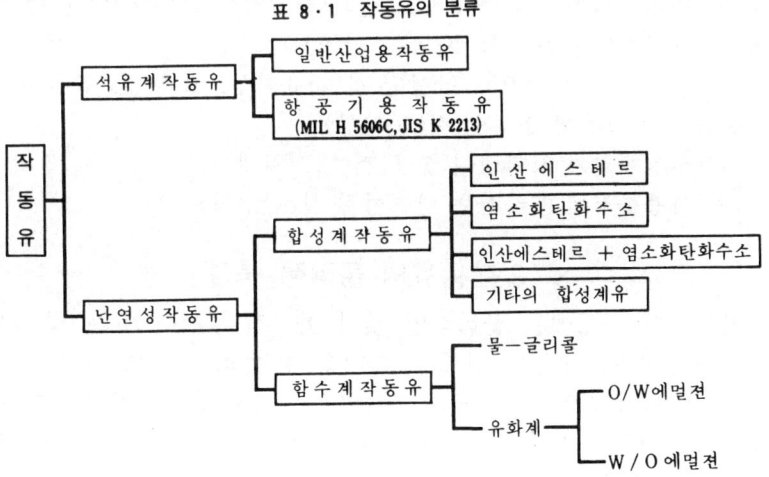

8·1 종 류

유압장치에 사용하는 작동유에는 석유계와 난연성작동유가 있다. 석유계작동유는 유압기기가 요구하는 특성을 만족시키기 위하여 첨가제를 넣어서 특성을 개선하고 있다. 화재의 우려가 있는 곳에는 난연성작동유가 사용되고 있다. 이 종류를 표 8·1에 제시한다.

8·2 작동유로서 필요한 성질

작동유의 올바른 선정과 그 관리는 유압장치를 원활하게 작동시킬 뿐만 아니라 그 효율이나 수명에도 커다란 영향을 준다. 작동유는 양질의 윤활유이고 특히 유압기기용으로서 정제(精製)된 기름을 사용하지 않으면 안된다. 손쉽게 구할 수 있다는 이유로 베어링유나 기계유를 사용하면 효율을 악화시키거나 기계의 수명을 단축시킨다.

작동유는 다음과 같은 성질을 갖추고 있을 필요가 있다.

(1) 압축율이 충분히 작을 것(압축성).

(2) 충분한 유동성을 가지며 온도에 의한 점도변화가 작을 것(점도).

(3) 적당한 유막강도가 있고 윤활성이 좋을 것(JIS K 2269 참조).

(4) 거품이 적을 것(소포성).

(5) 방청·방식성이 우수하고 산화나 열열화(熱劣化)에 대해 안정할 것(산화안정성)(JIS K 2501 참조).

(6) 물리적, 화학적으로 안정될 것(내유화성). 또한 물, 먼지 등의 불순물을 용이하게 분리할 것(분리성).

(7) 시일재와의 적합성이 좋을 것(내시일재성).

(8) 사용목적에 따라서는 난연성일 것(난연성).

8·3 작동유의 물리적 특성

작동유의 특성에는 물리적인 것과 화학적인 것이 있다. 물리적 특성에는 밀도, 압축율, 점도, 점도지수, 윤활성, 유동점, 인화점, 소포성, 비열, 증기압 등이 있다. 화학적특성으로서는 산화안정성, 방청성, 내유화성, 내시일재성, 도료내성, 독성 등이 있다. 이들 중 작동유 선정이나 평가에 있어서 특히 필요한 것은 밀도, 압축성, 점도, 점도지수, 유동점, 인화점, 소포성, 산화안정성, 내유화성, 분리성, 내시일재성 등이다.

[1] 밀 도* $\rho\{kg / ㎥\}$

밀도는 단위체적당에 포함되는 물질의 질량이라고 정의되어 있다. 밀도는 작동유의 종류에 따라 다르지만 동일한 것이라도 온도나 압력에 따라서도 달라진다. 이 수치는 압력손실, 관로저항, 유압계의 특성, 레이놀드수, 캐비테이션 계수, 절대점도와 동점도의 환산에 사용된다. 또 동일조건하에서의 밀도의 변화는 작동유 열화(劣化)판정의 참고가 되므로 사용최초의 밀도의 값을 파악해 두는 것이 중요하다. 표 8 · 2에 주요 작동유의 밀도의 값을 들어둔다.

표 8·2 작동유의 밀도

작동유의 종류	밀도 [g/cm³] (15.4 ℃)
석유계작동유	$8.78 \sim 9.39 \times 10^{-4}$
항공기용작동유 (MIL-H-5606)	8.4×10^{-4}
인산에스텔계	11.50×10^{-4}
수-클리콜계	10.60×10^{-4}
W/O 에멀젼계	9.32×10^{-4}

[2] 압 축 률 $\beta[\text{cm}/ kgf]$ $\{Pa^{-1}\}$

작동유에 압력이 가해지면 체적이 작아진다. 이 작아진 체석 ΔV와 원래의 체적 V_1의 비율을 압축률이라고 한다. 즉,

$$\beta = \frac{V_1 - V_2}{V_1} \cdot \frac{1}{p_2 - p_1} = \frac{1}{V_1} \cdot \frac{\Delta V}{\Delta p} \qquad (8 \cdot 1)$$

여기서 V_1 : 압력 p_1에서의 체적
V_2 : 압력 p_2에서의 체적
Δp : 가한 압력$(p_2 - p_1)$

표 2 · 3에 제시하는 바와 같이 작동유의 압축률은 공기에 비하면 상당히 작으며 압력이 낮은 영역에서는 비압축성으로서 취급해도

---

* SI단위에서는 비중량(ρg)의 용어는 사용하지 않는다. 밀도의 SI단위는 kg / ㎥이고, 보조단위에는 g / cm, kg / l 가 있다.

지장이 없다. 그러나 고압으로 사용하는 경우나 고속응답을 요구하는 경우에는 압축성을 무시할 수가 없게 된다. 또 표 8·3과 같이 압축률은 온도에 따라서도 변화한다.

표 8·3 석유계작동유의 온도에 대한 압축율

온도 [℃]	0	20	40	60	80	100
압축율 [cm²/kgf] [m²/N]	6.0×10^{-5} $[6.1 \times 10^{-10}]$	6.8×10^{-5} $[6.9 \times 10^{-10}]$	7.7×10^{-5} $[7.8 \times 10^{-10}]$	8.6×10^{-5} $[8.8 \times 10^{-10}]$	9.6×10^{-5} $[9.8 \times 10^{-10}]$	10.8×10^{-5} $[11.0 \times 10^{-10}]$

일반적으로 작동유는 상온의 대기압에 있어서 체적비 6~8%의 공기를 용해하고 있다. 이 용해공기는 사용중에 조건이 달라지면, 예를 들어 압력이 저하하면 공기를 분리하여 기포가 된다. 이른바 혼화(混和)공기가 되어 압축성을 증가하고 이것들이 기기나 계(系)의 동특성을 저하시키고 있다. 또 용해공기는 공동현상의 발생원인이 된다. 공동현상이 생기면 용적효율을 저하시킬뿐만 아니라 소음이나 부식의 원인도 된다.

지금 작동유중의 기포가 작고 상태변화가 비교적 늦으며 등온변화라고 생각하면 공기를 포함한 작동유의 외견상의 체적탄성계수 K'는 다음 식으로 표시 된다. 이것을 도표로 한 것이 그림 8·1이다.

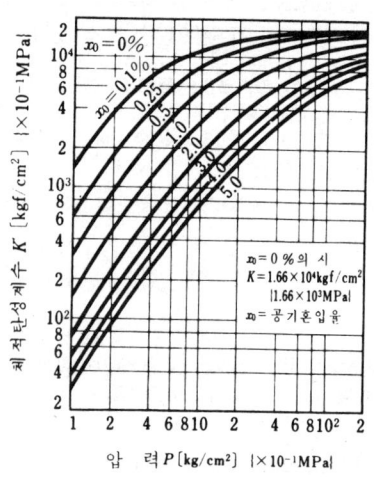

그림 8·1 공기혼입작동유의 체적탄성계수

$$K' = \frac{K_1 K_2}{K_2 + x(K_1 - K_2)} \qquad (8 \cdot 2)$$

여기서

$$x = 1 - \frac{1}{\left(1 - \dfrac{x_0}{1 - x_0}\right) \dfrac{1 - \Delta p/1.4 p}{1 - \Delta p/1.66 \times 10^4}} \qquad (8 \cdot 3)$$

K' : 외견상의 체적탄성계수
K_1 : 작동유의 체적탄성계수
K_2 : 공기의 체적탄성계수 ($K_2 = 1.4p$)
x : 절대압력 p에 있어서의 공기의 체적혼합비

x_0 :대기압에 있어서의 공기의 체적혼합비

[3] 점 도 μ[g / cm · s] {Pa · s}

그림 8 · 2에 있어서 간격이 y인 2매의 평행평판사이에 액체를 채우고 밑판을 고정하고 면적 A인 윗판을 속도 v로 평행하게 이동하는 데 F의 힘이 필요했다고 한다.

층류영역에서는 그림 8 · 2와 같은 속도분포가 얻어진다. 이 경우 평판을 움직이는 데 필요한 단위면적당의 힘, 즉 전단응력 τ[Pa]는 v에 비례하며 y에 반비례한다.

$$\tau = \frac{F}{A} = \mu \frac{dv}{dy} \; [\text{Pa} \cdot \text{s}] \qquad (8 \cdot 4)$$

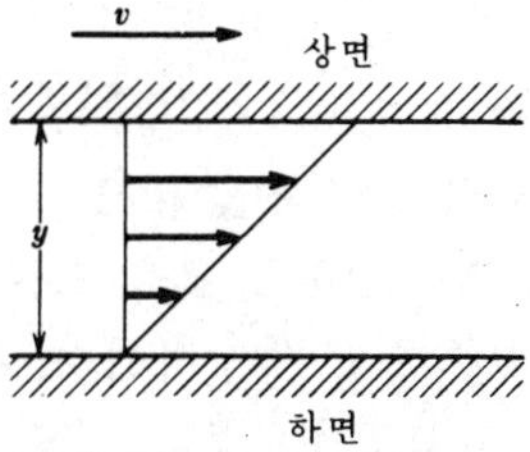

그림 8 · 2 두면사이의 속도분포

이 μ를 점도 또는 점도계수라고 한다.

이 관계는 뉴우톤이 실험에 의해 발견해 낸 것으로서, 뉴우톤의 점성법칙이라고 한다. 즉 「유체의 어느 부분에 있어서도 전단응력은 전단속도에 비례한다」는 것으로서, 이와같은 조건을 만족하는 유체를 뉴우톤유체라고 한다. 이에 대해 고분자용액과 같이 뉴우톤의 점성법칙을 따르지 않는 액체를 비뉴우톤 유체라고 한다.

점도의 단위는 SI에서는 Pa · s(파스칼 · 초), CGS 절대단위에서는 g / cm · s이다. 이 1g / cm · s를 1P(포아즈:poise), 그 1 / 100을 1cP(센티포아즈)라고 한다. 또한 점도 μ를 밀도 ρ로 나눈 값을 동점도 ν[cSt] {m² / s}라고 한다.

$$\nu = \frac{\mu}{\rho} \qquad \qquad (8 \cdot 5)$$

CGS 단위계에서는 1cm² / s를 1St(스톡스:stokes)라 하며 그 1 / 100을 1cSt(센티스톡스)라고 한다.

점도는 그 측정에 사용하는 점도계의 종류에 따라 다음과 같은 표시방법이 있다.

과학적점도표시 ┤
┌ 절대점도[cP] {Pa · s} (P는 사용하지 않는 것이 좋다.)
└ 동 점 도[cSt] {㎡ / s} (St는 사용하지 않는 것이 좋다.)

공업적점도표시 ┤
┌ 레드우드[초]
├ 세이볼드[초]
├ 앵 글 러[초]
└ SAE 표시[번호]

이와같이 점도표시는 석유메이커가 제각기 표시하고 있었는데 ASTM, ASLE, BSI, DNA 등 각국의 표준화기구의 협력하에 ISO 점도분류를 제정하였다. ISO점도분류는 40℃에 있어서의 cSt에 의해 저점도유로부터 고점도유까지의 점도범위를 18단계로 분류한 것이다. 그러나 이 분류법으로 전부 전환하기에는 무리이므로 다시 세분화하여 24단계의 보조점도 등급을 5년간의 기한부(1983 년 3월까지)로 설정하였다. 표 8 · 4에 이 일람표를 제시한다.

[4] 점 도 지 수(VI ; Viscocity index)

작동유의 점도는 온도가 내려갈수록 또 압력이 올라갈수록 커진다. 특히 온도에 의한 점도변화의 비율을 표시하는 데에 점도지수가 사용된다(JIS K 2283 석유제품 점도지수 산출방법).

VI가 큰 작동유는 온도에 의한 점도변화가 작다. 일반 석유계작동유의 VI는 90~100 정도이다.

작동유의 점도가 유압장치에 미치는 영향으로서는 다음 사항이 고려된다.

(a) 점도가 너무 높은 경우의 영향

(1) 유압기기작동의 불활발

(2) 기계효율의 저하

(3) 내부 마찰의 증대에 의한 온도의 상승

(4) 유동 저항이 증대하여 압력 손실이 증대한다.

(5) 소음이나 공동현상의 원인이 된다.

(b) 점도가 너무 낮을 경우의 영향

(1) 내부기름 누설의 증대

표 8 · 4 공업용 윤활유 ISO점도 등급 표시

ISO 점도등급	보조점도 등급	중심치의 점도[cSt] |mm² s| (40°C)	점도 범위 [cSt] |mm² s| (40°C)	
	VG 2 L	1.5	1.00 이상	1.98 미만
ISO VG 2		2.2	1.98 이상	2.42 이하
	VG 2 H	2.6	2.42 초과	2.88 미만
ISO VG 3		3.2	2.88 이상	3.52 이하
	VG 4	3.8	3.52 초과	4.14 미만
ISO VG 5		4.6	4.14 이상	5.06 이하
	VG 6	5.6	5.06 초과	6.12 미만
ISO VG 7		6.8	6.12 이상	7.48 이하
	VG 8	8.3	7.48 초과	9.00 미만
ISO VG 10		10	9.00 이상	11.0 이하
	VG 12	12	11.0 초과	13.5 미만
ISO VG 15		15	13.5 이상	16.5 이하
	VG 18	18	16.5 초과	19.8 미만
ISO VG 22		22	19.8 이상	24.2 이하
	VG 26	26	24.2 초과	28.8 미만
ISO VG 32		32	28.8 이상	35.2 이하
	VG 38	38	35.2 초과	41.4 미만
ISO VG 46		46	41.4 이상	50.6 이하
	VG 56	56	50.6 초과	61.2 미만
ISO VG 68		68	61.2 이상	74.8 이하
	VG 83	83	74.8 초과	90.0 미만
ISO VG 100		100	90.0 이상	110 이하
	VG 120	120	110 초과	135 미만
ISO VG 150		150	135 이상	165 이하
	VG 180	180	165 초과	198 미만
ISO VG 220		220	198 이상	242 이하
	VG 260	260	242 초과	288 미만
ISO VG 320		320	288 이상	352 이하
	VG 380	380	352 초과	414 미만
ISO VG 460		460	414 이상	506 이하
	VG 560	560	506 초과	612 미만
ISO VG 680		680	612 이상	748 이하
	VG 830	830	748 초과	900 미만
ISO VG 1000		1 000	900 이상	1 100 이하
	VG 1200	1 200	1 100 초과	1 350 미만
ISO VG 1500		1 500	1 350 이상	1 650 이하
	VG 1800	1 800	1 650 초과	1 980 이하
	VG 2200	2 200	1 980 초과	2 420 이하
	VG 2600	2 600	2 420 초과	2 880 이하
	VG 3200	3 200	2 880 초과	3 520 이하
	VG 3800	3 800	3 520 초과	4 140 이하
	VG 4600	4 600	4 140 초과	5 060 이하

(2) 유압펌프, 모터 등의 용적효율의 저하

(3) 압력유지의 곤란

(4) 마모의 증대

유압장치에 사용하는 작동유의 점도는 주로 유압펌프의 형식, 사용압력, 온도 및 장치의 구조 등에 의해 결정된다. 유압펌프의 형식에 따른 대략적인 사용기준을 표 8 · 5에 제시한다. 또한 그림 8 · 3

표 8·5 펌프의 형식에 의한 운전적정점도범위

펌프의 형식 \ 동점도	운전적정동점도 [cSt]	최저동점도 [cSt]	최고동점도 [cSt]
기어펌프	25~150	15	500
베인펌프	20~80	10	500
피스톤펌프	25~150	15	500

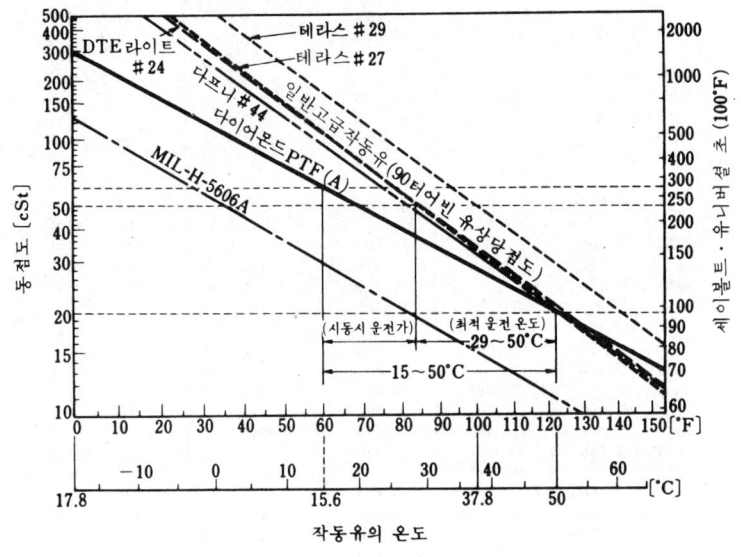

그림 8·3 대표적 작동유의 점도 - 온도특성

에 대표적인 작동유의 점도-온도특성을 제시한다.

　[5] 유 동 점[℃]

　작동유를 서서히 냉각시키면 유동성을 상실하여 고화(固化)된다. 이때의 온도를 응고점이라고 하며, 이보다 2.5℃ 높은 온도를 유동점이라고 한다(JIS K 2269). 유압기기의 사용최저온도는 유동점보다 약 20~25℃ 높은 곳부터이다. 따라서 유동점을 알면 최저사용온도를 결정할 수가 있다.

[6] 인 화 점[℃]

작동유를 서서히 가열하고 점화불을 근접시켰을 때 일시적으로 연소하는 최저유온을 인화점이라고 하며, 다시 가열을 계속하여 화염을 멀리 하여도 일시적인 연소가 5초이상 계속하는 최저유온을 발화점이라고 한다(JIS K 2274). 표 8 · 6에 각종 작동유의 인화점과 발화점의 예를 든다.

표 8 · 6 각종 작동유의 인화점과 발화점

시험항목 작동유 의종류　시험방법	인화점 [℃] JIS K 2274	발화점 [℃] ASTM-D-286
석유계	150~270	230~350
물-글리콜계	인화 않음	410~435
W/O에멀전계	인화 않음	430
인산에스텔계	230~280	460 이상
특수합성제 (유기에스테르)	260	480

[7] 소 포 성(消泡性)[mℓ]

작동유에 디퓨저스톤으로 일정량의 공기를 불어넣고 그 직후와 10분간 정치한 후의 유면상의 거품의 양 [mℓ]으로 표시한다. 기포가 혼재된 작동유를 펌프가 흡입하면 공동현상에 의한 펌프의 소음, 부품의 손상, 침식, 실린더의 응답지연 등과 같은 나쁜 현상의 원인이 된다. 소포성이 좋은 작동유를 사용함으로써 기름탱크내에서 유입한 기포를 소멸시킬 필요가 있다. 소포성향상을 위한 첨가제로서는 실리콘 등이 사용된다.

[8] 산 가(酸價)[mgKOH / g]

산가는 작동유내에 포함되어 있는 산성성분의 총량을 표시하는 것으로서, 작동유의 1g내에 포함되어 있는 산을 중화하는 데 필요한 수산화 칼륨(KOH)의 양을 mg로 표시한 수치로 표시하고 있다 (JIS K 2501, 2502).

작동유는 공기중의 산소에 의해 금속이나 수분의 촉매작용을 받아 산화되어 열화한다. 이 열화진행의 기준으로 산가를 측정하고 있다. 일반적으로 석유계작동유의 산가의 한계치는 0.5~0.7이라고 하고 있지만 그 종류에 따라 초기치가 상이하므로 새로운 기름일때의 전산가에서 0.2정도 상승된 값을 한계치로 하고 있다.

[9] 내유화성

작동유내에 물이 혼입되면 발청(發請)원인이 되며 또 유화(乳化)되어 윤활성을 열화시켜 마모, 눌어붙음의 원인이 된다. 작동유의 열화는 물의 혼입에 의해 촉진되며 열화에 의해 만들어진 유기물은 작동유의 유화를 조장한다. 따라서 산화에 의해 열화된 작동유는 더욱 물을 흡수하기 쉽게 된다.

그래서 작동유는 유화에 대한 저항성이 커야 하며 설사 물이 혼입하더라도 분리성이 좋아야 한다는 것이 요구된다.

8·4 석유계 작동유

[1] 일반산업용 작동유

일반산업용 유압기기에 사용되고 있는 작동유는 잘 정제된 기유(基油)에 산화억제제, 부식방지제, 기타의 첨가제를 가하여 소포성(消泡性), 내유화성(耐乳化性)을 좋게 하고 적당한 점도와 점도지수를 가지며 물리적, 화학적으로 안정된 일종의 양질인 윤활유이다.

[2] 항공기용 작동유

항공기나 일반 군용 유압기기에 사용되고 있는 적색 투명으로 착색된 작동유로서 특히 저온영역에서도 우수한 특성을 가지며(그림 8·3) 소포성, 내유화성이 좋은 작동유로서 장기간에 걸쳐 사용실적이 있는 고급작동유이다.

8·5 난연성 작동유

[1] 합성 작동유

불연성(不燃性)화합물을 주체로 하여 각종 첨가제를 첨가한 것으로서 인산에스텔계, 염소화탄화수소계 등이 실용되고 있다.

인산에스텔계는 화학적으로 합성하여 만든 것으로서, 인화점 590℃ 이상의 난연성작동유로서 인화하여도 곧 꺼져버린다.

여객용 항공기나 미군에서 잘 사용하고 있는데 고온(사용 온도80℃)으로부터 저온(유동점 −57℃)에 걸쳐 광범위하게 사용할 수 있으며 윤활성, 산화안정성도 비교적 좋으나 온도에 의한 점도의 변화가 많고 다소의 독성이 있다. 특히 눈에 액이 들어가면 위험하므로 주의할 필요가 있다.

이 작동유는 고무재질에 적부(니트릴고무, 네오프렌고무는 부적)가 있으므로 패킹, 고무호스의 사용에 있어서 주의해야 한다. 또한 내유성도료가 벗겨지는 일이 있다.

[2] 함수계 작동유

물의 불연성을 이용한 것으로서 물-글리콜계가 잘 사용되고 있다. 이것은 35~60%의 물과 25~50%의 글리콜로 구성되며 성능향상을 위해 증점제(增粘劑), 방청제(防請劑), 마모방지제 등을 가하고 있다.

이것이 화기에 접촉하면 함유돼 있는 수분의 증발에 의한 냉각작용과 발생하는 수증기가 연소에 필요한 공기를 차단하므로 우수한 난연성을 발휘한다. 이것의 최고사용온도는 보통 70℃이다. 이것의 결점은 물을 포함하고 있으므로 윤활성이 나쁘고 고압용에 적합하지 않다. 알루미늄이나 아연을 부식시킨다.

유화계(乳化系)에는 O/W에멀젼(수중유적형)과 W/O에멀젼(유중수적형)이 있다. O/W에멀젼(oil in water)은 5~15%의 기름을 물속에 분산시킨 것으로서 윤활성이 나쁘므로 조건이 좋은 경우에 사용된다. W/O에멀젼(water in oil)은 물방울을 기름으로 싼 상태이며 외관은 우유상태이다. 수분의 비율은 제품에 따라 다르지

표 8·7 작동유의 성태비교표

특성＼종류	광유계	인산에스테르계	물－글리콜계	유화계	
				W/O 형	O/W 형
내화성	불량	층	양	중	양
윤활성	양	양	중	중	불량
점도지수	중 (100)	불량 (20)	양 (146)	양(140)	불량
사용온도[℃]	중(-10~70)	고(-20~100)	중(-30~70)	저(0~50)	저(0~50)
추천하는 시일재	부너N 가죽(치오콜／왁스함침) 布入네오프렌	부틸고무 포입 브틸고무 가죽(치오콜／왁스함침)	부너N 포입 네오프렌	부너N 포입 네오프렌 가죽(치오콜함침)	
상대가격 (광유계를 100으로 했을 때)	100	400~600	200~300	200~250	20~25

만 보통 40%정도이며 이 수분이 증발할 때 냉각작용을 한다. W/O
에멀견은 점도가 높고 윤활성도 좋기때문에 기어펌프, 베인펌프 등
에 압력 70kgf/cm² {7MPa} 이하에서 사용된다. 이 사용온도의 상한
은 40~70℃이다. O/W에멀견과 동일하게 우레탄고무는 사용할 수
없다. W/O에멀견은 소방법의 규제를 받지 않고 비교적 염가이기
때문에 광산기계, 제철기계의 분괴장치 등에 널리 사용되고 있다.
W/O의 결점으로서는 박테리아가 발생하여 이물이 유압회로에 부
착되거나 기름이 분리되어 위에 뜨고 물이 밑으로 침하하므로 기름
의 관리를 잘 하여야 한다. 표 8·7은 주요작동유의 성능비교표이다.

8·6 작동유의 올바른 사용법

아무리 성능이 좋은 작동유를 사용하여도 그것을 올바르게 사용
하지 않으면 장치의 성능을 충분히 발휘시킬 수 없다.
다음에 이들에 대하여 기술한다.

[1] 작동유의 오염

유압기기의 고장에는 크건작건 간에 먼지가 원인이 되고 있다.
먼지를 대별하면 2종류로 된다. 하나는 긁힘작용이 있는 경질의 먼
지로서 주물의 코어샌드, 용접할 때 생기는 금속입자, 기계가공시의
절삭분, 녹 등이다. 또 하나의 먼지는 기름의 산화생성물이나 시일
기타의 유기물이 마모하거나 끊어져서 생기는 연질의 먼지이다.

기계를 파손시키는 먼지는 전자로서 이 경질의 먼지가 기계의 습
동면에 파고들어 왕복운동이나 회전운동을 하면 다듬질면이 손상
되고 기름누설을 증대시키며 기계의 성능을 저하시킨다.

유압회로중에서는 다음의 4가지 경로로 먼지가 발생한다.

(1) 회로에 처음부터 이미 들어있는 먼지
(2) 사용중 외부에서 들어온 먼지
(3) 운전중에 회로속에서 발생하는 먼지
(4) 주입한 기름중에 혼입되어 들어온 이물

(a) 처음부터 회로에 들어있는 먼지

가공중이나 조립중에 들어온 용접부의 스케일이나 파편 등 경질
의 먼지는 긁힘작용이 있으므로 가장 위험하다. 이들의 먼지는 지
금(地金)에 단단하게 늘어붙는 경우가 많으며 보통의 소제로는 제

거되지 않아 운전중의 압력이나 진동에 의하여 벗겨져 나온다. 또 나사절삭 때에 생기는 금속편이나 파이프를 강하게 조였기 때문에 나사산이 파손하여 생기는 칩(chip) 등도 있다.

유압회로 속에 발생하는 녹은 재료나 조립전의 보관 잘못으로 생기는 것으로서 그 크기는 현미경을 통해 보이는 것으로부터 보통 우리의 눈에 보이는 것이 있는데 긁힘작용으로 큰 장해를 준다. 부품의 내면이나 눈에 닿지않는 개소는 온도의 변화에 따라 공기중의 수증기가 응결하므로 보관에 있어서는 특히 방청조치가 필요하다.

고무호스를 사용한 장치에 생기는 고무관의 먼지는 피스톤이나 스푸울의 미끄럼을 악화시킨다. 소제 때에 사용하는 조각조각의 섬유상 물질이 O링이나 패킹사이에 엉키면 누설하기 쉽게 되고 필터의 막힘을 촉진한다. 가스나사부에 바르는 시일제는 작동유의 산화를 촉진하므로 나사의 중앙부에만 바르도록 해야한다.

(b) 외부에서 회로로 들어가는 먼지

가장 많다고 생각되는 경로는 기름의 보충구, 통기구 및 유압실린더의 로드관통부의 패킹에서 침입하는 먼지이다. 이 종류의 먼지로 가장 염려되는 것은 긁힘이 아니라 이것이 기름의 거품에 붙어서 기름이나 물과의 에멀전이 되어 불용성 슬러지가 되는 것이다. 또 피스톤로드가 외기에 닿으면 먼지가 부착한 채로 실린더에 들어간다. 이 때문에 먼지가 많은 외기라든가 부식성 가스가 있는 곳에서는 피스톤로드의 전장을 고무나 벨로우즈로 포위할 필요가 있다.

(c) 운전중에 회로속에서 발생하는 먼지

이러한 이물에는 기계적인 것과 화학적인 것이 있다. 전자는 마찰부분의 마모에 의해서 생기는 먼지이고 패킹이나 O링에서 생기는 큰 것과 쇠의 마모에 의해서 생기는 필터로도 여과할 수 없는 작은 것에 이르기까지 여러가지가 있다.

화학적 오염물은 작동유의 산화에 의하여 생기는 것으로서 고온, 고압하에서 발생하며 물, 공기 또는 산화동, 산화철 등 금속류의 촉매작용에 의하여 산화가 촉진된다.

기름의 산화생성물은 유기산 아스팔트질, 고무질, 아교질 등으로 고형인 먼지나 수분과 함께 슬러지가 되는 경우도 있다. 기름에 녹는 산화 생성물은 기름의 점도를 높이고 불용성의 것은 침전물로 된다.

(d) 주입한 기름에 혼입된 이물

이들 중에 가장 많은 것은 물이다. 외기중의 습기가 기름 탱크에
들어가지 않도록 설계하였다 하더라도 수분은 기름탱크의 바닥에
고인다. 그리고 기름이 움직이면 물은 미세한 물방울로 분쇄되고
이것이 유압펌프나 유속이 빠른 통로에서 에멀젼을 만든다. 에멀젼은
미세한 먼지나 녹이 있으면 고온고압하에서의 촉매작용에 의하여
슬러지로 된다. 따라서 작동유의 수분을 제거하는 동시에 슬러지를
유효하게 여과하지 않으면 안된다. 작동 유속의 수분은 기계의 각부
분에 녹을 슬게 하는 원인이 된다. 녹은 작동유 오염의 직접원인이
되며 금속면을 마모시킨다. 정규의 작동유는 방청제가 들어 있어
녹의 발생을 방지하고 있다.

[2] 작동유의 정기점검과 교환

작동유는 장시간[보통 5,000(70℃인 때)~20,000(60℃인 때)시간]
사용하면 마침내는 그 성상이 변화하며 배관 중에 슬러지 등의 침
전물이 발생하여 원활한 운전을 할 수 없게 된다. 그러므로 정기적

표 8·8 작동유의 간이판정법

외 관	냄새	상 태	대 책
투명하고 색의 변화가 없다	양	양	그대로 사용가능
투명하나 색이 엷다	양	다른 종류의 기름이 혼입	점도를 조사하여 양호하면 사용가능
투명하나 작은 흑점이 있다	양	이물이 혼합하여 있다	여과하고 나서 사용
유백색으로 변화하고 있다	양	수분이 혼입	수분을 분리시킨다 (작동유 메이커와 상담)
흑갈색으로 변화하고 있다	악취	산화열화되어 있다	작동유를 교환

표 8·9 작동유의 특성변화와 원인

특 성	특성변화의 현상	원 인
밀 도	증 가	작동유의 열화, 이종유의 혼입
인 화 점	저 하	작동유의 열화, 이종유의 혼입
색 상	진해지고 투명도가 나쁘다	산화, 수분혼입에 의한 유화, 금속분 등의 혼입
점 도	증가, 저하	열화에 의한 증가, 플래싱유 기타의 혼입에 의한 저하
산 값	증 가	유온상승, 금속분의 혼입
항유화성	증기유화도가 높아진다	작동유의 열화
소 포 성	소포 저하	첨가제의 소모, 작동유의 열화

으로 작동유의 검사를 실시하여 기름의 열화를 살피고 그 운전상황으로부터 종합적으로 판단하여 새로운 작동유와 교환하는 것이 바람직하다. 작동유의 수명은 사용조건에 따라 다르므로 일률적으로 규정하기 곤란하다.

표 8 · 8, 표 8 · 9 에 작동유열화의 판정기준을 제시해 둔다.

8 · 7 플 래 싱

[1] 플래싱(flashing) 이란

플래싱이 필요한 이유는 두 가지로 생각할 수 있다. 하나는 유압장치내의 이물의 제거이고 다른 하나는 작동유 교환의 경우 오래된 기름과 장치내의 슬러지를 용해하여 장치내를 깨끗한 상태로 하는 것이다.

전자는 신설 기계를 조립할 때 장치 중에 혼입하거나 남겨지는 먼지, 절삭분, 녹, 스케일, 용접할 때 발생하는 슬러그 등의 고형물을 제거하기 위하여 시행하는 플래싱이다. 후자는 이미 사용 중의 작동유가 오래되어 새로운 오일과 교환하는 경우에 시행하는 플래싱이다.

이상과 같이 플래싱의 목적은 모든 방법을 사용하여 이물의 절대량을 장치외로 배출하는 것이며 이것이 바로 작동유를 넣기 전부터의 작동유 관리상 중요한 작업이다.

[2] 플래싱에 필요한 조건

플래싱을 하는데 있어서 중요한 것은 장치내의 기름의 흐름을 난류로 유지하고 플래싱 기름은 용해도가 높고 온도가 높은 것이 바람직하다. 흐름이 난류인가의 여부는 유압장치 기기의 내경d[mm], 유량Q[l / min], 기름의 동점도ν[cSt]에서 레이놀드수 Re수를 계산함으로써 판정할 수 있다. 즉 $Re=\dfrac{21220Q}{\nu d}$ 여기서 난류를 확실하게 유지시키기 위해서는 Re 수는 4000 이상 이어야 한다. Re 수를 크게 하는 방법으로서는

(1) 유량을 증가시킨다.

(2) 기름의 점도를 낮춘다(유온(油溫)을 높인다).

(3) 비중이 큰 기름을 사용하면 좋다.

플래싱기름은 녹방지제나 해교제(解膠劑)가 들어 있어 오염물질
이나 퇴적슬러지의 분해·정화를 촉진시키도록 배려한 전용기름을
사용해야 한다.

플래싱용 필터는 입자 포착능력이 좋은 것을 사용해야 한다. 이
는 필터 상류측에서 흘러 온 입자를 어느정도 포착할 수 있는가 하
는 능력이며, 다음 식으로 부여되는 베터값으로 표시하고 있다.

$$베터값 = \frac{\text{필터 상류측의 입자수}}{\text{필터 하류측의 입자수}}$$

베터값은 클수록 입자포착능력이 우수한 것을 나타낸다.

그림 8·4는 $3 \mu m$ 필터의 베터값과 공칭 $10 \mu m$ 필터의 베터값을
비교한 것이다. 그림에서 $5 \mu m$ 이상의 입자에 대한 베터값은 $3 \mu m$
필터의 경우 250, 공칭 $10 \mu m$ 필터의 경우는 1에 가깝다. 즉 상류측
에 1만개의 입자가 있는 경우 $3 \mu m$ 필터에서는 하류측에 40개가 빠
질뿐이지만 $10 \mu m$ 필터에서는 거의 1만개가 빠져 나간다. 이와 같
이 입자포착능력은 베터값을 사용함으로써 명확해진다.

그림 8·5는 $3 \mu m$ 필터와 공칭 $10 \mu m$ 필터를 사용한 경우의 플래
싱의 효과를 표시하는 그림이다. 그림에 있어서 장치내의 오염도는
최초 900만개를 표시하고 있다. 농업기계의 허용오염도(NAS 11급)
인 50만개까지 내리는 데에 $3 \mu m$ 필터에서는 3사이클로 얻어지지
만 공칭 $10 \mu m$ 필터는 30사이클이 걸린다. 유압전동장치의 허용
오염도(NAS 7급)인 3만개까지 내리는데 $3 \mu m$ 필터로는 6사이클

표 8·10 허용오염도에 이르는데 소요되는 플래싱의 시간

	플 래 싱 시 간		허용오염도
	$3 \mu m$ 필터	공칭 $10 \mu m$ 필터	$5 \mu m$ 이상의 입자수
			NAS 등급
유압전동장치	60 분	불가능	3×10^4
			7 급
건 설 기 계	50 분	10 시간	1×10^5
			9 급
농 업 기 계	30 분	5 시간	5×10^5
			11 급

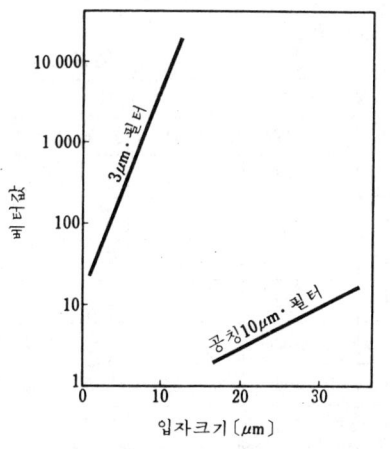

그림 8 · 4 3 μm 필터와 공칭 10μm 필터의
베터값 비교

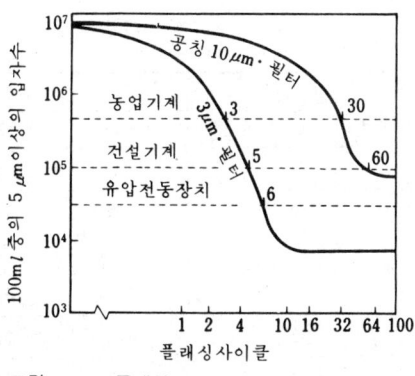

그림 8 · 5 플래싱에 의한 오염도저하의 추이

로 되지만 공칭 10μm 필터로는 불가능하다.

지금 유압장치의 전체유량을 500 l 라고 하고 플래싱유량을 50 l /
min이라고 하면 플래싱의 1사이클은 10분이 된다. 이 조건으로 플
래싱 시간을 산출하면 표 8 · 10과 같이 된다. 그림 8 · 5의 곡선은
모두 우단에서 수평으로 되어 있다. 이 부분을 오염도가 정상상태
에 들어가 있다고 한다. 즉 오염물질의 침입률과 필터의 제거능력
이 평형되어 있는 상태이고 침입률이 동일하면서 입자포착능력이
좋은 필터를 사용하면 이 정상오염도는 내려간다. 참고 데이터로서
오염도의 등급을 규정하고 있는 SAE와 NAS규격을 표 8 · 11, 표
8 · 12에 제시한다.

표 8 · 11 SAE 오염도 등급

(SAE 7490)

입자의 크기 (100 ml 中)	등			급				
	0	1	2	3	4	5	6	7-10
2.5~ 5	P	E	N	D	I	N	G	P
5~ 10	2 700	4 600	9 700	24 000	32 000	87 000	128 000	E
10~ 25	670	1 340	2 680	5 360	10 700	21 400	42 000	N
25~ 50	93	210	380	780	1 510	3 130	6 500	D
50~100	16	28	56	110	225	430	1 000	I
>100	1	3	5	11	21	41	92	N G

* ASTM, AIA등급도 SAE등급과 동일.

그림 8 ·12 NAS 오염도 등급

(NAS 1638)

등급 \ 입자의 크기 [μm]	100 ml 중 의 입 자 의 수				
	5 ~ 15	15~25	25~50	50~100	100 이상
00	125	22	4	1	0
0	250	44	8	2	0
1	500	89	16	3	1
2	1 000	178	32	6	1
3	2 000	356	63	11	2
4	4 000	712	126	22	4
5	8 000	1 425	253	45	8
6	16 000	2 850	506	90	16
7	32 000	5 700	1 012	180	32
8	64 000	11 400	2 025	360	64
9	128 000	22 800	4 050	720	128
10	256 000	45 600	8 100	1 440	256
11	512 000	91 200	16 200	2 880	512
12	1 024 000	182 400	32 400	5 760	1 024

[3] 플래싱방법

플래싱작업의 표준적인 순서를 다음에 제시해 둔다.

(1) 장치의 전계통을 플래싱기름이 순환되도록 접속하고 교축밸브, 제어밸브 등을 개방시켜 둔다. 서보밸브 등과 같은 먼지에 약한 기기는 플래싱플레이트로 교환해 둔다. 또 필터류는 엘레멘트를 제거한다(그림 8 · 6)

(2) 기름탱크내를 경질기름(세척유)으로 잘 세척하고 나서 플레싱기름을 기름탱크 용량의 약 60% 이상 넣는다.

(3) 플래싱회로내의 라인필터에 전용엘레멘트를 넣거나 별도회로에서 순환정화를 한다.

(4) 상용압력 30kgf / ㎠ {3MPa} 정도이고 실제기기 이상의 토출량이 있는 플래싱펌프를 사용한다.

(5) 압력을 약 30kgf / ㎠ {3MPa}, 유온 40℃ 이상의 조건으로 플

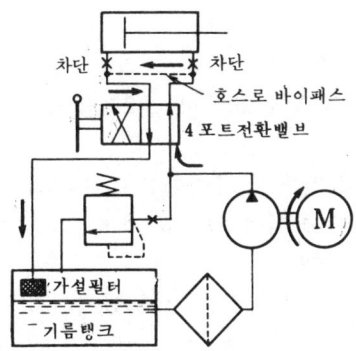

차단　차단
호스로 바이패스
4포트전환밸브
M
가설필터
기름탱크

그림 8 · 6
플래싱방법의 일례

래싱 펌프를 운전하여 오염도가 목표치에 도달하면 플래싱을 종료한다.

(6) 장치에 따라서는 전환밸브를 이따금 조작하여, 흐름방향을 바꾸거나 해머링작업을 하는 것도 효과적이다.

(7) 사용한 플래싱기름의 점도나 성상이 장치의 작동유와 극히 다른 경우는 사용하는 작동유로 2～3시간 다시 플래싱을 하여 이질 작동유를 제거한다.

(8) 기름탱크의 바닥을 세척하고 나서 라인필터의 엘레멘트를 새로 넣고 최후에 사용하는 새로운 작동유를 넣는다.

【문 제】

(1) 석유계 작동유의 압축률은 작으며 200kgf/㎠(20MPa)에서 약 1% 수축한다.

(2) 작동유내에 공기가 혼입되어 있으면 압축률은 작아진다.

(3) 작동유는 상온에서 6~8%의 공기를 용해하고 있으며 그 공기의 양은 절대 압력에 비례한다.

(4) JIS 1호 작동유(90번 터빈유 상당)의 50℃에 있어서의 동점도(動粘度)는 약 90cSt이다.

(5) 석유계 작동유의 점도는 압력이 높아지면 낮아진다.

(6) 작동유의 점도지수(V.I.)의 값이 클수록 온도에 대한 점도변화가 크다.

(7) 석유계 작동유는 장기간 사용하면 점도가 저하한다.

(8) 작동유의 산화를 촉진시키는 제1의 원인은 온도상승이다.

(9) 동관은 석유계 작동유의 산화를 촉진시키므로 사용하지 않는 것이 좋다.

(10) 작동유로서 필요한 특성은 다음중 ①과 ④이다.

　　① 윤활성 ② 소포성 ③ 내유화성 ④ 내시일재성

[해 답](1) 맞는다. (2) 압축률이 커진다. (3) 맞는다. (4) 17.5~22.5cSt이다. (5) 높아진다. (6) 점도변화가 작다. (7) 맞는다. (8) 맞는다. (9) 맞는다. (10) 전부가 요구된다.

제 9 장

유압회로에 사용하는 기호

9 · 1 단면회로도, 기호회로도

유압회로를 설명하는 수단으로서의 회로도에는 단면 회로도, 기호회로도 등이 있다. 단면회로도는 그림 9 · 1에 제시하는 바와 같이 기기나 관로의 단면도를 나타내어 기름이 흐르는 회로대로 알기쉽게 그리는 것으로 기기의 작동을 설명하는 데 편리하다. 기호회로도는 그림 9 · 2에 제시하는 바와같이 KS에 의한 유압 · 공기압도 기호 (KS B 0054-87)를 사용하여 유압기기의 기능과 조작방법을 명료하게 하고 있다.

KS기호는 유압 · 공기압기기 및 그 회로를 통하는 유체의 흐름을 도식으로 표시하기 위하여 ISO기호에 따라 1973년에 제정하여 1987년에 개정되었다. 유압회로를 알기 쉽게 설명하기 위하여 상기 2가지 방법을 종합하여 사용하는 경우도 있다. 그 일례가 그림 9 · 3의 조합회로도이다. 최근 유압기기의 구조가 일반 사용자에게 잘 알려지게 되었으므로 본서에서는 이 기호회로도를 사용하여 회로를 설명하기로 한다.

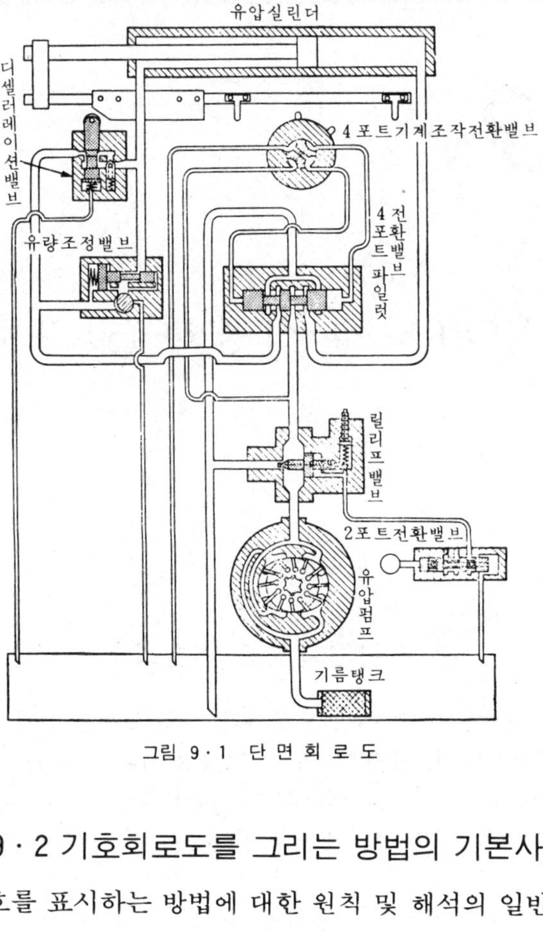

그림 9·1 단 면 회 로 도

9 · 2 기호회로도를 그리는 방법의 기본사항

유압기호를 표시하는 방법에 대한 원칙 및 해석의 일반규칙은 다음과 같다.

(1) 기호는 기기의 기능, 조작방법 및 외부접속구를 나타내고 있는 것이고 기기의 구조를 표시하는 것은 아니다.

(2) 기호는 압력, 유량 등의 수치 또는 기기의 설정치를 표시하는 것은 아니지만 설정할 압력이나 유량 등과 같은 수치나 포트의 명칭 등을 기호옆에 기입해도 된다.

(3) 복잡한 기능을 표시하는 기호는 기호요소와 기능요소를 조합해서 표기한다. 또 용도를 한정하고 특별한 기호를 사용해도 된다.

(4) 기호는 원칙적으로 휴지 또는 중립상태를 표시한다. 다만 예

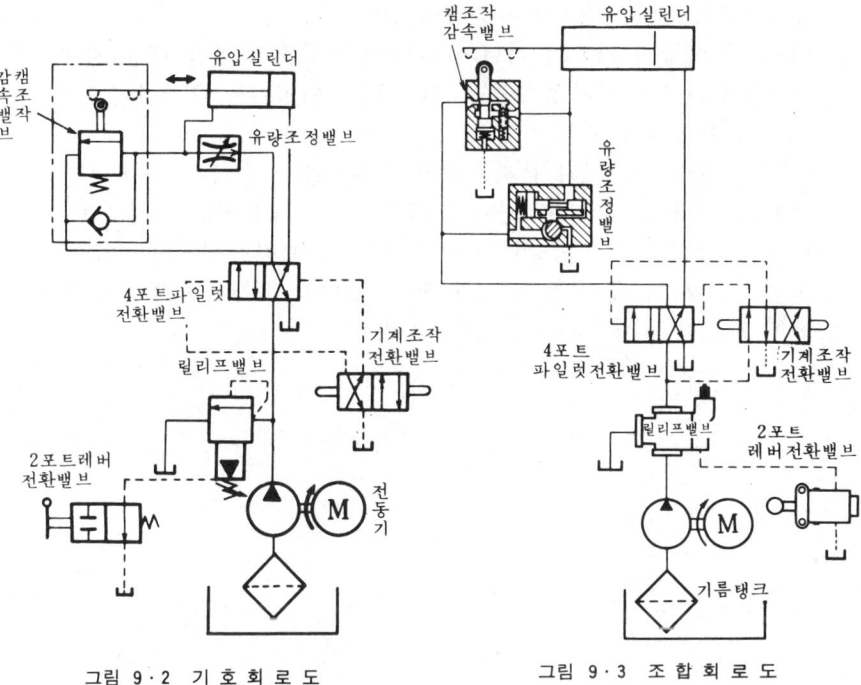

그림 9·2 기 호 회 로 도   그림 9·3 조 합 회 로 도

외노 인성한다.

(5) 기호는 스푸울의 이동방향 등 그 실제의 위치를 표시하는 것은 아니다.

(6) 포트는 관로와 기호요소의 접점으로 표시한다.

(7) 포위선기호를 사용하고 있는 기기의 외부 포트는 관로와 포위선의 접점으로 표시한다.

(8) 복잡한 기호는 기능상 필요한 접속구만을 표시하면 된다. 다만 식별할 목적으로 기기에 표시하는 기호는 모든 접속구를 표시하여야 한다.

(9) 기호내의 문자(숫자는 제외)는 기호의 일부이다.

(10) 기호는 여하한 방향으로 표시하여도 좋으나 90°마다의 방향으로 표시하는 것이 바람직하다. 표시방법에 따라 기호의 의미가 달라지는 것은 아니다.

(11) 간략기호는 여기서 제시하고 있는 것 및 이 규격으로부터 고안창출되는 것에 한해서 사용하면 된다.

(12) 둘 이상의 기호가 하나의 유닛에 포함되어 있을 때는 전체를 1점쇄선의 포위선기호로 둘러싼다. 다만 단일기능의 간략기호에는 포위선이 필요없다.

(13) 동일형식의 기기가 회로도의 수개소에 사용되는 경우에는 간략화를 위해 각 기기를 간단한 기호요소로 대표시킬 수가 있다. 다만 기호요소중에는 적당한 부호를 기입하여(본서에서의 그림은 강조하기 위하여 윤곽 등이 굵게 되어 있다) 부품란과 그 기기의 완전한 기호를 표시하는 기호표를 둔다.

제 10 장

압력제어회로

펌프토출압력을 일정하게 제어하거나 감압하거나 또는 무부하로 하는데는 어떻게 하면 좋은가, 시퀀스조작이니 부하와의 균형을 잡기위해서는 어떤 회로로 하면 되는가, 축압기나 증압기 등은 어떤 회로에 사용하면 효과가 있는가에 대하여 기술하기로 한다.

10 · 1 조압회로(調壓回路)

릴리프밸브를 사용하는 회로에서 압력을 일정하게 하는 데는 어떤회로로 하면 좋은가, 일을 하고 있지않는 동안은 압력을 어떻게 해두는가, 공급압력을 가변시키는데는 어떻게 하는가에 대하여 기술한다.

[1] 릴리프밸브의 사용법

(a) 압력설정용

그림 10 · 1에 제시하는 위치에 릴리프밸브를 설치하면 펌프 토출유의 압력은 릴리프밸브의 설정 압력 이상으로는 되지 않는다.

펌프와 기름탱크가 있는 유압발생장치에는 반드시 이 릴리프밸브가 사용된다.

유압 에너지를 효과적으로 사용하려면 오버라이드 압력 특성이 좋은 릴리프밸브를 사용해야 한다.

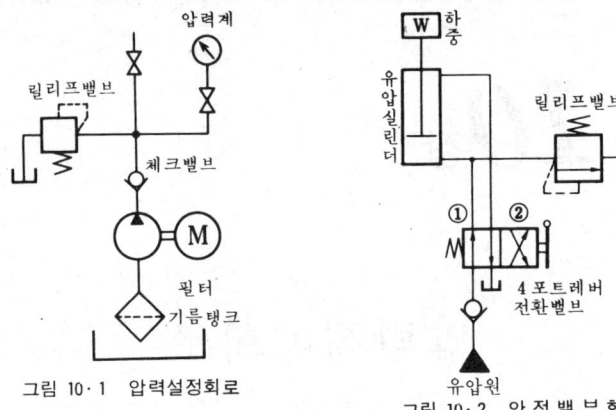

그림 10·1 압력설정회로

그림 10·2 안전 밸브 회로

(b) 안전밸브용

그림 10 · 2와 같은 위치에 릴리프밸브를 설치하면 유압실린더에 걸리는 하중의 변동에 따라서 생기는 압력상승을 방지할 수 있다.

(c) 벤트의 이용

릴리프밸브의 압력설정을 원거리에서 조작하고 싶은 경우에는 그림 10 · 3(a)의 방법을 사용한다. 펌프의 토출유를 무부하로 하는 데는 그림 10 · 3(b) 와 같은 사용법을 취하면 된다.

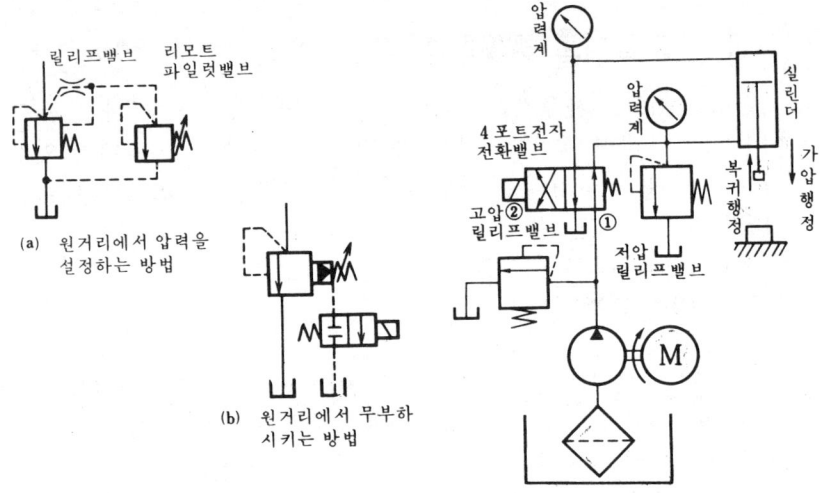

(a) 원거리에서 압력을 설정하는 방법

(b) 원거리에서 무부하 시키는 방법

그림 10 · 3 압력의 원격조작회로

그림 10 · 4 고저 압력제한 회로

[2] 고저압력제한회로

릴리프밸브를 2개 사용하여 2종류의 회로압력을 얻는 방법이며
그림 10 · 4는 프레스회로의 예이다. 가압행정에서는 고압릴리프밸
브가 동작하여 피스톤의 최대조작력을 제한하고 있다. 복귀행정일
때는 저압릴리프밸브가 동작, 피스톤이 상승했을 때 그것이 강하하
지 않도록 하여두기 위한 동력을 상당히 절약할 수 있다. 따라서 유
온의 상승도 방지할 수가 있다.

[3] 릴리프밸브를 사용한 2압력회로

실린더의 양행정에 2종의 압력을 공급하려면 그림 10 · 5와 같은
회로로 하면 된다. 이 그림은 유압실린더를 5MPa의 저압으로 작동
시키고 있는 것을 표시하고 있다. 다음에 4포트레버전환밸브를 전
환하면 실린더의 움직이는 방향이 바뀐다. 또한 4포트레버전환밸브
①을 전환하면 실린더에 10MPa의 고압유가 유입하고 저압펌프의
토출유가 기름탱크로 방출된다.

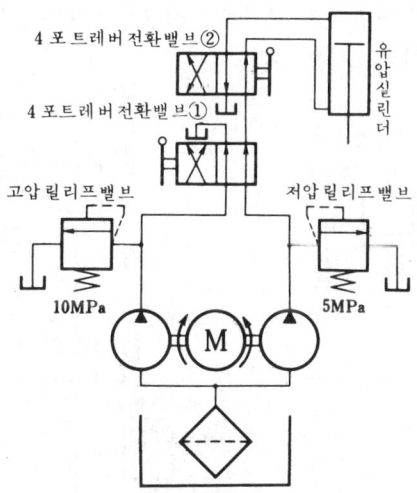

그림 10· 5 릴리프밸브를 사용한 2압력회로

10 · 2 감압회로

유압회로의 일부를 주회로의 압력보다 낮은 압력으로 하고 있는
회로를 감압회로라고 하며, 주로 감압밸브를 사용하고 있다.

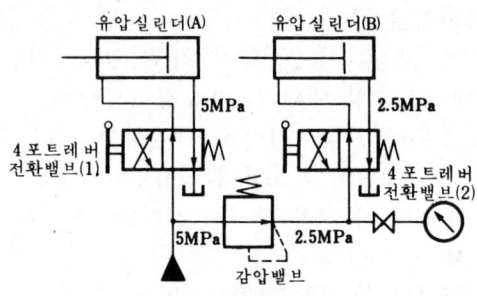

그림 10·6   감압밸브의 사용법

[1] 감압밸브의 사용법

그림 10·6은 두 실린더④, ⑧의 사용압력이 상이한 경우 감압밸
브를 사용해서 소요유압을 공급하고 있는 예이다.

그림 10·7과 같이 감압밸브의 벤트를 원격파일럿밸브에 연결하
면 설정압력의 원격조작을 할 수 있다.   그림 10·8은 원격파일럿
밸브와 개폐밸브를 병용해서 감압밸브의 2차압력을 50MPa 과 30MPa
의 2종류로 변화시키도록한 회로이다.

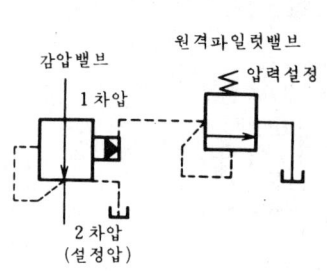

그림 10·7   감압밸브의 원격조작

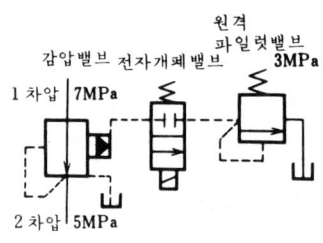

그림 10·8   2단 감압회로

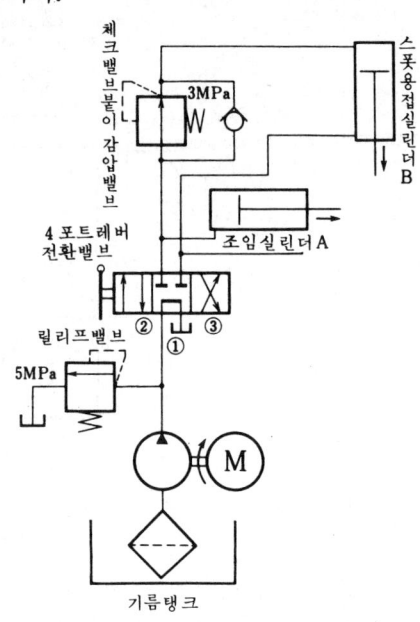

그림 10·9   감압밸브를 사용한 2압회로

[2] 감압밸브를 사용한 2압력회로

그림 10 · 9는 스폿용접장치에 사용하고 있는 감압회로의 대표적인 예이다. 4포트레버전환밸브를 ②의 위치로 하면 릴리프밸브의 설정압력에 의해 조임실린더 A가 공작물을 조이고 이어 스폿용접 실린더B가 감압된 압력으로 눌러서 용접을 한다. 다음에 4포트레버 전환밸브를 ③의 위치로 전환하면 두 유압실린더가 동시에 복귀한다. 실제로는 실린더B가 후퇴하고 나서 A가 후퇴하도록 하여야 한다.

10 · 3 무부하회로

반복작용중 일을 하지 않는 동안은 정용량펌프의 토출량을 저압으로 기름탱크에 복귀시킨다. 이와같이 하면 동력비를 절약하고 장치의 가열을 방지하여 펌프의 수명을 연장시킴과 동시에 효율을 좋게하며 조작의 안전성을 향상시킬 수가 있다. 이와같이 펌프를 무부하로 하는 회로를 무부하회로라고 한다.

[1] 단락회로

그림 10 · 10, 그림 10 · 11과 같이 일을 하지않을 때 펌프의 도출 량을 직접 기름탱크에 복귀시키는 회로를 단락회로라고 한다. 이 회로는 시스템에 압력을 전혀 주지 않아도 되는 경우에 좋은 방법

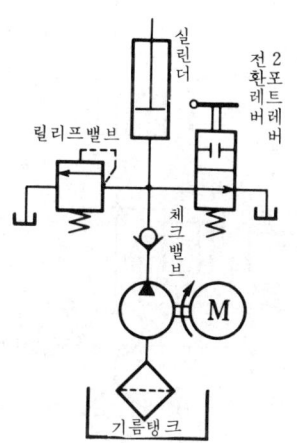

그림 10·10 단락회로 (1)
(2위치전환밸브에 의한 방법)

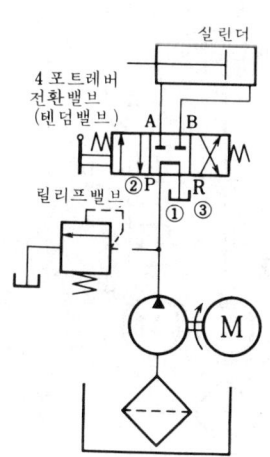

그림 10 · 11 단락회로 (2)
(센터바이패스회로)

이다. 단 이와같은 회로에 사용하는 전환밸브는 압력 3.5MPa, 유량 40 *l* / min 이상이 되면 회로에 충격을 발생시키므로 비교적 저압 소유량의 장치에만 사용하여야 한다. 이 경우 스푸울랜드에 구배를 주면 유로를 전환할 때 생기는 충격을 약간 방지할 수가 있다.

[2] 파일럿조작 릴리프밸브를 사용한 회로

그림 10·12에 있어서 펌프로부터의 토출량이 부하와 축압기에 유입, 부하의 저항에 의해 압력스위치가 작동하면 전자전환밸브가 열려 펌프가 무부하가 된다. 축압기와 체크밸브는 펌프가 무부하운 전을 하고 있을 때 회로압력이 저하하지 않도록 유지하고 있다. 이 회로는 릴리프밸브의 벤트관로의 길이에 의해서 무부하에서 부하 상태가 될 때까지 약간의 지연이 생기므로 주의해야 한다.

[3] 무부하밸브를 사용한 회로

그림 10·13은 상술한 전체조작을 유압으로 행하게 하기위해 압력스위치와 전자전환밸브 대신 무부하밸브를 사용한 회로이다. 이것은 실린더로 장시간 물체를 가압하는 경우에 사용한다.

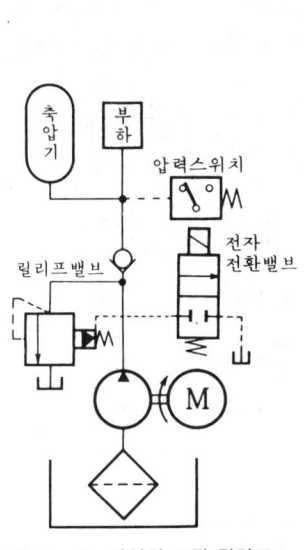

그림 10·12 파일럿 조작 릴리프 밸브를 사용한 회로

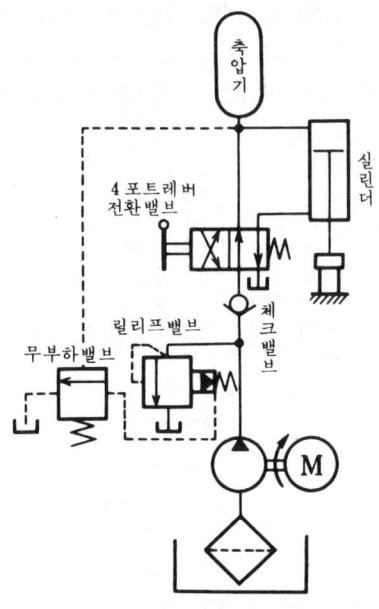

그림 10·13 무부하밸브를 사용한 회로

,펌프토출유는 축압기에 축압후 압력이 상승하여 무부하밸브를 열고 파일럿조작 릴리프밸브에 의해 펌프를 무부하로 하고 있다. 회로중의 누출에 의해 압력이 내려가면 무부하 밸브가 열리며 재차 축압한다. 이와같은 기능을 하나의 밸브로 종합한 것이 무부하릴리프밸브이다. 이 경우 릴리프밸브를 제거하고 직접 무부하밸브를 펌프토출측에 연결하면 조정압력에 얼마간의 폭을 갖게 하는것이 곤란하다.

[4] hi-lo 회 로

공작기계나 압연기계 등과 같이 조작도중에 소요유량이 크게 변동하는 경우 그림 10 · 14에 제시하는 hi-lo회로가 잘 사용된다. 그림 10 · 14에 있어서 급속보내기(무送 : 저압대유량)시에는 두 펌프의 토출량의 합이 부하에 유입한다. 체결이나 절삭이송(고압소유량)시에는 회로의 유압이 상승한다. 무부하밸브의 설정압력(4MPa)을 초과하면 유로가 기름탱크로 통하며 저압대유량펌프가 무부하가 되고 고압소유량펌프만이 작동한다. 이와같이 하면 동력이 절약되며 열의 발생을 방지할 수 있다.

베인펌프에는 복합펌프로서 이들 기기를 하나로 종합한 것이 시판되고 있다.

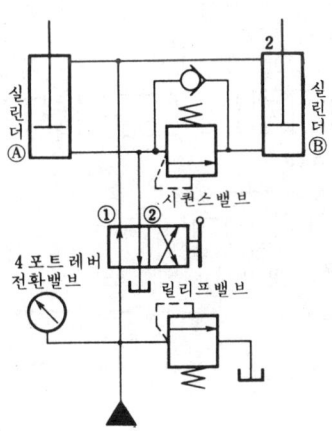

그림 10 · 15 시퀀스밸브의 응용회로(1)

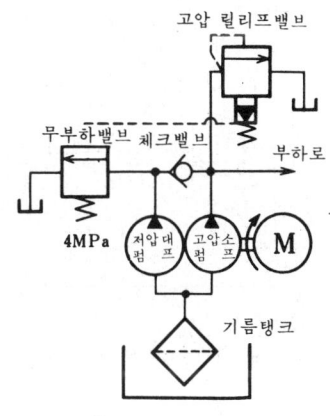

그림 10 · 14 hi-lo 회로

10 · 4 시퀀스회로

미리 정해진 순서에 따라 액추에이터가 순차적으로 작동하는 회로를 시퀀스회로라고 한다. 여기서는 시퀀스회로가 기계적, 전기적, 유압적으로 어떠한 구성으로 되어 있는가를 설명하기로 한다.

[1] 시퀀스밸브를 사용한 회로

(1) 그림 10 · 15에 있어서 4포트레버전환밸브를 ②의 위치로 하면 실린더Ⓐ의 피스톤로드가 완전히 전진하고 나서 실린더Ⓑ가 움직이기 시작한다. 또 4포트레버전환밸브를 ①의 위치에 복귀시키면 실린더Ⓐ, Ⓑ가 동시에 복귀한다.

(2) 실린더Ⓐ, Ⓑ를 그림 10 · 16과 같은 순서로 작동시키려면 그림과 같이 체크밸브를 사용하면 된다. 동일한 방법으로 여러개에도 적용이 가능하다.

(3) 두개의 시퀀스밸브를 사용해서 두 개의 실린더Ⓐ, Ⓑ의 전진과 복귀의양 행정을 순차적으로 제어하고 있는 회로가 그림 10 · 17

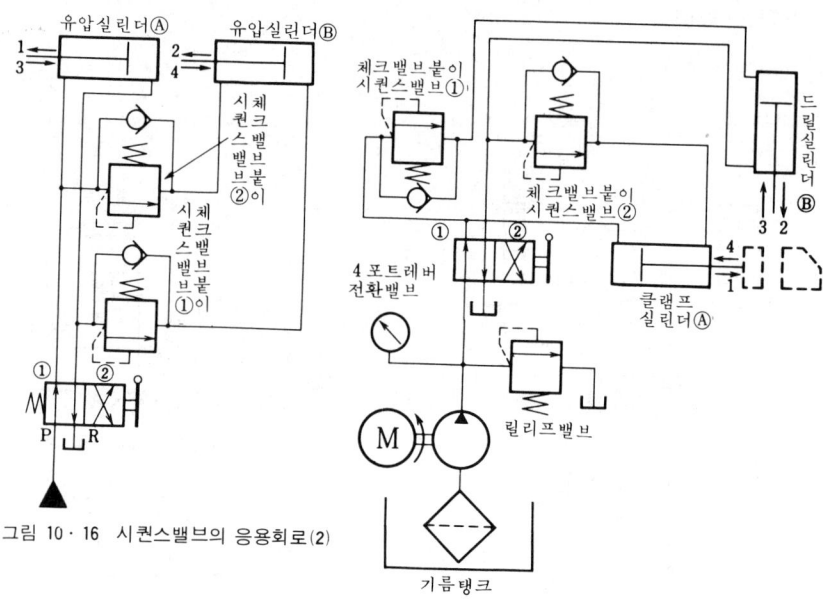

그림 10 · 16 시퀀스밸브의 응용회로(2)

그림 10 · 17 시퀀스밸브의 응용회로(3)

이다. 4포트레버전환밸브가 그림 ①의 위치에 있으면 클램프실린더
ⓐ를 전진하고 나서 드릴실린더ⓑ가 강하한다. 다음에 4포트레버전
환밸브를 ②의 위치로 전환시키면 드릴실린더ⓑ를 들어올리고 나서
클램프실린더ⓐ가 복귀된다.

　이 경우 회로압력을 높게 하면 동력손실이 커지므로 사용압력의
선정에 주의해야 한다.

　(4) 가공물을 클램프실린더로 체결하고 다른쪽 가공실린더로 가
공시키고자 할 경우는 그림 10 · 18의 회로를 사용하면 된다. 그림에
서 클램프실린더내의 압력은 항상 릴리프밸브의 설정압으로 유지
되고 있으므로 클램프의 이완 우려가 없다.

　[2] 로울러조작 시퀀스회로

　그림 10 · 19에 제시하는 위치에 레버조작전환밸브③을 두면 작동
유는 승강실린더④의 로드를 상방으로 밀어올린다. 승강실린더로드

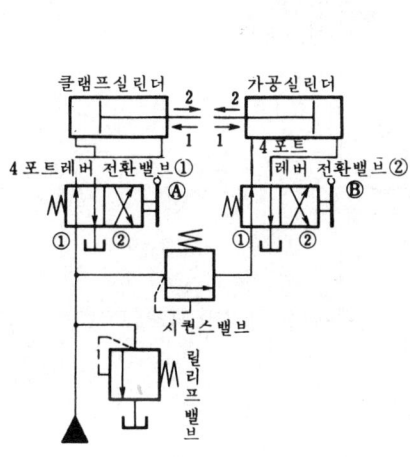

그림 10 · 18 시퀀스밸브의 응용회로 (4)

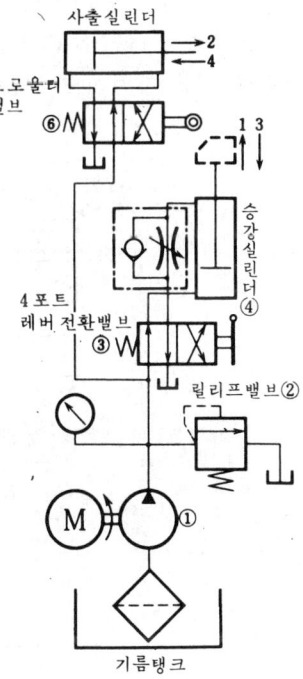

그림 10 · 19 로울러조작 시퀀스
작동회로

가 어느 높이로 올라가면 4포트로울러전환밸브⑥의 로울러를 작동
시켜 사출실린더를 2의 방향으로 밀어낸다. 다음에 4포트레버전환
밸브③을 반대위치로 보내면 승강실린더④가 하강하여 4포트로울
러전환밸브⑥의 로울러를 원위치로 복귀시키고 사출실린더로드를
4개의 방향으로 복귀시킨다. 이와 같이 해서 승강실린더의 이송과
사출실린더의 이송 및 그것들을 복귀시키는 사이의 시간을 절약하
고 있다.

[3] 왕복자동회로

(1) 4포트파일럿전환밸브③을 사용해서 작업대의 왕복운동을 차
동적으로 반복시킬 수가 있다. 그림 10·20에 있어서 우선 4포트레
버전환밸브①을 ②의 위치로 움직이면 클램프실린더는 ② 방향으로
움직인다. 클램핑하는 작동유 압력이 상승하면 시퀸스밸브②가 개
방, 작동유가 4포트파일럿전환밸브③을 통해서 복동실린더에 유입
한다. 복동실린더의 전진행정 끝에서 로울러조작 파일럿밸브④의
로울러를 치면 로울러조작 파일럿밸브④가 4포트파일럿전환밸브④
를 전환시켜서 복동실린더를 복귀시킨다. 이 왕복동작은 4포트레버
전환밸브①을 복귀시킬 때까지 반복한다.

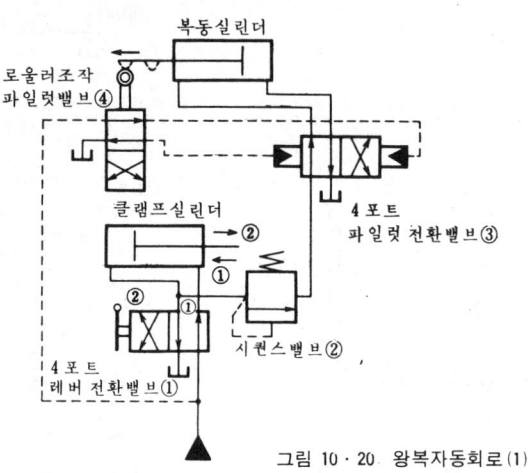

그림 10·20 왕복자동회로(1)

10·5 균형회로(카운터밸런스회로)

수직방향으로 작동하는 프레스가 자중에 의하여 떨어지는 것을

방지하거나 유압실린더를 사용한 구멍뚫기 기계 등에서 가공이 끝
나고 급격히 부하가 감소하여도 피스톤로드가 돌진하지 않도록 실
린더에 배압을 부여하도록 한 회로를 균형회로, 카운터밸런스회로
또는 배압회로 등으로 일컫고 있다. 이와같은 회로에는 어떤 방향
의 흐름에 대하여는 저항을 갖지만 반대방향의 흐름에 대하여는 자
유흐름으로 되는 카운터밸런스밸브(counter balance valve)를 사용
하고 있다.

[1] 자중낙하방지회로

그림 10 · 21과 같이 피스톤로드가 자중에 의해 강하하는 경우에
로드측회로에 카운터밸런스밸브를 설치하면 배압을 주어 자연낙하
를 방지할 수 있다. 이 경우에 카운터밸런스밸브의 설정압력은 자
중에 의해 생기는 배압보다도 높게 조정해 두어야 한다. 또한 카운
터밸런스밸브내의 체크밸브를 통해서 실린더에 유입시키면 피스톤
로드를 상승시킬 수 있다. 카운터밸런스밸브의 작동을 급속히 시키
면 유격작용(오일해머링)을 발생시키므로 주의를 요한다. 이 회로
에 사용하는 전환밸브의 스푸울의 형상은 방향전환시의 서어지압
력을 고려해서 선정해야 한다. 또 카운터밸런스밸브의 출구에는 압
력을 가하지 않아야 한다. 실린더를 장시간에 걸쳐 자중낙하지
않도록 유지시키려면 카운터밸런스밸브로는 불충분하므로 다른 방
법을 고려해야 한다.

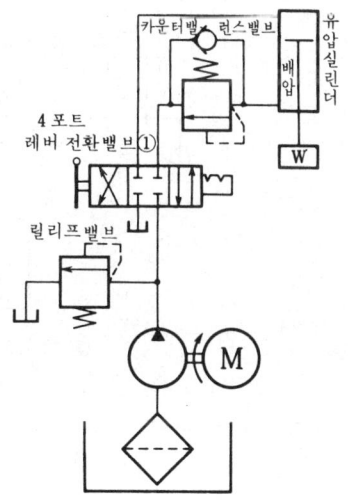

그림 10 · 21
자동낙하방지회로(1)

10 · 6 축압기회로

축압기를 사용하면 압력유지를 함에 있어서 동력을 절약하거나 회로를 안전하게하거나 또는 서어지압력을 방지하기도 하고 싸이클시간을 단축시키기도 하여 회로의 효율을 증진시킬 수 있다.

[1] 압력유지회로

(1) 그림 10 · 22에 있어서 유압유가 유압실린더의 좌측에 유입하면 피스톤은 우측으로 움직이고 공작물을 조여 점차로 실린더내의 압력이 증대하며 이어서 축압기를 가압한다. 최대설정압력에 달하면 압력스위치가 OFF로 되고 전동기를 정지시킨다. 전환밸브의 누설이나 유압실린더의 누설에 의하여 축압기내의 압력이 설정압력 이하로 되면 압력스위치가 ON으로 되어 전동기를 가동시킨다.

(2) 그림 10 · 23은 릴리프밸브의 벤트 회로에 전자 전환밸브를 설치하여 그 솔레노이드를 ON, OFF시켜 전동기를 구동시킨채로

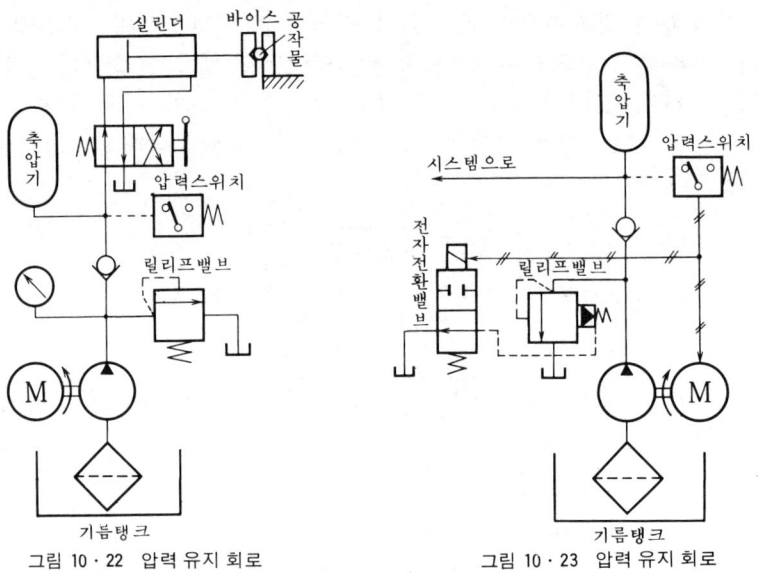

그림 10 · 22 압력 유지 회로   그림 10 · 23 압력 유지 회로

유압펌프를 무부하로 하고 있는 회로이다. 이와 같은 구동방법은 전동기를 ON, OFF 제어하는 방법보다도 펌프나 전동기에 무리가

가지않는 사용법이다.

【문 제】 무부하밸브를 사용하여 그림 10·22, 그림 10·23과 같은 기능을 갖는 유압회로를 구성하라.

[2] 안전회로

유압실린더를 절삭공구의 위치결정에 사용하는 경우, 동력공급이 정지한다든가 작업의 실패가 생긴 때 공구를 안전한 위치로 복귀시킬 필요가 있다. 이 때문에 축압기를 사용하여 정전과 같은 사고가 생긴 경우 유압실린더를 복귀하도록 한 회로가 그림 10·24이다.

그림에 있어서 유압실린더의 피스톤을 상승시킬 때 축압기는 압력스위치의 설정치까지 축압된다. 이어서 압력스위치에 의하여 2포트 2위치전자밸브①을 열어 무부하로 하고 있다. 만일 정전(停電)되면 3포트2위치 전자밸브②가 그림과 같은 위치를 취하며 축압기에 의해 유압실린더를 원위치로 복귀시키고 있다.

[3] 서어지압력 방지회로

중앙위치닫힘 전환밸브로 유로(流路)를 전환시킬 때 생기는 서어지압력은 릴리프밸브 설정압의 수배에 달하는 경우가 있다. 이

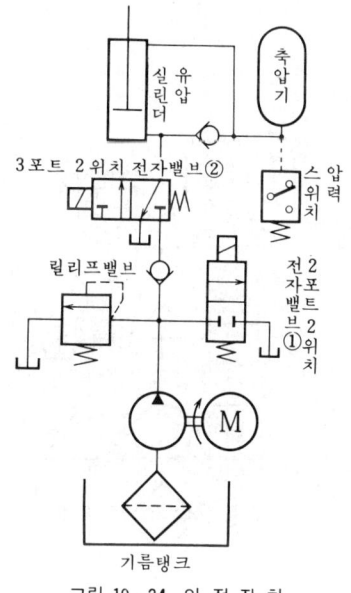

그림 10·24 안 전 장 치

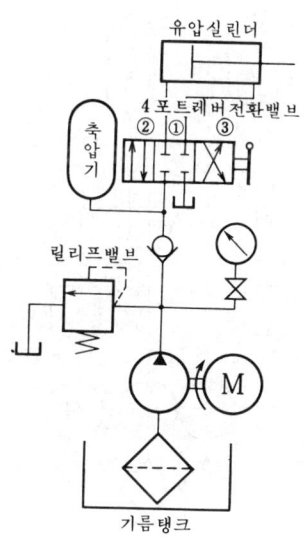

그림 10·25 서어지 압력 방지 회로

전환밸브 가까이에 축압기를 설치하면 큰 서어지압력을 흡수하여 배관, 밸브, 계기류를 보호할 수가 있다. 일반적으로 반복이 심한 용도에는 중추형(重錘形)축압기를 사용하면 되지만 심한 경우가 아니면 브래더형 축압기가 편리하다. 그림 10·25는 가장 기본적인 회로의 일례이다.

[4] 사이클 시간단축회로

그림 10·26은 실린더의 유속을 빠르게 하기위하여 hi-lo회로로서 축압기에 의해 순간적으로 대유량을 흘려 사이클시간을 짧게 하고 있다.

4포트레버 전환밸브를 ②의 위치로 움직이면 피스톤로드가 공작물에 닿아 유입압력이 상승하며 압력스위치가 작동하여 4포트전자전환밸브를 작동시키고 대용량펌프로부터의 토출유를 축압기에 보내어 축압하고 있다. 소용량펌프는 피스톤의 압축행정시에 고압유를 보내고 있다. 4포트레버 전환밸브를 ①로 전환시키면 피스톤 내의 유압이 하강하여 4포트전자전환스위치가 끊기며 두펌프와 축압기로부터의 기름이 다량으로 이송되어 피스톤이 급속히 복귀된

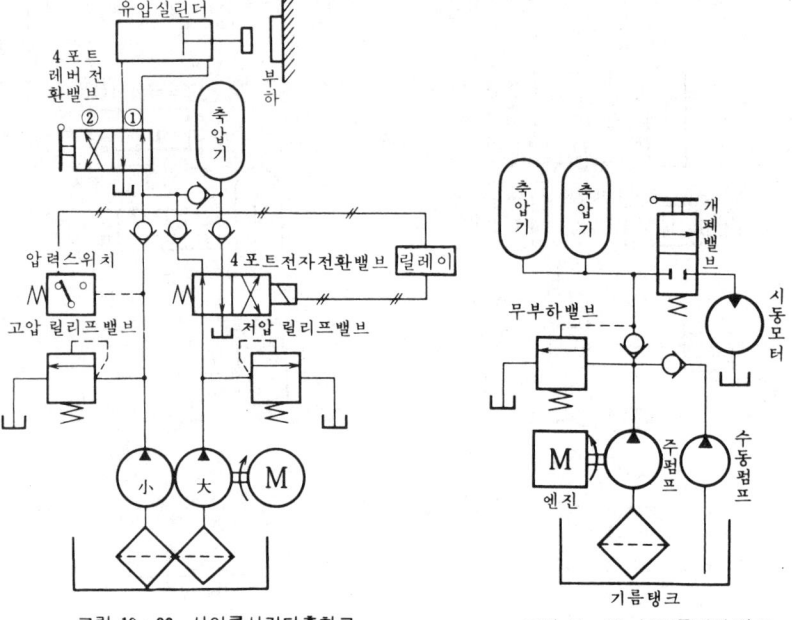

그림 10·26 사이클시간단축회로   그림 10·27 보조동력원 회로

다. 이 회로는 초기의 설치가격은 비싸지만 운전효율이 좋아지므로
총합하면 경제적이 된다.

[5] 보조동력원 회로

디젤엔진을 시동시키는 경우에는 순간동력이 큰 것이 요구되므
로 시동시키는 동력을 축압기로부터 취하면 유리한 경우가 있다.
그림 10 · 27에 제시하는 바와 같이 축압기는 엔진의 운전 중 주펌
프에 의하여 축압되고 수동펌프는 엔진의 정지중, 축압기에 누설이
있는 경우의 응급용으로서 설치되어 있다.

10 · 7 증압 · 증력회로

회로의 일부를 고압으로 하고자 할 경우에 증압회로가 사용되고
있다. 이 회로를 사용하면 고압펌프나 밸브류의 단가를 낮출 수 있
는 동시에 장치의 유지비를 절약할 수도 있다. 장소의 관계에서 대
형실린더를 사용할 수 있는 곳에는 압력을 증압시키는 대신에 힘을
증가시키는 증력회로가 사용되고 있다.

[1] 증압회로

염가의 저압펌프와 릴리프밸브를 사용하고 증압기를 통하여 유
압실린더에 고압유를 보내어 내압시험 등에 이용하고 있다. 그림
10 · 28에서 4포트레버전환밸브를 ②의 위치로 움직이면 펌프토출

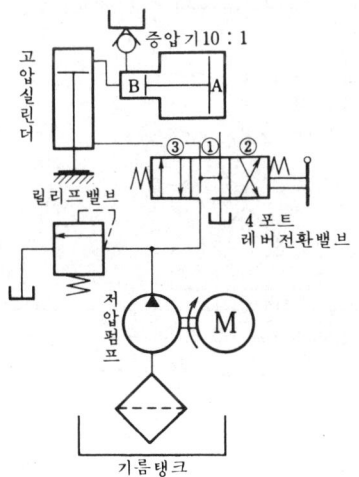

그림 10 · 28
증 압 회 로

유는 증압기의 한쪽 A실에 유입하여 B실의 유압을 10배로 증압한다.

[2] 증력회로

그림 10·29에 나타낸 바와같이 꽂이형실린더(또는텐덤실린더)를 사용하여 큰 클램프력을 얻는 회로이다. 4포트전자전환밸브의 솔레노이드ⓐ를 여자하면 유압펌프의 토출유는 먼저 소형실린더의 좌측에 들어가고 피스톤로드를 우측으로 움직인다.

이경우, 대형실린더의 좌측에는 체크밸브②를 통하여 기름탱크①로부터 기름을 흡입한다. 소형실린더의 피스톤로드가 공작물에 닿으면 그 피스톤의 좌측에 통하고 있는 관로압이 상승하여 시퀸스밸브③이 열리고 기름은 대·소의 실린더좌측에 들어가 공작물을 강력하게 가압한다. 다음에 솔레노이드 ⓑ를 여자하면 유압은 양쪽실린더의 우측으로 들어가 피스톤을 좌측으로 복귀시킨다.

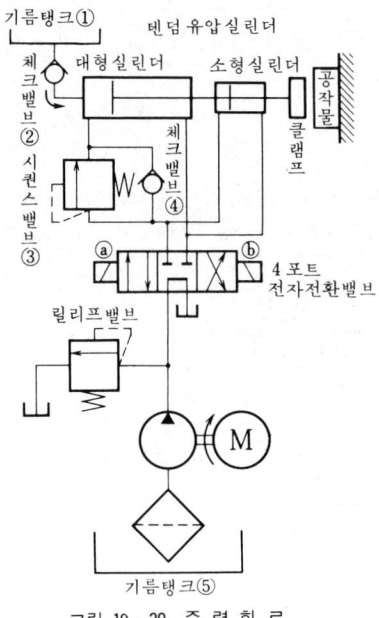

그림 10·29 증 력 회 로

제 11 장

속도제어회로

유압실린더에 들어가는 유량을 제어하면 그 속도를 제어할 수 있다. 이것을 쉽게 할 수 있는 것이 유압장치의 장점중의 하나이다. 이 속도는 유압실린더의 크기, 유량, 부하의 크기 등에 의하여 정해진다. 이를 위한 유압회로는 부하의 종류, 제어의 빠르기, 정밀도, 설치장소, 가격 등에 따라 여러가지 방법이 고려된다.

11 · 1 유량제어밸브에 의한 세가지 기본회로

[1] 미터인회로

유량제어밸브를 액추에이터 입구측에 직렬로 배치하여 실린더에 들어가는 유량을 제어하는 회로이다.

피스톤로드의 동작에 대해서 반대방향의 부하가 걸리는 경우에 적합하다.

미터인회로는 부하변화의 영향을 받지 않고 정확한 속도제어를 할 수 있지만 펌프가 계속 실린더의 소요유량 이상의 작동유를 토출하여야 하며 여분의 작동유는 릴리프밸브를 통해서 기름탱크로 보내고 있다. 따라서 회로효율이 나쁘고 미소유량제어도 곤란하다. 그림 11 · 1은 미터인회로의 기본형이다. 이 회로는 연삭기의 테이블 이송이나 밀링머시인의 이송 등에 적합하다.

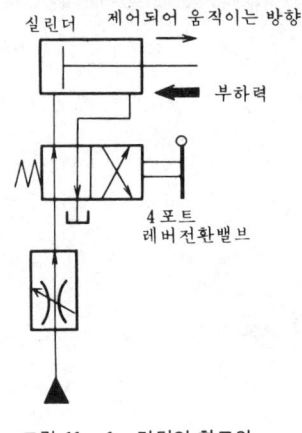

그림 11 · 1 미터인 회로의
기본형

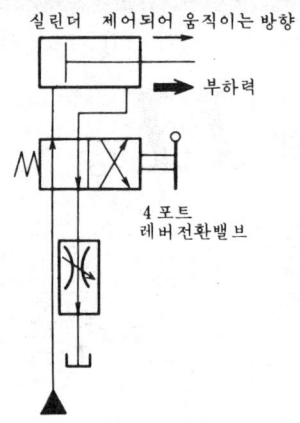

그림 11 · 2 미터아웃 회로의 기본형

[2] 미터아웃회로

액추에이터 출구측에 유량제어밸브를 직렬로 설치하여 유량을
제어하는 회로로서, 피스톤로드의 움직임에 대해서 동일방향의 부
하가 걸리는 경우에 적합하다. 이 회로는 실린더의 선주(先走)를
방지하고 급격한 부하변동에 대해서도 정속제어를 할 수 있다.

이 회로는 미터인회로와 동일하게 여분의 작동유를 릴리프밸브
에서 계속 흘리고 있기때문에 회로효율이 좋지 않다. 그림 11 · 2는
미터아웃회로의 기본형이다. 이 회로는 부하변동이 심한 공작기계
의 이송, 예를 들면 드릴링머시인, 프레스나 선반의 유압구동등에
사용되고 있다.

[3] 블리드오프회로

액추에이터의 공급관로에 설치한 바이패스관로의 흐름을 제어함으
로써 속도제어를 하는 회로이며, 그림 11 · 3은 블리드오프회로의
기본형이다. 이 회로는 펌프토출압력이 릴리프밸브의 설정압력에
달하는 일은 없으므로 회로효율은 좋아지지만 부하에 따라 펌프토
출압력이 결정되므로 부하변동이 심한 경우는 정확한 속도제어를
할 수 없다.

이 회로는 액추에이터의 속도조정범위가 좁은 때라든가 부하가
항상 화살표 방향으로 걸리는 경우에 적합하다. 즉 펌프토출량의

대부분을 액추에이터에 보내고 제어정밀도가 그다지 필요하지 않은 윈치 등에 사용된다.

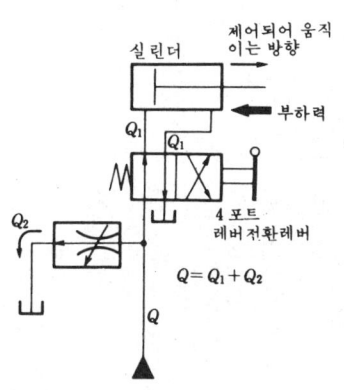

그림 11·3 블리드오프 회로의 기본형

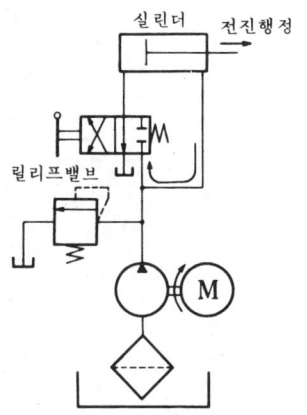

그림 11·4 차 동 회 로

11·2 다른 수압면적을 사용한 회로(차동회로)

그림 11·4와 같이 로드피스톤의 전진행정시에 펌프토출량과 피스톤로드측으로부터의 유출량을 합류시켜서 실린더 좌측에 유입하도록 하여 피스톤로드의 이송속도를 빠르게 하고 있는 회로를 차동회로라고 한다. 이 속도는 피스톤 양측의 수압(受壓)면직 비율에 따라 결정된다.

차동회로는 실린더의 복귀행정의 출력이 약해진다. 배관내를 흐르는 유량이 커지므로 회로저항을 작게 하는 배려가 필요하다. 즉 펌프토출량으로 밸브의 크기를 결정하는 것이 아니고 실제로 흐르는 유량으로 결정하지 않으면 안된다.

이와같이 전진속도를 빠르게 하여 작업시간을 단축하는 회로는 소형프레스 등에 많이 사용된다.

11·3 기름보충회로

유압프레스와 같이 자중낙하에 의하여 급속하게 강하하는 경우에 사용된다. 그림 11·5에 있어서 램의 상승이 끝나면 캠조작개폐

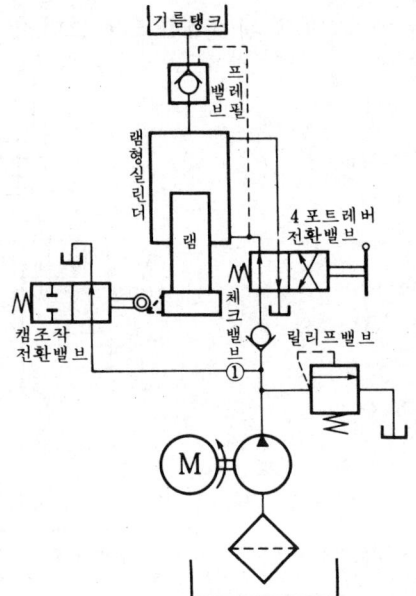

그림 11 · 5
기 름 보 충 회 로

밸브가 작동하여 유압펌프를 무부하로 한다. 이 때 체크밸브①은 램을 지지하고 있는 유압이 펌프쪽으로 흐르지 않도록 하고 있다. 유압실린더 내부의 저항이나 밸브, 배관의 유로저항에 의하여 그 속도를 일정하게 유지하는 것이 곤란하다. 프레필밸브(기름보충밸브)는 가압상태로부터 복귀상태로 전환할 때의 충격을 흡수시키는 역할을 하고 있다. 여기에서 기름보충밸브의 내부저항은 작게 해 두어야 한다.

11 · 4 감속회로

고속으로 동작하고 있는 유압실린더를 그 양단에서 저속으로 감속하여 원활하게 정지시키고 싶은 때에는 그림 11 · 6에 제시하는 바와 같은 로울러조작 감속밸브 ①, ②를 사용한 회로로 하면된다.

일반적인 공작기계 등에 있어서 급속이송, 감속반전, 급속복귀, 감속반전의 시퀀스구동을 시키고 싶은 경우에 사용되고 있다.

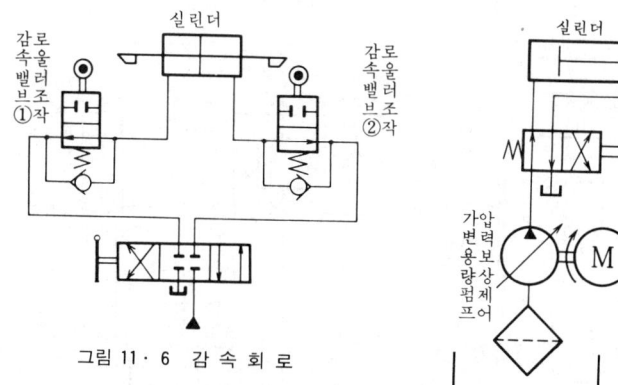

그림 11 · 6 감 속 회 로

그림 11 · 7 가변용량 펌프에의한 방법

11 · 5 가변용량펌프에 의한 방법

속도제어는 가변용량펌프를 사용하면 용이하다. 이 펌프의 설치 가격은 회로에 유량조정밸브를 설치한 정용량펌프장치보다도 일반적으로 고가이지만 운동효율을 좋게 할 수가 있다. 이 펌프의 토출량은 수동, 전동기, 서보제어 등과 같은 방법으로 변화시킬 수가 있다.

그림 11 · 7은 압력보상제어 가변용량펌프로서 실린더가 움직이고 있을 때는 펌프의 토출량을 많게 할 수가 있고 유지 또는 조임작업을 할 때에는 토출량을 적게 할 수 있도록 자동적으로 조절하고 있다. 즉 부하에 대하여 펌프의 토출압력이 일정해지도록 조절하고 있으므로 효율이 좋다.

11 · 6 동기회로(同期回路)

복수의 액추에이터를 동시에 동일한 속도로 작동시키는 회로를 동기회로라고 한다.

동일한 크기의 두 실린더에 동일한 유량의 작동유를 흘려 넣으면 동기운동을 할 것 같지만 실제로는 실린더의 치수나 누출, 마찰 등을 동일하게 만들기는 불가능하다. 또 동일한 유량을 두 실린더에

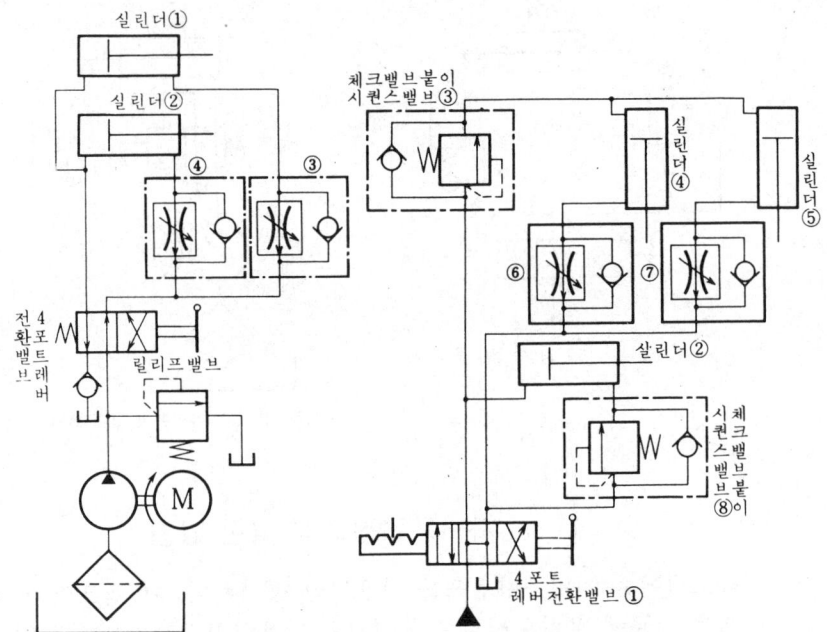

그림 11·8   유량조정밸브를 사용한 회로(1)   그림 11·9   유량조정밸브를 사용한 회로(2)

공급하는 것도 실제로 어렵다. 다음에 제시하는 회로는 이 동기운
동의 상위를 가능한한 적게 하도록 한 회로이다.

　[1] 유량조정밸브를 사용한 회로

　그림 11·8은 2개의 유량조정밸브를 미터아웃회로로 사용하여
두 실린더의 속도를 조정하고 있는 회로이다. 유량조정밸브의 눈금
과 실제의 유량과는 반드시는 일치하지 않으므로 속도를 동기시키
기 위한 조정은 상당히 곤란하다. 또 실린더의 마찰저항의 차, 부하
의 상위 등의 영향을 생각하면 정확한 동기가 안된다. 또한 이 회로
는 일정압력에 달할때까지는 시간지연이 있는 것에 주의해야 한다.
이 문제를 해결하기 위해서는 그림 11·9와 같이 체크밸브붙이시퀀
스밸브③을 사용하면 된다.

　[2] 유압실린더의 직렬회로

　2개의 유압실린더①, ②를 그림 11·10과 같이 직렬로 배열하면
이론적으로는 정확한 동기를 시킬 수 있다. 그러나 실제로는 누설
등에 의하여 오차가 생긴다.

이들의 누적오차가 문제이다. 그림에서는 이들을 보정하기 위하여 밸브 Ⓐ Ⓑ Ⓒ를 설치하여 피스톤의 복귀행정 종단에서 머리를 가지런히 하도록 하고 있다. 복귀행정에서 만일 유압실린더 ①이 최초로 단부에 도달하면 리밋스위치 ⓐ가 작동하여 솔레노이드 Ⓐ를 작동하고 파일럿조작체크밸브 Ⓒ를 열게 한다. 이렇게 하여 유압실린더 ②의 과잉유를 기름탱크로 되돌린다. 만일 유압실린더 ②가 먼저 단부에 도달하면 리밋스위치ⓑ는 솔레노이드 Ⓑ를 여자시키고 유압실린더 ①의 하부에 기름을 보냄으로서 피스톤을 복귀 시킨다.

[3] 유압모터의 이용

그림 11·11은 같은 축에 연결한 3개의 동일용량의 유압모터 ⑤, ⑥, ⑦을 이용하여 유량제어를 하고 3개의 유압실린더 ①, ②, ③의 이송속도를 맞추고 있는 회로이다. 이 회로는 비교적 정확한 동기가 얻어지므로 정밀한 드릴링장치 등에 잘 사용된다.

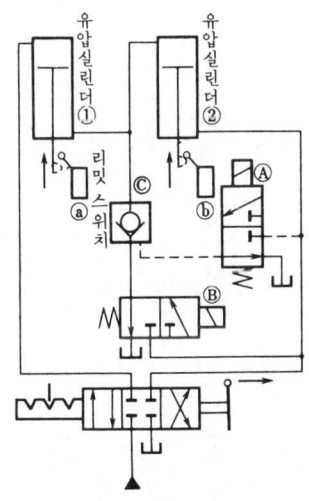

그림 11·10 유압실린더의 직렬회로

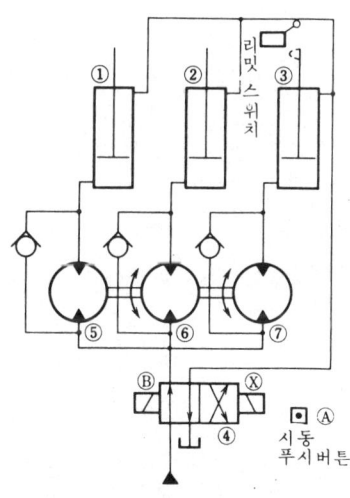

그림 11·11 유압모터를 이용한 회로

제 *12* 장

방향제어회로

유압실린더를 작동중에 임의의 위치에 정지시켜 로크하거나 원격조작이나 반복자동운전을 용이하게 힐 수 있는 것은 유압의 장점 중의 한 가지이다. 다음에 이들 방향제어의 기본적인 회로에 대해서 설명한다.

12 · 1 로킹회로

[1] 전환밸브에 의한 방법

4포트레버 전환밸브(텐덤센터)를 사용하면 중앙위치에서 실린더를 로크하여 유압펌프를 무부하로 할 수가 있다. 그러나 스푸울형 전환면은 내부누출 때문에 피스톤로드가 이동하여 완전히 로크할 수가 없다(그림 12 · 1).

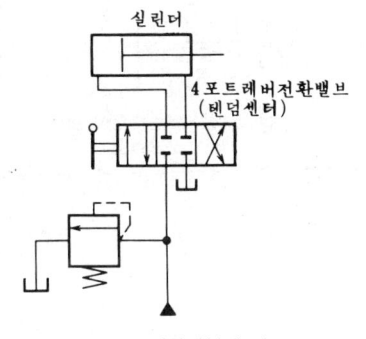

그림 12 · 1 전환밸브에 의한 로크

---

* 로킹회로 : locking circuit.

[2] 체크밸브에 의한 방법

그림 12·2는 프레스 등과 같이 방치해두면 자중으로 강하해 버리는 경우의 로크에 많이 사용된다. 그러나 유압펌프를 정지시킨 경우 3포트레버 전환밸브의 내부누설때문에 확실하게 로크하기는 어렵다.

[3] 확실하게 로크시키는 회로

그림 12·3에 제시하는 바와 같이 실린더와 전환밸브사이의 관로에 파일럿조작 체크밸브를 설치하면 시일이 완전히 행하여지므로 큰 부하에 대해서도 확실하게 로크된다. 이 경우 파일럿압의 제어를 생각해두지 않으면 소용없게 되는 일도 있다. 또 텐덤센터의 4포트레버 전환밸브를 사용한 것은 전환시 서어지압력이 생기기 쉬우므로 주의해야 한다. 일반적으로 파일럿조작 체크밸브의 크랙킹압은 낮은 것을 사용해야 한다.

이 회로는 단압(鍛壓)기계, 압연기 등과 같이 큰 외력에 대항해서 실린더의 정지위치를 확실하게 유지시키고자 하는 경우에 사용된다. 또한 실린더가 로크되고 팽창하는 경우의 보호대책으로서는 실린더와 체크밸브사이에 각각 릴리프밸브를 설치하면 된다.

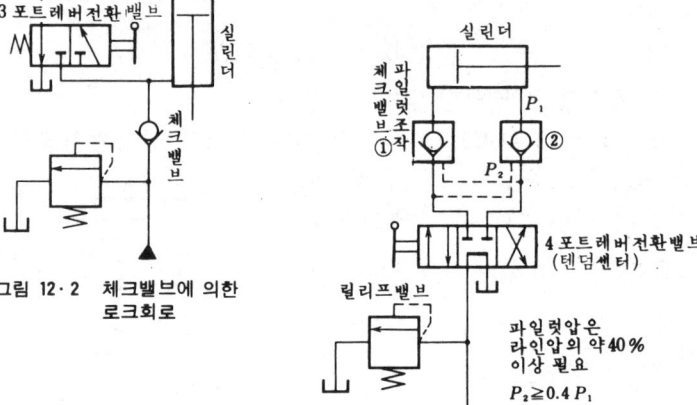

그림 12·2　체크밸브에 의한
로크회로

그림 12·3　확실하게 로크시키는 회로

12 · 2 자동운전회로

파일럿압력을 사용해서 전환밸브를 제어함으로써 자동운전을 용이하게 하며 염가로 할 수가 있다. 이 경우 주회로가 무부하로 되어 있더라도 파일럿압을 유지할 수 있도록 해 두어야 한다.

[1] 왕복자동운전회로

(1) 이것은 연삭반의 왕복구동에 흔히 사용된다. 그림 12 · 4는 전환밸브①(4포트파일럿 전환밸브)과 로울러조작 파일럿밸브②를 사용해서 실린더의 왕복운동을 시키는 회로이다. 2포트 레버 전환밸브 ③을 열고 펌프를 무부하로 할 때까지 실린더는 왕복운동을 계속한다. 실린더에 큰 질량이 가해지고 있을 때는 파일럿압의 흐름을 억제하거나 4포트파일럿 전환밸브 ①의 스푸울랜드에 교축부를 달거나 해서 밸브전환시의 서어지압력을 완화시킬 대책이 필요하다.

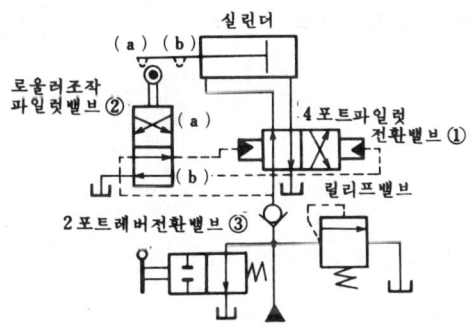

그림 12 · 4 왕복자동 운전회로 (1)

(2) 그림 12 · 5에 제시하는 자동운전회로는 2포트레버 전환밸브 ③을 열거나 닫음으로써 조작의 시동, 정지를 시키고 있다. 하나의 유압원으로 2조이상의 실린더를 독립해서 자동운전시키려는 경우에는 이 회로를 병렬로 하여 사용하면 된다. 이 경우 열의 발생에 주의해야 한다.

[2] 전자조작회로

리밋스위치, 압력스위치나 전자전환밸브 등을 사용해서 실린더에 여러가지 조작을 시키는 회로를 구성할 수가 있다. 이것들의 응용은 전자릴레이나 리밋스위치의 조합회로와 동일하므로 상세한 것은 생략한다. 그림 12·6은 그 일례이다.

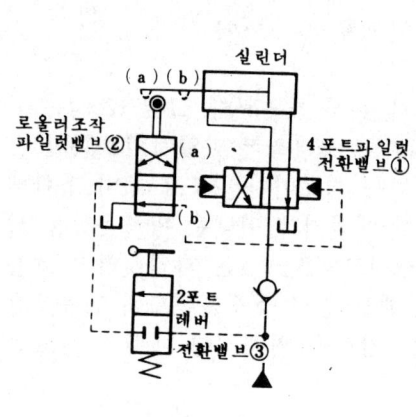

그림 12·5 왕복자동 운전회로 (2)

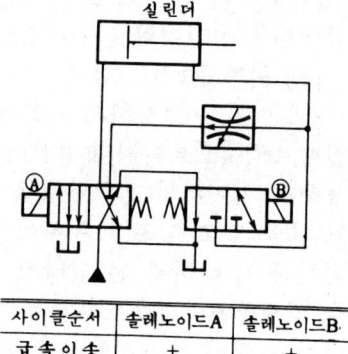

사이클순서	솔레노이드A	솔레노이드B
급속이송	+	+
피 이 드	+	−
급속복귀	−	+
정 지	−	−

그림 12·6 전자조작회로

제 *13* 장

압력모터회로

유압모터로의 공급압력과 유량을 제어함으로써 그 출력토오크와 속도를 제어할 수가 있다. 다시 또 가변용량모터를 사용하면 정마력구동을 시킬 수가 있으므로 다방면으로 사용된다. 특히 부하변동이 있더라도 저속에서 고속까지 비교적 정밀한 속도제어를 할 수 있는 것이 큰 특징이다.

13·1 정토오크구동회로

압력이 일정한 유량을 정용량 모터에 공급하면 정토오크구동을 할 수 있다.

그림 13·1의 회로에서는 구동토오크는 릴리프밸브의 설정압력을 바꿈으로써 행하며 블리드오프회로에 유량조정밸브를 설치하여 유압모터의 속도를 제어하고 있는 예이다.

【문 제】 그림 13·1의 정용량펌프대신 가변용량펌프를 사용한 회로와의 차이를 고찰하라.

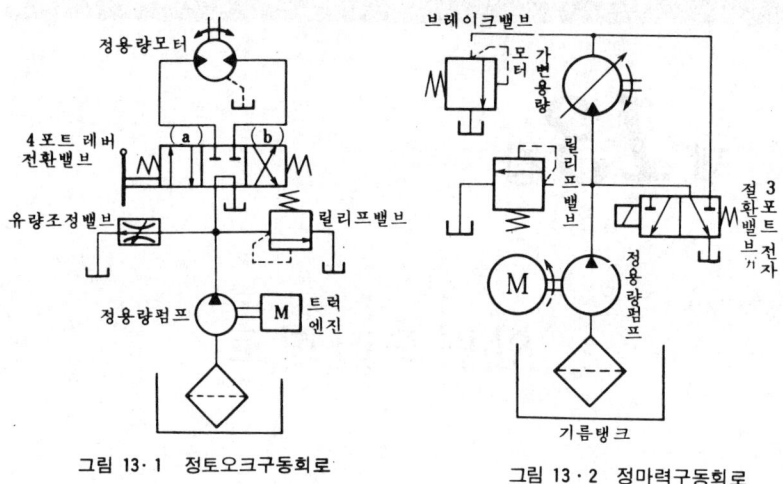

그림 13·1 정토오크구동회로

그림 13·2 정마력구동회로

13·2 정마력구동회로

펌프의 토출압력과 토출량을 일정하게 하고 가변용량 모터의 토출용적을 바꿈으로써 유압모터의 속도를 바꾸면 정마력구동이 얻어진다.

그림 13·2는 정용량펌프와 가변용량모터의 조합으로 구성되는 정마력구동회로이다. 갑자기 정지시키기 위해 3포트 전자전환밸브의 여자를 단절함으로써 유압모터의 출구를 닫음과 동시에 유압모터의 관성력에 의한 펌프작용으로 토출되는 유량을 브레이크밸브*에서 빼어 제동을 걸면서 정지시키고 있다. 이 회로는 장력을 일정하게 하려는 전선이나 제지의 권취장치에 이용되고 있다.

---

* 브레이크밸브:액추에이터의 출구관로에 릴리프밸브, 시퀀스밸브 등을 설치하여 제동작용을 시키는 목적에 사용되는 밸브를 브레이크밸브라고 한다.

13 · 3 병렬회로

[1] 병렬배치 미터인회로

그림 13 · 3의 회로는 각유압모터를 독립해서 회전, 정지, 속도조정을 할 수 있는 잇점이 있다. 특히 각각에 걸리는 부하가 동등한 경우에 가장 효과적이다. 속도는 미터인회로로 제어하고 있다. 유량제어에 있어서 유량조정밸브를 사용하지 않으면 부하에 차이가 있을 경우에 부하가 가벼운 쪽에만 작동유가 흘러버리므로 주의해야 한다. 이 경우 펌프토출압력은 비교적 낮아도 된다.

【문 제】그림 13 · 3에 제시하는 병렬배치미터인회로와 동일부품을 사용해서 병렬배치미터아웃회로를 도시하고 그 특성을 고찰하라.

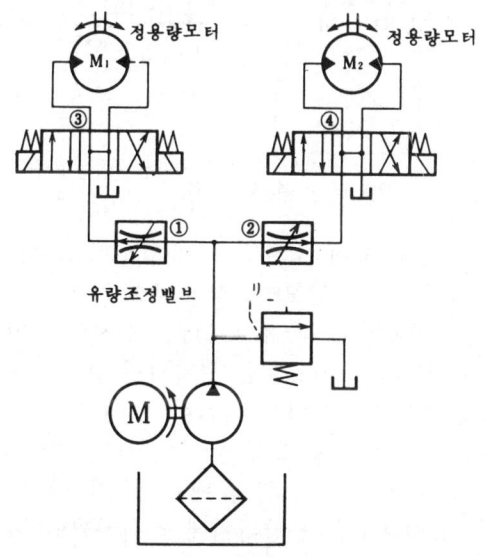

그림 13·3 병렬배치 미터인 회로

13 · 4 직렬회로

(1) 그림 13 · 4와 같이 유압모터를 직렬로 배치하면 펌프의 토출량은 병렬회로보다 적어도 되지만 공급압력은 두 유압모터의 합 이므로 높게 하여야 한다. 유압모터 M_1, M_2의 최대 토오크는 시퀀스밸

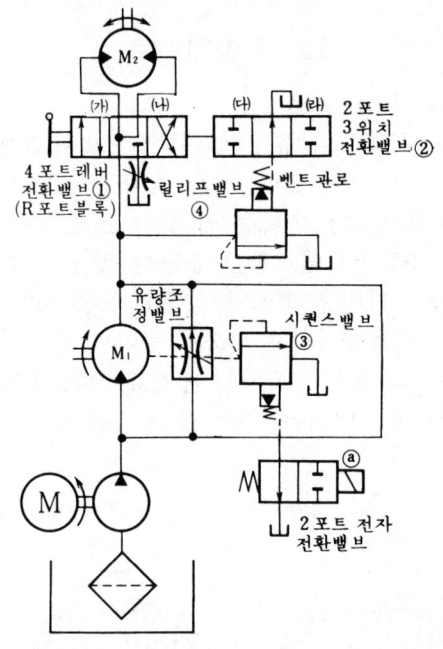

그림 13·4 직 렬 회 로

브③, 릴리프밸브④에 의해 조절된다. 유압모터 M_1의 속도는 브리
드오프회로로 제어되고 유압모터 M_2의 속도는 미터아웃회로로 제
어된다. 그림의 위치에서는 각 유압모터가 정지하고 있다. 지금 2포
트 전자전환밸브의 솔레노이드ⓐ를 여자하면 펌프의 토출압은 ③의
설정압까지 상승, M_1이 회전하기 시작한다. 이 상태에서 4포트레버
전환밸브①을 (가)의 위치에 옮기면 이에 직결되어 있는 전환밸브
②도 (다)의 위치에 옮겨지며 ④의 벤트관로를 닫고 M_2를 회전시
킨다. 이대로 전환밸브①을 중앙위치에 복귀시키면 M_1만이 회전을
계속한다.

13 · 5 텐덤형회로

그림 13 · 5와 같이 각 유압모터가 직렬로 연결되어 있어 단독으
로 정·역전, 정지가 가능하며 둘 이상의 유압모터를 운전시킬 때
각 유압모터의 속도를 동일하게 할 수가 있다. 이 경우, 각 유압모

터의 압력강하의 합이 펌프의 토출압이 되므로 고압구동은 무리이다. 즉 저속, 저토오크구동에 적합하다.

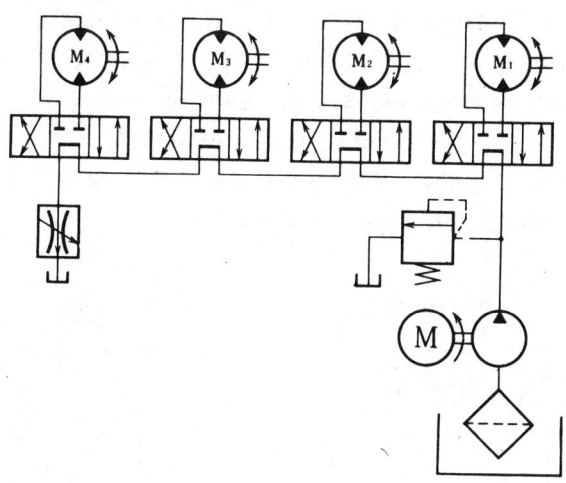

그림 13 · 5 텐덤형 회로

13 · 6 브레이크회로

유압모터를 정지시키기 위해 유압의 공급을 막아도 유압모터와 부하의 관성력에 의해 공전이 계속된다. 이 공전을 억제하여 신속히 정지시키는 회로를 브레이크회로라고 한다.

[1] 원활한 시동 · 정지회로

유압모터를 원활하게 시동, 정지시키는 회로를 그림 13 · 6에 제시한다. 그림에 있어서 솔레노이드ⓐ를 여자하면 릴리프밸브②의 벤트관로가 닫히고 브레이크밸브①의 벤트관로가 열려 유압모터가 배압이 걸리는 일이 없이 원활하게 시동하여 회전을 개시한다. 솔레노이드ⓐ의 여자를 단절하면 펌프의 토출압력은 무부하로 되며 브레이크밸브①에 의해 유압모터에 배압이 걸려 제동정지한다.

[2] 기름보충밸브를 조합한 브레이크회로

그림 13 · 7에 있어서 솔레노이드ⓐ를 여자하면 유압모터는 정회

전하며 여자를 풀면 펌프로부터의 토출유는 끊기지만 유압모터는
그 자체와 부하의 관성에 의해 회전을 계속하려고 하여 체크밸브①
을 통해서 기름을 흡입한다. 그 토출유는 체크밸브②, 브레이크밸브
를 경유하여 기름탱크로 흐르며 체크밸브②와 브레이크밸브의 제
동압에 의해 정지한다. 역회전의 경우도 동일한 제동압에 의해 정
지한다. 이들 체크밸브 4개와 릴리프밸브를 조합해서 하나의 블록
으로 한 회로를 기름보충회로(prefil circuit)라고 하며 이것들을 하
나의 유닛으로 종합한 것을 기름보충밸브붙이 릴리프밸브라고 하
는데, 유압모터회로에 많이 사용되고 있다.

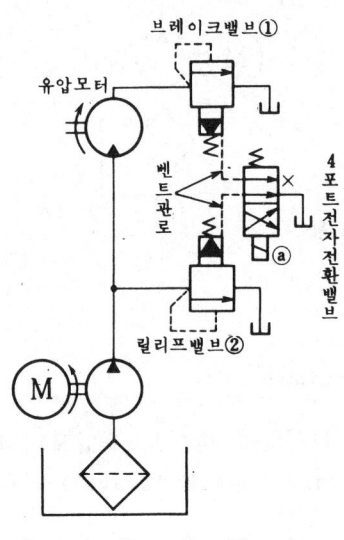

그림 13·6 원활한 시동정지회로

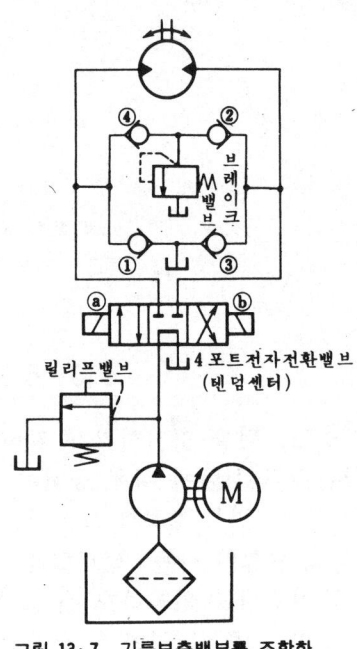

그림 13·7 기름보충밸브를 조합한
브레이크 회로

제 14 장

서보밸브회로

소형, 고출력이고 응답이 빠른 유압기기가 서보기구의 구동계에 착안되어 유압은 중요한 역할을 차지하게 되었다. 특히 미약한 전기신호에서 대출력의 유입동력으로 변환할 수 있는 서보밸브의 발명은 전기(전자)기술과 결합해서 전기나 유압기술만으로는 기대할 수 없었던 어려운 제어가 가능하게 되었다.

표 14·1 전기(전자) 시보와 유입서보의 특성 비교

	전기(전자) 서보의 특성	유압 서보의 특성
증폭부	◎ 계산증폭이 용이하고 빠르다 ○ 대출력의 증폭은 고가 × 고온·고습의 환경에 약하다	× 계산이 복잡하고 고가 ◎ 大출력의 증폭이 용이 ○ 비교적 고온·고습의 환경에서도 사용가능
조작부	◎ 소출력(약 2kW 이하)의 속도·위치 　제어의 편리 ◎ 지상설비에서는 동력원이 용이하게 ○ 회전등은 용이하나 직동은 고가	◎ 대출력(약 3kW 이상)일수록 유리 ○ 유압원은 튼튼하나 보수가 복잡 ◎ 직동·회전구동 공히 용이
검출부	◎ 검출할수 있는 요소(변위·속도·토오크 　·광도·온도 등)이 많다 ◎ 고정도의 검출이 용이	× 검출할 수 있는 요소가 적다 × 광범위한 고정도검출이 곤란
信号伝達	◎ 전송거리가 길고 지연이 없다 ◎ 기기간의 신호의 결합이 용이 ○ 기기배치에 융통성이 있는 대신 고장의 　원인도 된다	○ 전송거리는 약 20m 가 한도, 전송은 비교 　적 작다. △ 기기간의 신호결합은 곤란 ○ 기기배치의 변경은 곤란하지만 작동이 확 　실하고 고장이 적다.

표 14·1에서 알 수 있듯이 전기(전자)는 연산, 증폭, 검출 및 신호전달에 우수하고 구동출력이 약 2~3kW 이하인 경우에 비교적 우수한 특징을 가지고 있다. 한편 유압은 연산, 검출 및 신호전달에는 열세에 있지만 대출력 조작에는 우수한 특성을 가지고 있다.

이상과 같은 여러 특성에 의해 전기(전자)의 장점과 유압의 장점을 조합한 전기(전자) 유압서보 기술이 발달하여 항공기, 미사일을 위시해서 공업로봇, 압연기 로울러의 두께제어(그림 14·1), 제지기계의 두께제어, 프레스의 제어나 진동시험기 등 다방면으로 사용되고 있다.

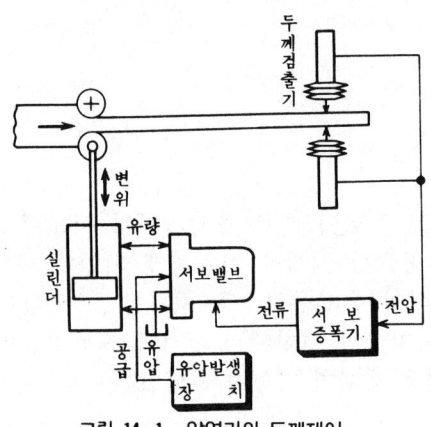

그림 14·1 압연기의 두께제어

14·1 서보밸브에 의한 위치제어와 속도제어

기본적인 위치제어계를 표시하고 있는 그림 14·2는 피드백센서로서 속도와 위치의 검출기를 장치하고 있는 예이다. 이와같은 위치결정제어방식은 고속이고 또한 위치결정정밀도를 요구하는 용접, 도장, 반송 등과 같은 작업을 하는 공업로봇의 제어에 잘 사용된다.

그림에 있어서 속도루프게인 $|G_2(s) \cdot G_3(s)| \cdot K_v$를 크게 하고 위치루프게인 $\{|G_1(s)| \cdot K_p\}|K_v$를 작게 하여 오르고 내리는 움직임을 매끄럽게 하는 동시에 정지시의 개(開)루프게인 $|G_1(s)| \cdot |G_2(s)| \cdot |G_3(s)|K_p$를 크게 하여 위치결정 정밀도를 좋게 하고 있다. 이 계를 소프트서보시스템이라고 하며, NC공작기계나 공업로봇의 서보계

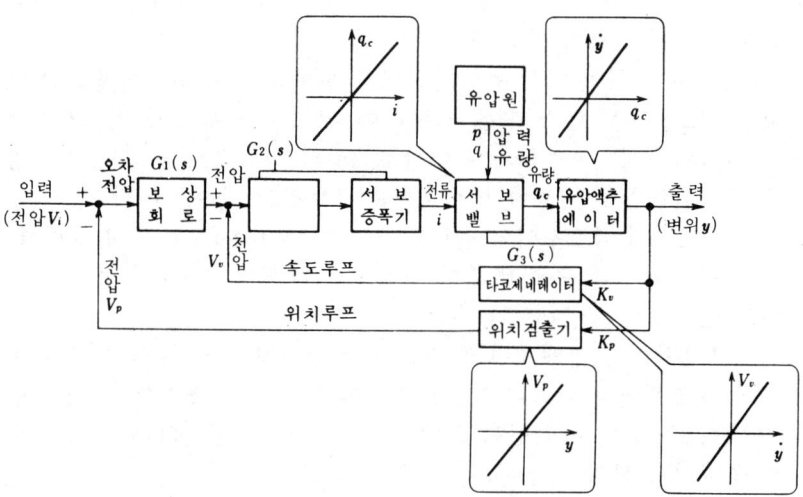

그림 14·2   위치제어계의 블록선도

에 많이 사용된다.

· 피드백센서로서는 종래 속도검출에 타코제네레이터(tachogenera-
tor), 위치검출에 포텐쇼미터(potentiometer)(전위차계) 등의 아날
로그방식이 사용되어 왔으나 최근에는 그림 14·3과 같이 엔코우더

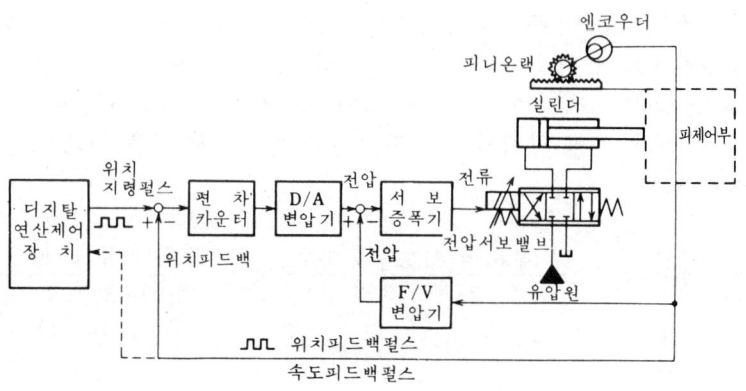

그림 14·3   전자-유압 디지탈 제어계

* "기계기술자를 위한 도해서보기술 입문", 日刊工業新聞社発行, p.116 참조.

등의 디지탈검출기를 사용하여 디지탈신호를 입력지령으로 하는 방식이 많이 사용되고 있다.

그림 14·3에 있어서 유압실린더의 변위에 비례해서 발생하는 엔코우더로부터의 펄스 수를 검출하여 위치지령 펄스와 비교감산하고 편차량을 D／A변환기로 아날로그량의 전압으로서 인출, 서보증폭기로 파워증폭을 하여 서보밸브를 구동하고 있다.

한편 엔코우더로부터의 출력펄스를 F／V변환(주파수-전압변환)하고 펄스의 주파수에 비례한 전압으로 바꾸어 속도검출을 동시에 하고 있다.

지금 1펄스의 입력지령에 대해서 유압실린더가 0.1mm 변위한 곳에서 엔코우더의 출력이 1펄스 발생하도록 계를 조립할 수 있으면 1000펄스／초 속도의 입력에 대해서 유압실린더는 100mm／s의 속도로 움직이게 한다.

디지탈방식에 의한 위치제어계는 입력지령의 부여방식에 따라 속도제어도 동시에 할 수 있다는 우수한 특징을 가지고 있다. 그리고 위치결정정밀도와 추종속도는 입력펄스에 대해서 유압실린더의 변위가 몇 mm까지 확실하게 응답하는가에 따라 결정된다. 이것들은 피구동계의 강성(剛性), 기계공진성, 부하력, 공전(lost motion) 및 유압모터나 실린더 등 구동계의 강성, 기계공진수, 구동토오크, 공전(lost motion) 등에 결정되는 것이다.

일반적으로 제어계는 최대속도가 빠를수록, 부하력이 클 수록, 위치결정정밀도가 작을 수록 설계가 어려워지는 것은 직관적으로 이해할 수 있지만 제어계에 공전이 없이 서보밸브와 액추에이터의 속도와 힘(토오크)의 관계가 선형적이라고 가정하면 다음 식과 같은 관계가 있다.

$$위치결정정밀도 = \frac{부하의\ 최고구동속도}{개루프게인} \times \frac{부하력(토오크)}{액추에이터출력(토오크)}$$

$$(14 \cdot 1)$$

그리고 피제어계와 제어계의 조화조건을 경험적으로 다음과 같이 하는 것이 좋다.

(1) 액추에이터출력은 부하의 전속도영역(全速度領域)의 구동력

보다도 클 것. 특히 시동출력은 부하시동력의 3배이상의 것을 선택할 것.

(2) 피제어계가 폐루프계에 들어가 있는 경우 앞방향계의 공전은 최소지령단위의 5배이하로 할 것.

(3) 제어계의 강성<피제어계의 강성

(4) 3×(제어계의 공진수)<(피제어계의 공진수)

(5) 3×(액추에이터의 관성모멘트)>(구동축에 있어서의 피제어계의 관성모멘트)

14·2 서보밸브에 의한 힘(토오크)제어

유량제어 서보밸브를 사용해서 압력제어를 하는 경우, 부하의 힘 또는 압력을 검출해서 피드백하는 것만으로는 그림 14·4와 같이 서보밸브의 입력전류에 대한 압력의 게인이 대단히 크기때문에 ON-OFF동작에 가까운 동작을 하여 안정된 제어를 시키기가 어렵다.

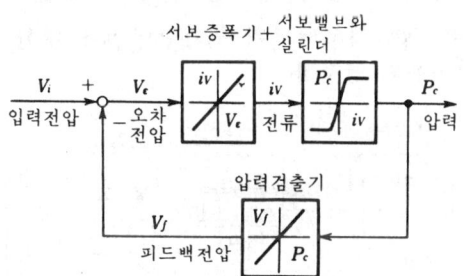

그림 14·4 유량제어 서보밸브에 의한 압력제어계 (보상없음)

그래서 그림 14·5에 제시하는바와 같이 유압실린더 가까이에 축압기를 설치함으로써 부하에 적분특성에 가까운 지연요소를 주는 동시에 서보밸브의 압력게인을 이완시켜 계의 안정성을 향상시키고 있다.

서보밸브의 입력전류 i_v로부터 축압기가 달려있는 실린더내의 압력 p_c까지의 전달함수는

＊앞서의 "기계기술자를 위한 도해서보기술입문", p. 129～135.

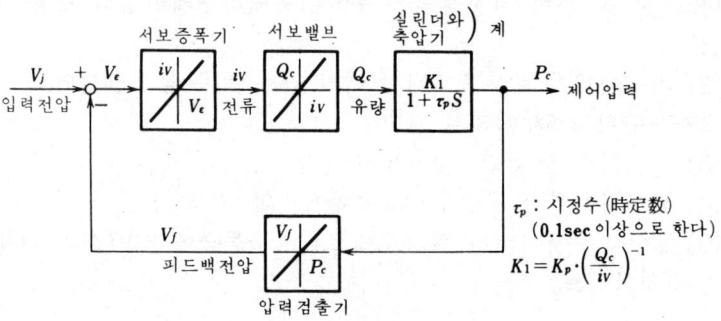

그림 14·5 그림 14·4에 축압기를 추가시킨 계

$$\frac{\text{출력}(\text{압력 } p_c)}{\text{입력}(\text{전류 } i_v)} = \frac{K_p}{1+\tau_p s} \tag{14·2}$$

여기서 $\tau_P = A_0 \beta V_1 / A_1^2 k_2$: 시정수

$K_P = (k_1/k_2)(A_0/A_1)$: 계의 게인정수

$k_1 = \partial q_c / \partial i V$: 서보밸브의 입력전류 i_v에 대한 유량게인

$k_2 = \partial q_c / \partial p_b$: 서보밸브의 부하압력 p_1에 대한 유량게인

β : 작동유의 압축률

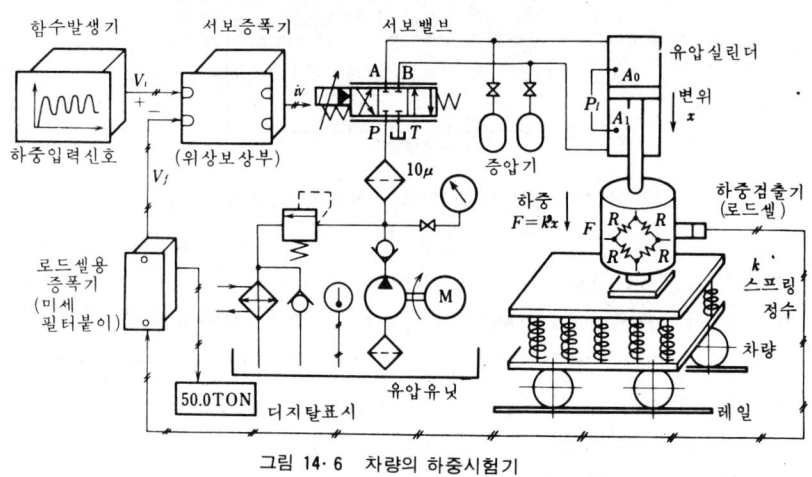

그림 14·6 차량의 하중시험기

따라서 식(14·2)에 있어서 시정수 τ_P를 어느정도 크게 취하면

$\omega > > 1\tau_P$인 주파수영역에서는 적분특성에 가까워지므로 제어계는 안정시키면서 제어정밀도를 좋게 할 수가 있다.

그림 14 · 6은 차량의 하중시험기에 응용한 구성도이다. 하중검출기에는 하중에 비례해서 전기저항이 변하는 것을 이용한 로드셀이 많이 사용되고 있다.

그러나 이와같은 아날로그검출기에서는 제어하중의 0.5~1%의 정밀도가 한계이며, 더 좋은 분해능을 가진 센서의 개발이 기대되고 있다.

14 · 3 서보밸브에 의한 펌프용량제어

이것은 가변용량 피스톤펌프의 토출량가변장치(침판 등의 각도를 바꾸는 기구)를 서보밸브를 사용한 서보기구로 구동함으로써 펌프토출량을 제어하는 방식으로서 그림 14 · 7(a)에 그 기구도를 제시한다.

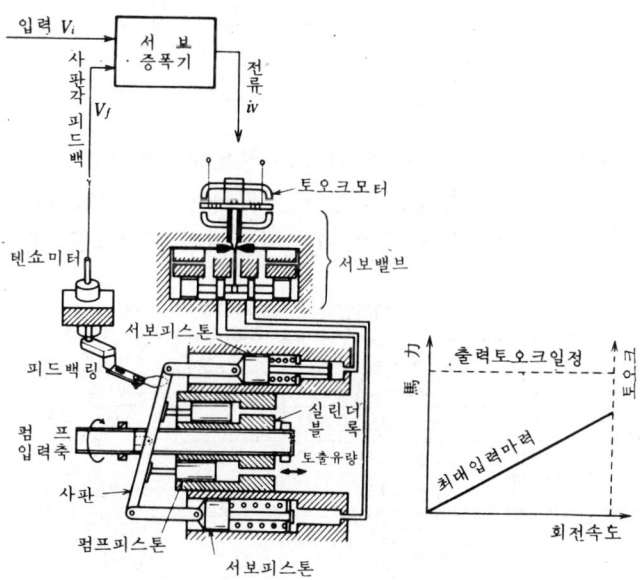

(a) 사판식 피스톤펌프의 사판각제어에 의한
    용량제어의 기구도

(b) 속도－토오크 특성

그림 14· 7 서보밸브에 의한 펌프용량제어

이 가변용량 피스톤펌프의 토출유를 유압모터에 접속하면 그림
14·7(b)와 같은 출력토오크가 일정한 속도제어가 얻어진다. 그림
14·8은 이 제어회로도이다.

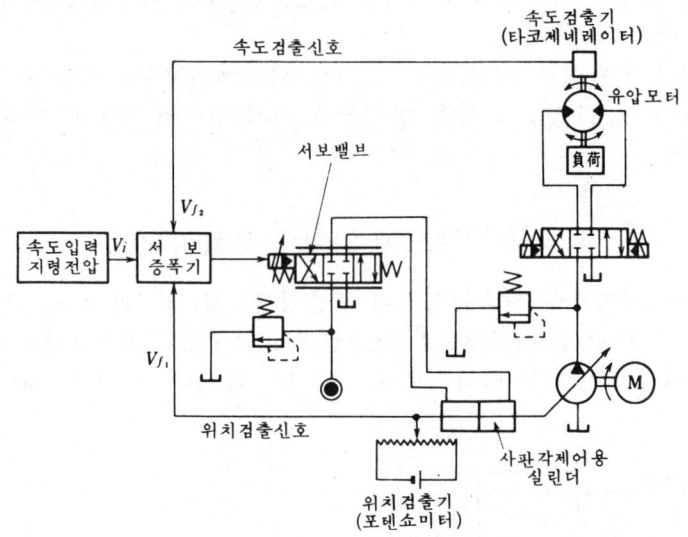

속도검출기
(타코제네레이터)

유압모터

負荷

속도검출신호

서보밸브

V_{f_2}

속도입력
지령전압 V_i 서 보
증폭기

V_{f_1}

위치검출신호

위치검출기
(포텐쇼미터)

사판각제어용
실린더

M

그림 14·8 펌프용량제어회로도

이 방식은 유량을 막아서 제어하는 밸브제어방식이 아니고 유압
발생원으로부터의 토출량을 직접 제어하는 펌프제어방식이므로 파
워효율이 우수하다. 표 14·2에 이들 양방식의 비교표를 제시한다.

표 14·2 밸브제어방식과 펌프제어방식의 비교

	펌프제어방식	밸브제어방식
제 어 파 워	>20 HP	<200 HP
응 답 성	10~20 Hz	100~200 Hz
분 해 능	<3~5%	<1%
직 선 성	<1~3%	<2%
히 스 테 리 시 스	<5%	<1~7%
에 너 지 효 율	대단히 좋다	나쁘다
작동유오염관리	보통 (NAS 등급 9~11 급)	어렵다(서보밸브 NAS 6~7 급)
제 어 대 상	속도, 방향, 위치	속도, 방향, 위치, 힘 (토오크)
가 격	비싸다	비교적 안싸다

제 **15**장

유압기기의 선정법, 사용법

유압기기를 어떻게 선정할 것인가 그리고 어떻게 사용할 것인가는 매우 어려운 문제이고 본서가 목적하는 바 궁극적인 목표이기도 하다.

유압장치의 설계에 있어서는 먼저 유압 기기의 종류, 구조 · 작동 · 성능이나 보전방법을 미리 잘 알아두지 않으면 안된다. 다음에 장치가 목적하는 작동이나 성능을 만족시키기 위한 유압회로를 정하는 전제조건으로서 수행시켜야 할 일 즉 부하가 어떤 성질의 것인가를 분명히 해두지 않으면 안된다.

15 · 1 부하의 종류와 특성

[1] 부하의 종류

부하에는 정부하(正負荷0, 부부하(負負荷), 관성, 점성, 스프링, 마찰부하 등이 있다. 정부하는 그림 15 · 1에 제시하는 바와 같이 유압실린더의 피스톤이 움직이는 역방향으로 힘이 가해지는 것을 말하며 부하의 크기가 일정한 경우와 변화하는 경우가 있다.

부(負)부하는 그림 15 · 2에 제시하는 바와 같이 피스톤이 움직이는 방향과 부하자신에 의한 힘의 방향이 같은 경우를 말하며 그

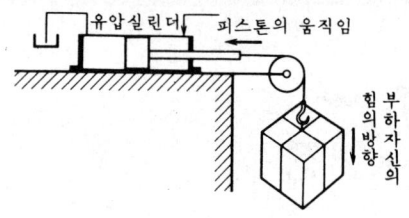

그림 15·1 정 부 하

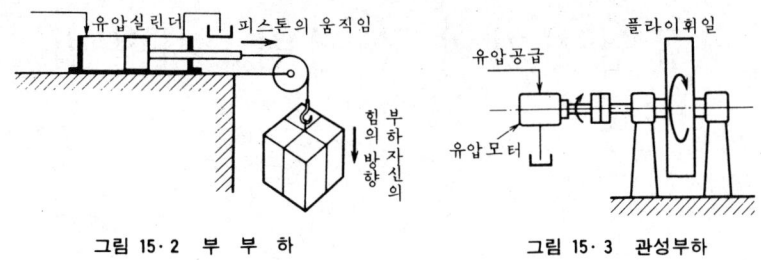

그림 15·2 부 부 하   그림 15·3 관성부하

크기는 역시 일정한 경우와 변화하는 경우가 있다.

관성부하는 「뉴우톤의 제2법칙」 즉

$$F=Ma[T=J\theta]$$

윗식을 바꾸어 쓰면

힘＝질량×가속도[토오크＝관성모멘트×각가속도]

에 의하여 정해지는 것이다. 예를 들면 그림 15·3에 있어서 플라이 휘일을 가속시키거나 감속시키면 관성부하에 의하여 정부하, 부(負) 부하가 유압모터에 가해진다.

점성(粘性)부하는 기름 속에서의 저항과 같이 부하의 속도에 비례하는 크기의 힘이 생긴다.

스프링부하는 부하의 변위에 비례하는 크기의 힘을 생기게 하는 것이며 마찰부하는 움직임의 방향에 반대이고 거의 일정한 힘이 생기는 성질을 갖고 있다.

[2] 부하의 변화, 유량압력의 변화

정마력, 정속-가변마력, 정토오크-가변마력, 사이클타임, 그 진폭 (직동 또는 회전각 변위), 그 속도, 속도의 변화(가속도) 및 이들의 최대, 최소치 등 일은 언제나 합리적으로 선정된 최단시간에 할 것이므로 이 한도에서 최대필요 마력이 정해진다.

[3] 부하가 요구하는 정밀도…정적 · 동적정밀도

밀링머신테이블의 위치결정에는 정적정밀도가 필요하며 하나의 부하를 2개의 유압실린더로 구동하는 경우에는 동작시의 속도를 동기시키지 않으면 안된다. 이와 같은 경우 정적정밀도와 동적정밀도도 고려하지 않으면 안된다.

이상 기술한 외에도 유압장치가 놓여지는 설치조건 등도 충분히 검토할 필요가 있다. 이렇게 해서 유압장치의 작동과 유압 이외의 각부의 작동과는 서로 협력하여 목적하고 있는 장치의 성능을 얻을 수 있는 것이다.

15 · 2 유압회로의 선정법

유압장치의 기본구조가 되는 것이 유압기본회로이므로 이 선정법은 매우 중요하다. 기본회로는 어디까지나 장치의 기본구조이므로 요구성능에 따라서 살붙이를 하지 않으면 안된다. 그리고 세부적인 설계에 들어가 약간이라도 무리가 생기면 다시 한번 기본회로로 돌아가 생각할 필요가 있다. 유압회로의 결정에 있어서 요구사양이 간단한 경우에는 세부적인 계산을 하기 전에 정할 수 있으나 그것이 복잡한 경우에는 세부계산이나 기기의 선정과 병행하여 고려하지 않으면 안된다.

유압회로는 각 기기를 조합한 것이므로 각 기기가 서로 간섭하는 경우도 있으므로 되도록 단순한 회로를 선정하는 것이 바람직하다.

15 · 3 유압기기의 선정법

유압기기를 선정하는데 있어서는 먼저 사용최고압력을 어느 정도로 할 것인가를 결정하지 않으면 안된다. 이 최고사용압력은 사용기기의 성능, 신뢰성, 수명, 경제성 등의 점에서 검토한다(표 15 · 4절 참조)

[1] 유압펌프의 종류

상술한 검토사항에 의하여 유압펌프의 종류를 대략적으로 결정한다(표 15 · 1).

표 15·1 유압 펌프 성능의 개략

펌프의 형식	최고 압력 [kgf/cm²]	최대토출량 [ℓ/min]	최고회전수 [rpm]	전효율 [%]	운전경비	초기경비	수 명
펌 프 의 형 식	175 (17.5)	600	5 000	양호	저·중	저·중	보통
톱 니 바 퀴 펌 프	175 (17.5)	1 000	4 000	양호	저	중	양호
회전피스톤펌프	350 (35)	2 700	7 000	우수	극 저	중·고	우수

[2] 유압액추에이터

소요 부하에 대한 요구 성능으로부터 유압액추에이터의 치수 및 필요 유량을 정한다.

[3] 유압펌프의 토출량과 구동전동기출력의 결정

유압액추에이터에 필요한 압력이나 유량이 정해지면 유압펌프의 토출량은 스스로 결정된다. 그러나 각 유압액추에이터의 작동조건에 따라서 축압기를 사용하거나 복합펌프 또는 가변용량펌프를 사용하거나 하여 유압장치 전체의 효율이나 경제성을 좋게 할 것을 고려하면서 펌프의 용량을 정하지 않으면 안된다.

[4] 기타기기류의 선정

각 사용기기의 크기는 거기에 흐르는 유량에 따라서 정한다. 메이커의 카탈로그에는 최고사용압력, 유량이 표시되어 있으므로 그것에 의해서 선정하면 된다. 밸브류의 선정에는 특히 다음의 여러 특성에 주의하여야 한다.

(1) 압력제어밸브

오버라이드특성, 최소 및 최대사용유량, 압력제어의 응답성.

(2) 유량제어밸브

압력변동이나 점도변화에 대한 보상문제, 최소 및 최대사용유량, 점핑현상, 응답성 등.

(3) 방향제어밸브

압력손실이나 전환속도, 전환시의 충격 문제 등.

[5] 배관직경의 결정

배관직경의 크기는 사용기기의 구경에 맞추어 선정하면 문제가 되지 않는다. 특히 다른 구경을 사용하는 경우에는 펌프흡입측에서 유속 1.2m/s 이하, 토출측에서 약 4.5m/s 이하로 할 것. 또 배관의 압력손실도 고려해 두지 않으면 안된다.

[6] 기름탱크 크기의 결정

기름탱크의 용량은 유압펌프 토출량의 3배이상으로 할 것을 표준으로 하고 있다. 또 유압실린더의 왕복동에 의하여 기름탱크로 복귀하는 유량에 큰 차이가 있는 경우, 기름탱크 내의 유면의 변화를 고려하여 그 용량을 정하지 않으면 안된다. 유압장치의 발생열량으로 기름탱크 방열면적이 정해지는 경우도 있다. 또 유압펌프, 전동기, 밸브류를 기름탱크 상면에 설치하는 경우에는 그 면적을 고려하여 기름탱크 상면의 치수를 결정해야 할 것이다.

15 · 4 최적압력의 결정

유압장치의 최고사용압력을 어느 정도로 하는가에 따라서 유압펌프, 유압액추에이터, 밸브류나 부속품 등이 각각 달라진다. 최고사용압력은 사용기기의 성능, 중량, 크기, 경제성, 신뢰성, 안전성, 사용자의 수급체제 점에서 검토하지 않으면 안된다. 여기에서는 일반론적인 견지에서 주요한 것만을 설명한다.

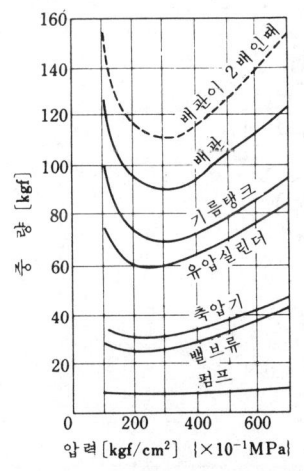

그림 15 · 4 유압장치의 압력과
중량과의 관계

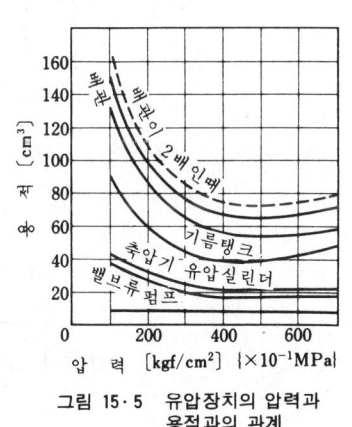

그림 15 · 5 유압장치의 압력과
용적과의 관계

* Product Engineering, May. 1956.

[1] 중 량

이것은 언뜻 생각하면 고압일수록 유리할 것으로 생각되나 200 kgf／㎠～300 kgf／㎠｛20 MPa～30 MPa｝가 최적치이다. 그림 **15·4** 에서도 명백한 바와 같이 장치의 중량은 밸브류, 유압실린더 및 기름탱크가 점하는 인자가 크다.

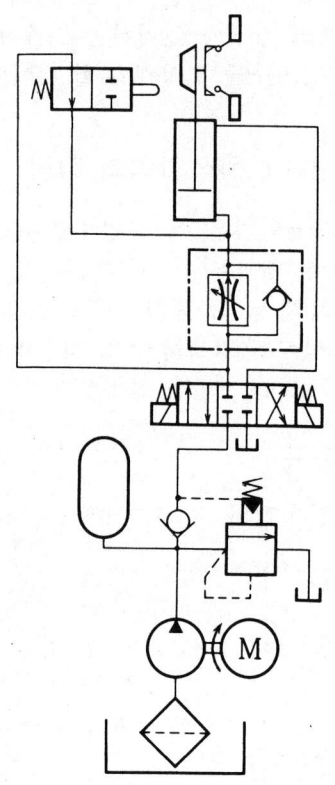

그림 15·6 일반산업용의 대표적
유압회로

[2] 크 기

일반공업용장치에서는 크기라는 것이 차량연결기 등에 비하면 그다지 중요하지 않다. 대표적인 장치에 대하여 배관류, 기름탱크, 유압실린더, 축압기, 밸브류, 펌프 등의 총용량을 압력의 함수로 하여 도시한 것이 그림 15·**5**이다. 이것에 의하여 최저압력은 450 kgf／

cm² {45MPa} 부근이라는 것을 알 수 있다.

[3] 가 격

일반산업용유압장치로서는 염가일 것이 다른 모든 요소보다도 중요시되고 있는 경우가 많다.

그림 15 · 6에 제시하는 바와 같은 산업용의 대표적인 회로에 대하여 그들을 구성하고 있는 각종 기기, 배관, 작동유를 포함한 가격 비율을 압력 70kgf / cm² {7MPa}와   420kgf / cm² {42MPa}로 비교한 것이 표 15 · 2 이다. 이 예에서는 70kgf / cm² {7MPa} 쪽이 유리하다. 또 가격은 설비비 외에도 운전경비, 고장에 의한 손실도 고려할 필요가 있다.

일반적인 가격은 기술(技術)이외의 경제적 인자에 크게 좌우되는 경우도 있으므로 개개의 경우에 대하여 면밀하게 검토하지 않으면 안된다.

그림 15 · 2 그림 15 · 6의 주요기기 가격구성비교

부 품 명	회 로 의 압 력	
	420 kgf/cm² {42 MPa}	70 kgf/cm² {7 MPa}
펌 프	22.7 %	5.6 %
밸 브 류	38.4 %	31.9 %
액 추 에 이 터	16.6 %	32.2 %
축 압 기	5.0 %	8.0 %
보 조 기 기	17.3 %	22.2 %

[4] 신뢰성에서 본 최적압력

신뢰성은 어떠한 장치를 선정하는 경우에 있어서도 제1차적으로 생각하지 않으면 안될 인자이다. 따라서 신뢰성은 모든 압력에 대하여 같다고 생각해야 될 것이다.

[5] 안 전 성

작동유는 저압영역에서는 비압축성에 가까운 성질을 갖고 있으므로 배관 등의 파열에 대하여 공기압보다는 위험하지 않으나 유압력이 140kgf / cm² {14MPa} 이상이 되면 압축성을 무시할 수 없다. 따라서 취급에 있어서는 충분한 안전대책을 고려하지 않으면 안된다. 즉 안전성에서 본다면 유압력은 낮을수록 좋다고 할 수 있다.

[6] 종 합

상술한 여러가지 고찰로부터 유압장치의 최적압력으로서 항공기인 경우에는 종래의 규격압력 210kgf / cm² {21MPa}에서 280kgf / cm² {28MPa}로 하면 장치의 중량이 2.5% 정도 가볍게 되므로 항공기 전체적으로 본다면 규격압력 변경 때에 생기는 초기가격의 상승과 신뢰도의 저하를 보상하고도 남는 이익을 얻을 수 있다는 것이다. 그러나 일반산업용 유압장치로서는 중량에 대한 중요도가 항공기의 경우와는 다르므로 최적압력도 상당히 다른 값으로 된다.

이들의 평가는 그 시대의 기술수준, 공업수준에도 영향을 받으므로 유압장치는 사용압력이 높을수록 좋다고는 간단하게 정할 수 없다.

15 · 5 유압기기의 사용법

유압회로를 정확하게 설계하고 또한 그 장치의 작업능률을 보다 좋게 하기 위해서는 각 기기의 구조, 기능과 더불어 그 사용법을 숙지하고 기본회로를 마스터하는 것에 의하여 비로소 얻을 수 있다. 여기에서는 같은 기기를 사용한 그림 15 · 7에 제시하는 바와 같은

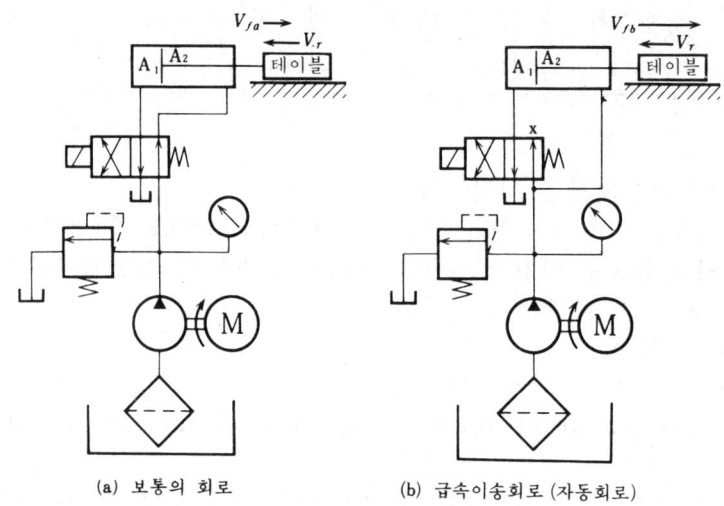

(a) 보통의 회로   (b) 급속이송회로 (자동회로)

그림 15 · 7 인장실린더의 유압회로

두 가지 유압회로에 대하여 기계가 움직이기 시작하여 원래의 상태로 돌아갈 때까지의 사이클시간을 비교하여 기기의 사용법에 따라서 운전능률에 어떤 영향을 끼치는가를 예제에 따라 구체적으로 검토하여 본다.

[예 제]

그림 15·7에 제시하는 것과 같은 인장 실린더를 작동시키고 있는 두가지 유압회로에 대하여 다음과 같은 사양을 만족시키는 사이클 시간을 구하라.

사 양

전 행 정 $l = 1000$mm

가동중인 시간(복귀시간) $t_r = 35$s

피스톤의 복귀시의 인장력 $F_r = 5000$kgf

습동테이블의 무게 $W = 450$kgf

테이블을 인장하는 때에 생기는 $F_f = 200$kgf(테이블시동시의 마찰 계

마찰기타의 저항력의 합계 수를 0.3으로 가정한다.)

움직이기 시작하여 $l_1 = 400$mm에 달할 때의 속도를 v_r로 한다.

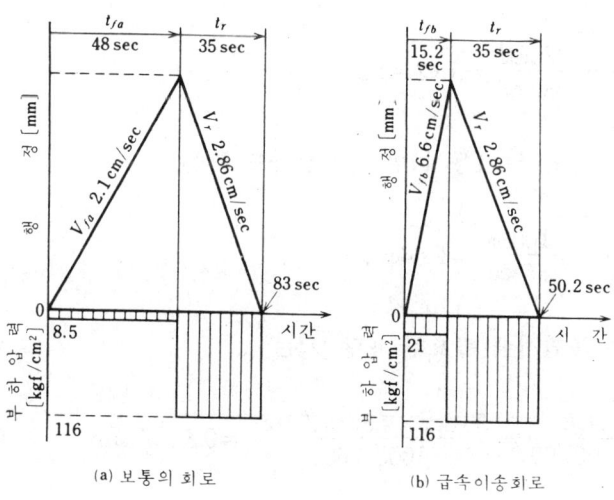

그림 15·8 2개의 유압회로의 사이클 시간도

[1] 유압실린더와 유압펌프의 크기

유압실린더의 구동압력 P_s=100kgf / ㎠로 정한다. 피스톤의 로드측 수압면적 A_2는

$$A_2 = \frac{F_r}{P_s} = \frac{5000\text{kgf}}{100\text{kgf} / \text{cm}^2} = 50\text{cm}^2 \qquad (15 \cdot 1)$$

JIS에 의한 유압 실린더의 규격치수는 피스톤의 수압면적 A_1과 로드의 수압면적비를 3:1로 하면 표 4 · 18로부터

피스톤 직경 D=100mm
로드 직경 d=56mm

따라서 피스톤의 수압면적 A_1은

$$A_1 = \frac{\pi}{4} D^2 = 78.5\text{cm}^2$$

피스톤로드측의 수압면적 A_2는

$$A_2 = A_1 - \frac{\pi d^2}{4} = 78.5\text{cm}^2 - 24.7\text{cm}^2 = 53.8\text{cm}^2$$

수압면적비 φ는

$$\varphi = \frac{A_1}{A_2} = \frac{78.5\text{cm}^2}{53.8\text{cm}^2} = 1.47 \fallingdotseq 1.5$$

피스톤 복귀시(가동시)의 피스톤속도 V_r는

$$V_r = \frac{l}{t_r} = \frac{100\text{cm}}{35\text{sec}} = 2.86\text{cm} / \text{s} \qquad (15 \cdot 2)$$

피스톤 복귀시에 필요한 유량 Q_v는

$$Q_v = \frac{A_2 V_r}{1000 / 60} = \frac{53.8\text{cm}^2 \times 2.86\text{cm} / \text{sec}}{1000 / 60} = 9.2 \, l / \text{min} \qquad (15 \cdot 3)$$

이상의 데이터로부터 시판품의 유압펌프로는 펌프회전수 1450rpm (50Hz 유도전동기직결), 토출량 9.8 l / min, 최대사용압력 140kgf /

cm² {14MPa}의 것을 사용하면 된다.

[2] 등가부하압력

피스톤 복귀시의 인장력 F_r이 가동행정 사이에 5000kgf의 일정한 힘을 발생시키는 경우 실린더내에 생기는 등가부하압력 P_0는

$$P_0=\frac{F_r}{A_2}=\frac{5000\text{kgf}}{53.8\text{cm}^2}=93.5\text{kgf}/\text{cm}^2\{9.35\text{MPa}\} \qquad (15\cdot4)$$

피스톤이 움직이기 시작하여 속도 V_r=2.86cm/sec로 가속되기까지의 변위량은 요구에 따라 l_1=40mm이므로 가속도가 가해지고 있는 시간 t_r는

$$t_r=\frac{l_1 t_r}{l}=\frac{40\text{mm}\times35\text{sec}}{1000\text{mm}}=1.4\text{sec}$$

복귀시의 가속도 $\ddot{x}$는

$$\ddot{x}=\frac{V_r}{t_r}=\frac{2.86\text{cm}/\text{s}}{1.4\text{sec}}=2.05\text{cm}/\text{s}^2$$

가속에 필요한 힘 $F_{\ddot{x}}$는

$$F_{\ddot{x}}=\ddot{x}\times\frac{W}{g}=\frac{2.05\text{cm}/\text{s}^2\times450\text{kgf}}{980\text{cm}/\text{s}^2}=0.94\text{kgf}$$

가속에 의한 등가부하압력 $P_{\ddot{x}}$는

$$P_{\ddot{x}}=\frac{F_{\ddot{x}}}{A_2}=\frac{0.94\text{kgf}}{53.8\text{cm}^2}=0.018\text{kgf}/\text{cm}^2\{0.0018\text{MPa}\} \qquad (15\cdot5)$$

따라서 가속에 필요한 힘은 무시할 수 있을 만큼 작다.

마찰저항 F_f에 의한 등가부하압력 P_f

$$P_f=\frac{F_f}{A_2}=\frac{200\text{kgf}}{53.8\text{cm}^2}=3.7\text{kgf}/\text{cm}^2\{0.37\text{MPa}\} \qquad (15\cdot6)$$

작동유의 점성저항에 의한 피스톤의 등가부하압력 P_{VD}를 평균 5kgf / cm² {0.5MPa}라고 가정하면 로드축에 걸리는 부하압력은

$P_{VD}\varphi = 5kgf / cm² \times 1.5 = 7.5kgf / cm²$ {0.75MPa}

따라서 유압실린더에 걸리는 등가부하압력 P_t는

$$P_t = (P_0 + P_{\ddot{x}} + P_f + P_{VD}\varphi) \frac{1}{\eta_c}$$

$$= (93.5 + 0.018 + 3.7 + 7.5) \frac{1}{0.9} = 116kgf / cm² \{11.6MPa\} \quad (15 \cdot 7)$$

여기에서 η_c는 유압실린더의 작동효율로서 0.9로 가정한다. 또 유압펌프로부터의 토출압력은 배관, 이음이나 밸브류 등의 저항에 의하여 압력손실을 발생시킨다.

그 효율을 $\eta_p = 0.95$로 가정하면 소요 펌프의 토출압력은

$$\frac{P_t}{y_P} = \frac{116}{0.95} = 122kgf / cm² \{12.2MPa\} \quad (15 \cdot 8)$$

[3] 사이클시간의 비교

보통의 회로

그림 15 · 7(a)에 제시하는 보통의 회로에 있어서 전진시의 피스톤속도를 V_{fa}라 하면

$$V_{fa} = \frac{펌프토출량}{피스톤수압면적} = \frac{9.8 \times 1000cm³ / s}{78.5cm² \times 60} = 2.1 cm / s \quad (15 \cdot 9)$$

전 행정 전진시키는데 요하는 시간 t_{fa}는

$$t_{fa} = \frac{l}{V_{fa}} = \frac{100cm}{2.1cm/sec} = 48sec \quad (15 \cdot 10)$$

전 행정을 복귀하는데 소요되는 시간 t_r는 $t_r = 35s$이므로 1사이클에 소요되는 시간 T_a는

$$T_a = t_{fa} + t_r = 48s + 35s = 83s \quad (15 \cdot 11)$$

급속이송회로(차동회로)

그림 15 · 7(b)에 제시하는 급속이송회로에 있어서 전진시의 피스톤속도를 V_{fb}라 하면

$$V_{fb}=\frac{\text{펌프토출량}}{\text{피스톤로드면적}}=\frac{9.8\times1000\text{cm}^3\text{ / s}}{24.7\text{cm}^2\times60}=6.6\text{cm/s} \qquad (15 \cdot 12)$$

전행정을 전진하는데 소요되는 시간 t_{fb}는

$$t_{fb}=\frac{l}{V_{fb}}=\frac{100\text{cm}}{6.6\text{cm / s}}=15.2\text{ s} \qquad (15 \cdot 13)$$

전행정을 복귀하는데 소요되는 시간 $t_r=35$ s이므로 1 사이클에 소요되는 시간T_b는

$$T_b=t_{fb}+t_r=15.2\text{ s}+35\text{ s}=50.2\text{ s} \qquad (15 \cdot 14)$$

그러므로 급속이송회로는 보통회로보다 사이클시간이 약 40% 빠르다.

제 *16*장

신뢰성과 수명

16·1 신 뢰 성

유압기기를 자동화장치에 사용하려면 우선 이들 제품의 신뢰성을 정량적으로 검토할 필요가 있다. 신뢰성은 「기기 또는 시스템이 소정의 환경하에서 소정의 목적에 사용될때 소정의 시간내에 고장 나지 않고 임무를 달성하는 **확률**」로서 수량적으로 정의되며, 이를 신뢰도라고 호칭하고 있다. 즉 신뢰도는 고장의 반대말이다. 신뢰도

표 16·1 동작신뢰도의 분류

동작신뢰도 R_1	
사용신뢰도 R_2	기기고유신뢰도 R_3
1 操作 및 保守人員의 能力 2 操作 및 保守手順 3 操作의 適合性 4 保守의 效果 5 裝備環境條件 6 保存中의 劣化 7 輸送 및 취급의 影響	1 回路의 選擇과 適用 2 部品의 適用 3 構成部의 동작의 파라미터 4 機械的構造 5 製造技術 6 技 量

를 다시 더 분류해 보면 표 16 · 1과 같다.

제조자의 목표는 기기고유의 신뢰도를 갖는 제품을 만드는 것이고 사용자는 사용신뢰도를 향상시키는 노력이 필요하다.

16 · 2 고 장

고장은 신뢰성과 상대적인 관계에 있는 시간의 함수이므로 고장이 시간경과에 대해서 어떻게 발생하는가의 확률적 성질을 조사하는 일이 중요하다.

일반적으로 제품의 고장을 그림 16 · 1과 같이 제조직후, 사용초기에는 조정불량이나 검사누락 등으로 발생하기 쉽다. 이를 초기고장이라고 한다. 이 기간은 비교적 짧으며 동작시간이 경과함에 따라 고장률이 차차 감소하고, 상당히 긴 기간 설계 또는 공작상의 결함이 우연히 나타나는 등의 우발적인 원인에 기인하는 것만이 되는데, 적정한 정비, 점검, 예방, 보수 등에 의해 이 단계에 있어서의 고장률은 거의 일정한 값이 된다. 다시 동작시간이 증가하면 마모, 부식 또는 피로에 의한 고장이 생기게 되고 사용말기가 되면 각부의 수명이 다 되어 고장이 증가한다.

기기의 신뢰성은 정상동작시간을 수리할 수 있는 기기의 총고장으로 나눈 것으로 총동작시간의 총고장수에 대한 비율로 표시하며,

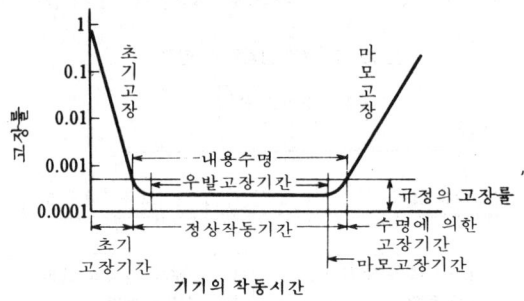

그림 16 · 1 기기의 동작시간과 고장률의 관계

이를 MTBF(고장간평균시간:Mean Time Between Failures)라고
하고 있다. MTBF는 시험되는 기기의 수 N과 시험시간 t와의 곱을

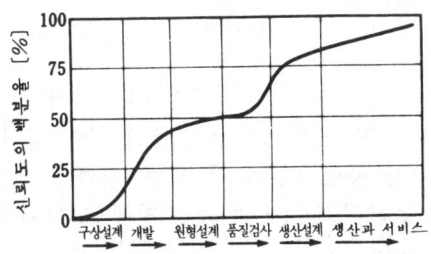

그림 16·2 제품의 각 단계에 의한 신뢰도의 백분율

표 16 · 2 유압기기류의 고장률

부 품 명	고 장 회 수/10^6 시 간		
	상 한	평 균	하 한
축 압 기 (차량)	14.949	13.739	12.638
유 압 펌 프	0.204	0.178	0.155
가 변 펌 프	0.248	0.200	0.162
유 압 제 어 밸 브	8.452	7.302	6.320
릴 리 프 밸 브	1.943	1.586	1.298
솔 레 노 이 드 밸 브	1.812	1.640	1.486
서 보 밸 브	0.233	0.183	0.144
체 크 밸 브	3.704	3.180	2.735
유 압 실 린 더	0.880	0.290	0.057
기 름 탱 크	6.449	4.058	2.510
필 터	3.507	2.997	2.566
개 스 킷 "O" 링	0.304	0.530	0.304
압 력 호 스	0.305	0.240	0.189
이 음 매	9.028	5.341	3.067
압 력 계	3.378	1.998	1.147
교 류 전 동 기	1.723	1.235	0.883
볼 베 어 링 (설 비 용)	19.410	13.975	10.356
스 프 링	0.000	0.000	0.000

출전 : Reliability Analysis Center, DOD Information
Analysis Center, Summer 1981 년.

그 시간중에 일어난 고장의 수 f로 나눈 것으로 결정하고 있다.
즉

$$\text{MTBF} = \frac{Nt}{f} = \frac{1}{\text{기기고장률}}$$

그림 16·2는 제품의 구상설계로부터 대량생산에 이르기까지의 각 단계에 있어서의 신뢰도의 정도를 표시한 그림이며 제품은 개량에 의해 신뢰도를 향상시킬 수가 있는 일례를 제시한 것이다.

표 16·2에 동작신뢰도에 대한 고장률(고장회수 / 전작동시간)의 일례를 들어 둔다.

16·3 수 명

수명이란 「성능을 발휘할 수 없을 때까지의 동작시간」을 말하며 그 산술평균치를 평균수명이라고 하고 있다. 즉 평균수명은 고장률의 역수이다. 숫자로 신뢰도의 「좋은 정도」를 표시하는 데는 평균수명을 사용하는 것이 대단히 효과적이다. 수명은 긴 것만이 좋은 것이 아니고 적절한 수명이라는 생각이 중요하다. 그리고 또 장치에 있어서는 수명의 밸런스문제를 고려하여야 한다.

제품자체의 수명을 어느정도 유지시켜야 되는가, 또한 이들 보수를 어느정도 필요로 하는가, 초기의 설비투자에 중점을 주는 것이 좋은가, 부품을 염가의 것을 채용하고 빨리 교환하는 것이 좋은가와 같은 사용기간까지 고려한 총합적인 수명의 밸런스에 대한 검토가 필요할 것이다.

예를들면 전동기구동 펌프와 유압실린더를 조합한 유압장치에 있어서 펌프의 고장때문에 장치전체를 사용할 수 없게 되는 바와 같은 시스템으로서의 신뢰성을 생각할 때 수명의 밸런스에 대해서는 특히 면밀히 고찰하여 설계하지 않으면 안된다. 이들 수명에 관한 문제는 종래에는 경험에 의존하고 있었지만 최근에는 신뢰성, 기술에 의해 수명특성이 양적으로 규명되어가고 있다. 앞으로는 이들 자료를 바탕으로 수명을 수치적으로 적용한 설계가 필요하다.

일본에서는 유압기기제조업의 기반강화책의 일환으로서 기기수명의 달성목표를 표 16 · 3과 같이 제시하고 있다.

표 16 · 3 유압기기의 수명

(통산성고시 제642호, 1978년 12월 21일)

종 류		수 명	단위	비 고
유압펌프·유압모터	기 어 형	8 000 이상	h	정격출력 및 정격회전수
	베 인 형	8 000 이상	〃	〃
	가변베인형	6 000 이상	〃	〃
	피 스 톤 형	10 000 이상	〃	〃
실린더	내경 125 mm 미만	2 000 이상	km	피스톤속도 500 mm/s 일때의 연습 동거리
	내경 125 mm 이상~250 mm 미만	1 500 이상	km	피스톤속도 300 mm/s 일때의 연습 동거리
제 어 밸 브		400 만이상	회	전환회수
축압기	브 래 더 형	100 만이상	회	〃 〃
	피 스 톤 형	200 km 습동후 1시간후의 가스누설량이 내경 [mm]×0.1 ㎖의 값이하	㎖/h	피스톤 속도 500 mm/s

16 · 4 신뢰도의 적정치

제품의 신뢰도가 100%라고 하는 것은 실제문제로서 있을 수 없

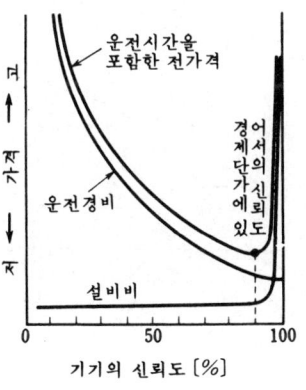

그림 16· 3 신뢰도의 적정치

으나 그에 가까운 값이 바람직하다. 제품의 신뢰도를 어느 값보다 높게 하려면 상당한 어려움이 수반되며 제품가격을 증대시킨다. 한 편 운전경비는 경감한다.

그림 16 · 3은 신뢰도를 변수로 하여 설비비와 운전경비의 특성을 표시한 것으로서, 어느 신뢰도에 총합경비의 최소치가 있는 것을 제시하고 있다.

이것들은 사용자측에서 충분히 고려하여야 할 문제지만 메이커 측에서도 설계단계부터 이러한 생각을 하고 총합적 이익을 고려한 제품을 공급할 수 있도록 바라는바 크다.

부　록

부록 1. SI 단위의 환산율표

(□ : SI 단위)

힘	N	kgf	dyn
	1	$1.019\ 72\times10^{-1}$	1×10^{5}
	1×10^{-5}	$1.019\ 72\times10^{-6}$	1
	$9.806\ 65$	1	$9.806\ 65\times10^{5}$

점도	Pa·s	cP	P
	1	1×10^{3}	1×10
	1×10^{-3}	1	1×10^{-2}
	1×10^{-1}	1×10^{2}	1

(주) $1P=1dyn\cdot s/cm^{2}=1g/cm\cdot s$
$1cP=1mPa\cdot s$

압력	Pa	MPa	kgf/cm²	bar	atm	mmH₂O	mmHg또는 Torr
	1	1×10^{-6}	$1.019\ 72\times10^{-5}$	1×10^{-5}	$9.869\ 23\times10^{-6}$	$1.019\ 72\times10^{-1}$	$7.500\ 62\times10^{-3}$
	1×10^{6}	1×10^{-1}	$1.019\ 72$	1	$9.869\ 23\times10^{-1}$	$1.019\ 72\times10^{4}$	$7.500\ 62\times10^{2}$
	$9.806\ 65\times10^{4}$	$9.806\ 65\times10^{-2}$	1	$9.806\ 65\times10^{-1}$	$9.678\ 41\times10^{-2}$	1×10^{4}	$7.355\ 59\times10^{2}$
	$1.013\ 25\times10^{5}$	$1.013\ 25\times10^{-1}$	$1.033\ 23$	$1.013\ 25$	1	$1.033\ 23\times10^{4}$	$7.600\ 00\times10^{2}$
	$9.806\ 65$	$9.806\ 65\times10^{-6}$	1×10^{-4}	$9.806\ 65\times10^{-5}$	$9.678\ 41\times10^{-5}$	1	$7.355\ 59\times10^{-2}$
	$1.333\ 22\times10^{2}$	$1.333\ 22\times10^{-4}$	$1.359\ 51\times10^{-3}$	$1.333\ 22\times10^{-3}$	$1.315\ 79\times10^{-3}$	$1.359\ 51\times10$	1

(주) $1Pa=1N/m^{2}$

응력	Pa	MPa 또는 N/mm²	kgf/mm²	kgf/cm²
	1	1×10^{-6}	$1.019\ 72\times10^{-7}$	$1.019\ 72\times10^{-5}$
	1×10^{6}	1	$1.019\ 72\times10^{-1}$	$1.019\ 72\times10$
	$9.806\ 65\times10^{6}$	$9.806\ 65$	1	1×10^{2}
	$9.806\ 65\times10^{4}$	$9.806\ 65\times10^{-2}$	1×10^{-2}	1

동점도	m²/s	cSt	St
	1	1×10^{6}	1×10^{4}
	1×10^{-6}	1	1×10^{-2}
	1×10^{-4}	1×10^{2}	1

(주) $1St=1cm^{2}/s$

일·에너지·열량	J	kgf·m	kW·h	kcal
	1	$1.019\ 72\times10^{-1}$	$2.777\ 78\times10^{-7}$	$2.388\ 89\times10^{-4}$
	$3.600\ \times10^{6}$	$3.670\ 98\times10^{5}$	1	$8.600\ 0\times10^{2}$
	$9.806\ 65$	1	$2.724\ 07\times10^{-6}$	$2.342\ 70\times10^{-3}$
	$4.186\ 05\times10^{3}$	$4.268\ 58\times10^{2}$	$1.162\ 79\times10^{-3}$	1

(주) $1J=1W\cdot s$, $1W\cdot h=3,600W\cdot s$
$1cal=4.18605J$(온도를 지정하지 않을 때)

일률(공률)·동력	kW	kgf·m/s	PS	kcal/h
	1	$1.019\ 72\times10^{2}$	$1.359\ 62$	$8.600\ 0\times10^{2}$
	$9.806\ 65\times10^{-3}$	1	$1.333\ 33\times10^{-2}$	$8.433\ 71$
	$7.355\ \times10^{-1}$	$7.5\ \times10$	1	$6.325\ 29\times10^{2}$
	$1.162\ 79\times10^{-3}$	$1.185\ 72\times10^{-1}$	$1.580\ 95\times10^{-3}$	1

(주) $1W=1J/s$
$1PS=0.7355kW$

열전도율	W/(m·K)	kcal/(h·m·℃)
	1	$8.600\ 0\times10^{-1}$
	$1.162\ 79$	1

(주) $1cal=4.18605J$

열전달계수	W/(m²·K)	kcal/(h·m²·℃)
	1	$8.600\ 0\times10^{-1}$
	$1.162\ 79$	1

(주) $1cal=4.18605J$

비열	J/(kg·K)	kcal/(kg·℃) cal/(g·℃)
	1	$2.388\ 89\times10^{-4}$
	$4.186\ 05\times10^{3}$	1

부록 2. SI 단위 및 병용해도 좋은 단위

분야	명 칭	문자기호	차 원	명 칭	단위기호	병용해도 좋은단위	비 고
공 간	길 이	l, L	L	미 터	m	mm, μm	
	나 비, 높 이	b, h					
	두 께, 거 리	d, δ, t, s					
	반 경, 직 경	r, R, d, D					
	평 면 각	$\alpha, \beta, \gamma, \theta, \varphi$		라 디 안	rad	°, ′, ″	
	입 체 각	Ω		스테라디안	sr		
	면 적	A, S	L²	제곱미터	m²	cm², mm²	
	체 적	V	L³	세제곱미터	m³	$l (= 10^{-3} \text{m}^3)$	
시 간	시 간	t	T	초	s	min, h	a : 음속, c : 광속
	속 도	u, v, w, c	LT⁻¹	미터매초	m/s	km/h	$g = 9.80665 \text{m/s}^2$
	각 속 도	ω	T⁻¹	라디안매초	rad/s		
	가 속 도	a	LT⁻²	미 터 매제곱초	m/s²	cm/s²	
	중력가속도	g	〃	〃	〃	〃	
주 기 현 상	회전속도, 회전수	n	T⁻¹	회 매 초	S⁻¹	rps, rpm	
	주파수, 진동수	f	T⁻¹	헤 르 츠	Hz	c/s	1Hz = 1c/s
	주 기	T	T	초	s		각주파수 $\omega = 2\pi f$
	시 정 수	τ	T	초	s		
	파 장	λ	L	미 터	m	Å	파수 $\sigma = \dfrac{1}{\lambda}$
	감 쇠 계 수	ζ	MT⁻¹	뉴 턴 매 미 터	NS/m		임피던스와 동일
역 학	질 량	m	M	킬로그램	kg	g, t	
	힘	F	MLT⁻²	뉴 턴	N	dyn, kgf	1N = 1kgf·m/s²
	중 량	G, W	〃	〃	〃		비중량(ρg)은 사용안함.
	밀도, 질량밀도	ρ	ML⁻³	킬로그램매 세제곱미터	kg/m³	g/m³, g/l	
	비 체 적	v	L³M⁻¹	세제곱미터 매킬로그램	m³/kg	g/m³, g/l	비용적은 사용안함.
	운 동 량	P	MLT⁻¹	킬로그램 미터매초	kg·m/s		$P = mv$
	관 성 모 멘 트	I, J	ML²	킬로그램 제곱미터	kg·m²		
	힘의모멘트	M	ML²T⁻²	뉴턴미터	Nm	kgf·m	
	마 찰 계 수	μ					
	압 력	p, P	ML⁻¹T⁻²	파 스 칼	Pa	MPa, bar	1bar = 10⁵ Pa
	응 력	σ, τ	〃	〃	〃	N/mm²	1Pa = 1N/m²
	체적팽창계수	K	〃	〃	〃		
	압 축 률	β	M⁻¹LT²	제곱미터 매 뉴 턴	m²/N		$\beta = \dfrac{1}{K}$

양				SI 단위		병용해도	비 고
분야	명 칭	문자기호	차 원	명 칭	단위기호	좋은단위	
역	토 오 크	T	ML^2T^{-2}	뉴턴미터	N·m	kgf·m	우력
	점 도	μ	$ML^{-1}T^{-1}$	파스칼초	Pa·s N·s/m²	P	$1cP = 1mPa·s$
	동 점 도	ν	L^2T^{-1}	세곱미터 매 초	m²/s	St	$1cSt = 1mm²/s$
	표 면 장 력	σ	MT^{-2}	뉴턴매미터	N/m		전력분야에는 kWh
	일·전 력 량	W	ML^2T^{-2}	줄	J	kWh	사용.
	에 너 지	E	ML^2T^{-2}	와 트 초	J, W·s	W·h, erg	$1J = 1N·m = 1W·s$
	일률·동 력	P	ML^2T^{-3}	와 트	W	kgf·m/s PS, hp	
	질 량 유 량	q_m	MT^{-1}	킬로그램 매 초	kg/s		
학	체 적 유 량	q_v	L^3T^{-1}	세 제 곱 미터매초	m³/s	l/s	
	열 · 열 량	Q	ML^2T^{-2}	줄	J	cal	
	유 속	u, w	LT^{-1}	미터매초	m/s		
	레 이 놀 즈 수	R_e					
	마 하 수	M					$M = \dfrac{유속}{음속}$
	효 율	η					%로 표시.
열	열역학적온도	T	θ	켈 빈	K	°R	
	우 도	t	〃	섭씨도, 도	℃	°F	
	선 팽 창 계 수	a_l	θ^{-1}	매켈빈, 매 도	K⁻·C⁻¹		
	체적팽창계수	a_v	〃	〃	〃		
	열 · 열 량	Q	ML^2T^{-2}	줄	J	cal	$1cal = 4.18605J$
	비 열	c	$L^2T^{-2}\theta^{-1}$	줄매킬로 그램켈빈	J/(kg·K)		
	열 전 도 율	λ	$MLT^{-3}\theta^{-1}$	와트매미터 켈 빈	W/(m·K)		
	열 전 달 계 수	h	$MT^{-3}\theta^{-1}$	와트매제곱 미터켈빈	W/(m·K)	(m²·K)	
	열 용 량	C	$ML^2T^{-2}\theta$	줄매켈빈	J/K		
	열 저 항	R	$M^{-1}T^3\theta$	제곱 미터 켈빈매와트	m²K/W		
전 기 및 자 기	전 류	I	A	암 페 어	A		
	전 하 량	Q	AT	쿨 롬, 암페어시	C, A·h		
	전 압·기전력	U, E	$ML^2T^{-3}A^{-1}$	볼 트	V		$1V = W/A$
	전 기 저 항	R	$ML^2T^{-3}A^{-2}$	옴	Ω		$1\Omega = V/A$
	인 덕 턴 스	Λ	$ML^2T^{-2}A^{-2}$	헨 리	H		$1H = V·S/A$
	임 피 던 스		$M^{-1}L^2T^4A^2$	패 럿	F		$1F = C/V$

한 국 공 업 규 격   **KS**

유압·공기압 도면 기호   **B 0054** - 1987

Graphic Symbols for Fluid Power Systems

1. **적용 범위** 이 규격은 유압 및 공기압 기기 또는 장치의 기능을 표시하기 위한 도면기호(이하 기호라 칭한다)에 대하여 규정한다.

　비 고 이 규격은 배관공사 등의 도면에 사용하는 기호에 대하여는 규정하지 않는다.

2. **용어의 뜻** 이 규격에서 사용되는 주된 용어의 뜻은 **KS B 0119**(유압 용어) 및 **KS B 0120**(공기압 용어)에 따르는 외에, 다음에 따른다.

(1) **기호 요소** 기기, 장치, 유로 등의 종류를 기호로 표시할 때 사용하는 기본적인 선 또는 도형.

(2) **기능 요소** 기기·장치의 특성, 작동 등을 기호로 표시할 때 사용하는 기본적인 선 또는 도형.

(3) **간략 기호** 제도의 간략화를 시도하기 위하여, 기호의 일부를 생략하든가 또는 다른 간단한 기호로 대체시키는 경우에 사용하는 기호.

(4) **일반 기호** 기기·장치의 상세한 기능·형식 등을 명시할 필요가 없는 경우에 사용하는 대표적인 기호.

(5) **상세 기호** 기호를 간략화 또는 일반화시키지 않고, 기능을 상세히 명시하는 경우에 사용되는 기호. 보통, 간략기호 또는 일반기호에 대비하여 사용한다.

(6) **선택 조작** 2개 이상의 조작방식 중 어느 하나에 의하여 조작하는 방식

(7) **순차 조작** 2개 이상의 조작방식을 사용하여 조작하는 방식

(8) **2단 파일럿조작** 2개의 파일럿 조작에 의한 순차조작

(9) **1차 조작** 순차조작에 따라 기기를 조작할 경우의 최초의 조작. 보통, 1차조작 수단은 인력, 기계 또는 전기 방식으로 조작한다.

(10) **내부 파일럿** 파일럿 조작용 유체를 조작하는 기기의 내부로부터 공급하는 방식

(11) **외부 파일럿** 파일럿 조작용 유체를 조작하는 기기의 외부로부터 공급하는 방식

(12) **내부 드레인** 드레인 유로를 기기 내부에 있는 귀환유로에 접속시켜 드레인이 귀환유체에 합류되는 방식

(13) **외부 드레인** 드레인이 단독으로 기기의 드레인 포트로부터 밖으로 빼내지는 방식.

(14) **단동 솔레노이드** 코일을 여자시킬 때, 1방향만으로 작동하는 전자액추에이터

(15) **복동 솔레노이드** 코일의 여자방법을 변경시킴으로써, 작동방향을 변화시키는 여자액추에이터

(16) **가변식 전자 액추에이터** 입력 전기신호의 변화에 따라, 출력 또는 변위량이 변화하는 전자 액추에이터

(17) **가변 행정 제한기구** 밸브의 개도 또는 교축정도 등을 변화시키기 위하여, 스풀의 이동량을 규제하는 조정기구

3. **기본 사항** 유압·공기압 기호의 표시방법과 해석의 기본사항은 다음에 따른다.

(1) 기호는, 기능, 조작방법 및 외부 접속구를 표시한다.

(2) 기호는, 기기의 실제 구조를 나타내는 것은 아니다.

(3) 복잡한 기능을 나타내는 기호는 원칙적으로 표1의 기호요소와 표2의 기능요소를 조합하여 구성한다. 단, 이들 요소로 표시되지 않는 기능에 대하여는 특별한 기호(표3∼19 중에서 ※표를 붙인 기호)를 그 용도에 한정시켜 사용하여도 좋다.

관련 규격 : **KS B 0001**　기계제도

　　　　　　KS B 0119　유압 용어

　　　　　　KS B 0120　공기압 용어

(4) 기호는 원칙적으로 통상의 운휴상태 또는 기능적인 중립상태를 나타낸다. 단, 회로도 속에서는 예외도 인정된다.

(5) 기호는 해당기기의 외부포트의 존재를 표시하나, 그 실제 위치를 나타낼 필요는 없다.

(6) 포트는 관로와 기호요소의 접점으로 나타낸다.

(7) 포위선 기호를 사용하고 있는 기기의 외부포트는 관로와 포위선의 접점으로 나타낸다.

(8) 복잡한 기호의 경우, 기능상 사용되는 접속구만을 나타내면 된다. 단, 식별하기 위한 목적으로 기기에 표시하는 기호는 모든 접속구를 나타내야 한다.

(9) 기호 속의 문자(숫자는 제외)는 기호의 일부분이다.

(10) 기호의 표시법은 한정되어 있는 것을 제외하고는, 어떠한 방향이라도 좋으나, 90°방향마다 쓰는 것이 바람직하다.

　　또한, 표시방법에 따라 기호의 의미가 달라지는 것은 아니다.

(11) 기호는, 압력, 유량 등의 수치 또는 기기의 설정값을 표시하는 것은 아니다.

(12) 간략기호는 그 규격에 표시되어 있는 것 및 그 규격의 규정에 따라 고안해 낼 수 있는 것에 한하여 사용하여도 좋다.

(13) 2개 이상의 기호가 1개의 유닛에 포함되어 있는 경우에는, 특정한 것을 제외하고, 전체를 1점쇄선의 포위선 기호로 둘러싼다. 단, 단일기능의 간략기호에는 통상, 포위선을 필요로 하지 않는다.

(14) 회로도 중에서, 동일 형식의 기기가 수개소에 사용되는 경우에는, 제도를 간략화하기 위하여, 각 기기를 간단한 기호요소로 대표시킬 수가 있다. 단, 기호요소 중에는 적당한 부호를 기입하고, 회로도 속에 부품란과 그 기기의 완전한 기호를 나타내는 거호표를 별도로 붙여서 대조할 수 있게 한다.

*

4. 기호의 구성요소

4.1 기호 요소　기호를 구성하는 기본적 요소는 표 1에 따른다.

표 1　기호 요소

번 호	명 칭	기 호	용 도	비 고
1-1	선			
1-1.1	실 선	————	(1) 주 관 로 (2) 파일럿 밸브에의 공급관로 (3) 전기신호선	• 귀환관로를 포함 • 2-3.1을 부기하여 관로와의 구별을 명확히 한다.
1-1.2	파 선	─ ─ ─ ─	(1) 파일럿 조작관로 (2) 드레인 관로 (3) 필 터 (4) 밸브의 과도위치	• 내부 파일럿 • 외부 파일럿
1-1.3	1점쇄선	─ · ─ · ─	포 위 선	• 2개 이상의 기능을 갖는 유닛을 나타내는 포위선
1-1.4	복 선		기계적 결합	• 회전축, 레버, 피스톤로드 등

265

표 1 (계 속)

번 호	명 칭	기 호	용 도	비 고
1-2	원			
1-2.1	대 원		에너지 변화기기	• 펌프, 압축기, 전동기 등
1-2.2	중 간 원		(1) 계 수 기 (2) 회선 이음	
1-2.3	소 원		(1) 체크 밸브 (2) 링 크 (3) 롤 러	• 롤 러 : 중앙에 점을 찍는다. ⊙
1-2.4	점		(1) 관로의 접속 (2) 롤러의 축	
1-3	반 원		회선각도가 제한을 받는 펌프 또 는 액추에이터	
1-4	정사각형			• 접촉구가 변과 수직으로 교차 한다.
1-4.1			(1) 제어기기 (2) 전동기 이외의 원동기	• 접촉구가 각을 두고 변과 교 차한다.
1-4.2			유체 조정기기	• 필터, 드레인분리기, 주유기, 열교환기 등
1-4.3			(1) 실린더내의 쿠션 (2) 어큐물레이터내의 추	
1-5	직사각형			
1-5.1			(1) 실 린 더 (2) 밸 브	• $m > l$
1-5.2			피 스 톤	
1-5.3			특정의 조작방법	• $l \leqq m \leqq 2l$ • 표 6 참조
1-6	기 타			
1-6.1	요형 (대)		유압유 탱크 (통기식)	• $m > l$
1-6.2	요형 (소)		유압유 탱크 (통기식)의 국소 표시	

표 1 (계속)

번호	명칭	기호	용도	비고
1-6.3	캡술형		(1) 유압유 탱크 (밀폐식) (2) 공기압 탱크 (3) 어큐뮬레이터 (4) 보조가스용기	• 접속구는, 표 10과 16-2 참조

비 고 치수 *l* 은 공통의 기준치수로 그 크기는 임의로 정하여도 좋다. 또 필요상 부득이할 경우에는 기준치수를 대상에
따라 변경하여도 좋다.

4.2 기능 요소 기능을 나타내는 요소는 표 2에 따른다.

표 2 기능 요소

번호	명칭	기호	용도	비고
2-1	정삼각형			• 유체 에너지의 방향 • 유체의 종류 • 에너지원의 표시
2-1.1	흑	▶	유 압	
2-1.2	백	▷	공기압 또는 기타의 기체압	• 대기중에의 배출을 포함
2-2	화살표 표시			
2-2.1	직선 또는 사선		(1) 직선 운동 (2) 밸브내의 유체의 경로와 방향 (3) 열류의 방향	
2-2.2	곡 선		회전 운동	• 화살표는 축의 자유단에서 본 회전방향을 표시
2-2.3	사 선		가변조작 또는 조정수단	• 적당한 길이로 비스듬히 그린다. • 펌프, 스프링, 가변식전자 액추 에이터
2-3	기 타			
2-3.1			전 기	
2-3.2			폐로 또는 폐쇄 접속구	폐 로 접 속 구
2-3.3			전자 액추에이터	
2-3.4			온도지시 또는 온도조정	
2-3.5			원동기	
2-3.6			스프링	• 11-3, 11-4 참조 • 산의수는 자유

267

표 2 (계 속)

번 호	명 칭	기 호	용 도	비 고
2-3.7			교 축	
2-3.8.		90°	체크밸브의 간략기호의 밸브시트	

5. 관로 및 접속구

5.1 관 로

5.1.1 기호의 표시법 관로의 기호는, 기호요소 1-1.1, 1-1.2 및 1-2.4를 사용하여 구성한다.

5.1.2 기호 보기 일반적으로 사용하는 기호의 보기를 표3에 표시한다.

표 3 관 로

번 호	명 칭	기 호	비 고
3-1.1	접 속		
3-1.2	교 차		접속하고 있지 않음
3-1.3	처짐 관로		• 호스 (통상 가동부분에 접속된다)

5.2 접 속 구

5.2.1 기호의 표시법 접속구의 기호는 기호요소 1-2.1, 1-2.3, 1-2.4, 1-4.1 및 1-5.1과 함께 기능요소 2-1.1, 2-1.2, 2-3.2 및 2-3.8을 사용하여 구성한다.

5.2.2 기호 보기 일반적으로 사용하는 기호의 보기를 표4에 표시한다.

표 4 접 속 구

번 호	명 칭	기 호	비 고
4-1	공기 구멍		
4-1.1			·연속적으로 공기를 빼는 경우
4-1.2			·어느 시기에 공기를 빼고 나머지 시간은 닫아 놓는 경우
4-1.3			·필요에 따라 체크 기구를 조작하여 공기를 빼는 경우

268

표 4 (계 속)

번 호	명 칭	기 호	비 고
4-2	배 기 구		• 공기압 전용
4-2.1			• 접속구가 없는 것
4-2.2			• 접속구가 있는 것
4-3	급속 이음		
4-3.1			• 체크밸브 없음
4-3.2		접속 상태 　　 멀어진 상태	• 체크밸브 붙이 (셀프실 이음)
4-4	회전 이음		• 스위블 조인트 및 로터리 조인트
4-4.1	1 관 로		• 1방향 회전
4-4.2	3 관 로		• 2방향 회전

6. 조작 기구

6.1 기호의 표시법 조작기구 기호의 표시법은 다음에 따른다.

(1) **기호의 구성** 조작기구의 기호는, 기호요소 1-1.4, 1-2.3, 1-2.4 및 1-5.3과 함께 기능요소 2-1.1, 2-1.2, 2-2.3, 2-3.3, 2-3.5 및 2-3.6을 사용하여 구성하는 것 이외에도, 표 5 및 표 6에 나타낸 특별한 기호에 따른다.

(2) **단일 조작기구와 기기 의 관계** 단일 조작기구와 기기의 관계는 다음에 따른다.

(a) 조작기호를 도시하는 크기의 비율은 표 1에 따른다.

(b) 밸브의 조작기호는 조작하는 기호요소에 접하는 임의의 위치에 써도 좋다.

(c) 가변기기의 가변조작을 나타내는 화살표는, 조작기호와 관련되어 있으면 늘리거나 구부려도 좋다.

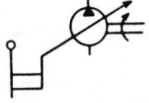

(d) 2방향 조작의 조작요소가 실제로 하나인 경우에는, 조작기호는 원칙적으로 하나밖에 쓰지 않는다.

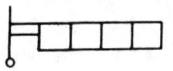

또한, 복동 솔레노이드로 조작되는 밸브의 기호에서, 전기신호와 밸브의 상태와의 관계를 명확히

269

할 필요가 있는 경우에는, 복동솔레노이드의 기호(6-3.1.2)를 사용하지 않고 2개의 단동솔레노이드의 기호(6-3.1.1)을 사용하여 그린다.

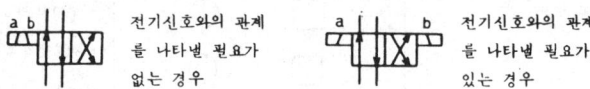

전기신호와의 관계를 나타낼 필요가 없는 경우

전기신호와의 관계를 나타낼 필요가 있는 경우

(3) 복합 조작기구와 기기의 관계 복합 조작기구와 기기의 관계는 다음에 따른다.

(a) 1방향 조작의 조작기호는 조작하는 기호요소에 인접해서 쓴다.

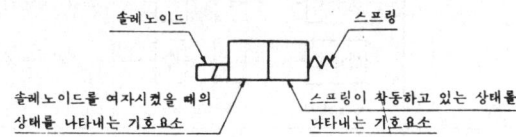

솔레노이드

스프링

솔레노이드를 여자시켰을 때의 상태를 나타내는 기호요소

스프링이 작동하고 있는 상태를 나타내는 기호요소

(b) 3개 이상 스풀의 위치를 갖는 밸브의 중립위치의 조작은, 중립위치을 나타내는 직4각형의 경계선을 위 또는 아래로 연장하고, 여기에 적절한 조작기호를 기입함으로써, 명확히 할 수가 있다.

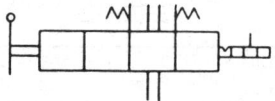

(c) 3위치 밸브의 중앙위치 조작기호는, 외측 직4각형의 양쪽 끝면에 기입해도 좋다.

(d) 프레셔센터의 중앙위치의 조작기호는, 기능요소의 정3각형(2-1.1 또는 2-1.2)을 사용하여 나타내고, 외측의 직4각형 양쪽 끝면에 3각형의 정점이 접하도록 그린다.

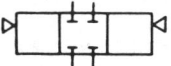

(e) 간접 파일럿 조작기기의 내부 파일럿과 내부 드레인 관로의 표시는, 간략기호에서는 생략한다.

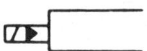

(f) 간접 파일럿 조작기기에 1개의 외부 파일럿 포트와 1개의 외부 드레인포트가 있는 경우의 관로표시는, 간략기호에서는, 한쪽 끝에만 표시한다. 단, 이외에 다른 외부파일럿과 외부드레인포트가 있는 경우에는 이것을 다른 끝에 표시한다. 또한, 기기에 표시하는 기호는 모든 외부 접속구를 표시할 필요가 있다.

270

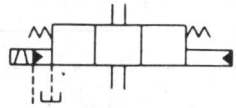

(g) 선택조작의 조작기호는 나란히 병렬해서 표시하든가, 필요에 따라 직 4 각형의 경계선을 연장하여 표시하여도 좋다. 아래 그림은 솔레노이드나 누름버튼 스위치에 의하여 각각 독립적으로 조작될 수 있는 밸브를 나타낸다.

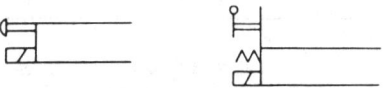

(h) 순차조작의 경우에는, 조작기호를 조작되는 순서에 따라 직렬로 표시한다. 그림은 솔레노이드가 파일럿 밸브를 조작하고, 이어 그 파일럿압력으로 주밸브를 작동시키는 밸브를 나타낸다.

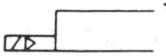

(i) 멈춤쇠는 스풀의 위치와 동수로 그리고 같은 순서로 분할하여 표시한다.
　　　고정용 그루브의 위치는 고정하는 위치에만 표시한다.
　　　또한, 밸브의 스풀 위치에 대응시켜 고정구를 나타내는 선을 표시한다.

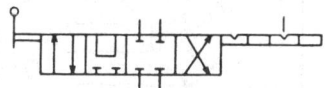

6.2 기호 보기　일반적으로 사용하고 있는 기호의 보기를, 표 5 와 표 6 에 표시한다.

표 5　기계식 구성부품

번 호	명　　칭	기　　호	비　　고
5-1	로 드	←——→ ————	• 2방향 조작 • 화살표의 기입은 임의
5-2	회 전 축		• 2방향 조작 • 화살표의 기입은 임의
5-3	멈 춤 쇠		• 2방향 조작 • 고정용 그루브 위에 그린 세로 　선은 고정구를 나타낸다.

271

표 5 (계 속)

번 호	명 칭	기 호	비 고
5-4	래 치	※	• 1방향 조작 • ※ 해제의 방법을 표시하는 기호
5-5	오버센더 기구	※	• 2방향 조작

표 6 조작 방식

번 호	명 칭	기 호	비 고
6-1	인력 조작	※	• 조작방법을 지시하지 않은 경우, 또는 조작 방향의 수를 특별히 지정하지 않은 경우의 일반기호
6-1.1	누름 버튼	※	• 1방향 조작
6-1.2	당김버튼	※	• 1방향 조작
6-1.3	누름 - 당김버튼	※	• 2방향 조작
6-1.4	레 버	※	• 2방향 조작 (회전운동을 포함)
6-1.5	페 달	※	• 1방향 조작 (회전운동을 포함)
6-1.6	2방향 페달	※	• 2방향 조작 (회전운동을 포함)
6-2	기계 조작		
6-2.1	플런저	※	• 1방향 조작
6-2.2	가변행정제한기구	※	• 2방향 조작
6-2.3	스프링		• 1방향 조작
6-2.4	롤러	↕	• 2방향 조작
6-2.5	편측작동롤러	※	• 화살표는 유효조작 방향을 나타낸다. 기입을 생략하여도 좋다. • 1방향 조작

표 6 (계 속)

번 호	명 칭	기 호	비 고
6-3	전기 조작		
6-3.1	직선형 전기 액추에이터		• 솔레노이드, 토크모터 등
6-3.1.1	단동 솔레노이드		• 1방향 조작 • 사선은 우측으로 비스듬히 그려도 좋다.
6-3.1.2	복동 솔레노이드		• 2방향 조작 • 사선은 위로 넘어져도 좋다
6-3.1.3	단동 가변식 전자 액추에이터		• 1방향 조작 • 비례식 솔레노이드, 포스모터 등
6-3.1.4	복동 가변식 전자 액추에이터		• 2방향 조작 • 토크모터
6-3.2	회전형 전기 액추에이터		• 2방향 조작 • 전 동 기
6-4	파일럿 조작		
6-4.1	직접 파일럿 조작		
6-4.1.1			
6-4.1.2			• 수압면적이 상이한 경우, 필요에 따라, 면적비를 나타내는 숫자를 직4각형속에 기입한다.
6-4.1.3	내부 파일럿		• 조작유로는 기기의 내부에 있음
6-4.1.4	외부 파일럿		• 조작유로는 기기의 외부에 있음
6-4.2 6-4.2.1	간접 파일럿 조작 압력을 가하여 조작하는 방식		
(1)	공기압 파일럿		• 내부 파일럿 • 1차조작 없음
(2)	유압 파일럿		• 외부 파일럿 • 1차조작 없음

표 6 (계 속)

번 호	명 칭	기 호	비 고
(3)	유압 2단 파일럿		• 내부 파일럿, 내부 드레인 • 1차조작 없음
(4)	공기압·유압 파일럿		• 외부 공기압 파일럿, 내부 유압 파일럿, 외부 드레인 • 1차조작 없음
(5)	전자·공기압 파일럿		• 단동 솔레노이드에 의한 1차조 작 붙이 • 내부 파일럿
(6)	전자·유압 파일럿		• 단동 솔레노이드에 의한 1차조 작 붙이 • 외부 파일럿, 내부 드레인
6-4.2.2	압력을 빼내어 조작하는 방식		
(1)	유압 파일럿		• 내부 파일럿·내부 드레인 • 1차조작 없음
			• 내부 파일럿 • 원격조작용 벤트포트 붙이
(2)	전자·유압 파일럿		• 단동 솔레노이드에 의한 1차조 작 붙이 • 외부 파일럿, 외부 드레인
(3)	파일럿 작동형 압력제어 밸브		• 압력조정용 스프링 붙이 • 외부 드레인 • 원격조작용 벤트포트 붙이
(4)	파일럿 작동형 비례전자 식 압력제어 밸브		• 단동 비례식 액추에이터 • 내부 드레인
6-5	피드백		• 일반 기호
6-5.1	전기식 피드백		• 전위차계, 차동변압기 등의 위치 검출기

표 6 (계속)

번 호	명 칭	기 호	비 고
6-5.2	기계식 피드백		• 제어대상과 제어요소의 가동부 분간의 기계적 접촉은 1-1.4 및 8.1.(8)에 표시 (1) 제어 대상 (2) 제어 요소

7. 에너지의 변환과 저장

7.1 펌프 및 모터

7.1.1 기호의 표시법 펌프 및 모터의 기호 표시법은 다음에 따른다.

(1) 펌프 및 모터의 기호는, 기호요소 1-2.1 또는 1-3과 기능요소 2-1.1 및 2-1.2를 사용하여 구성한다.

(2) 기계식 회전구동은 1-1.4 및 2-2.2를 사용하여 표시한다.

(3) 1회전 당의 배제량이 조정되는 경우에는 2-2.3을 사용하여 표시한다.

(4) 다음과 같은 상호관련을 표시하는 경우에는 부속서에 따른다.

  (a) 축의 회전방향

  (b) 유체의 유동방향

  (c) 조립내장된 조작요소의 위치

(5) 가변용량형 기기의 조작기구의 기호는 6.1(2)(c)와 같이 표시한다(표 7 및 부속서 참조).

7.1.2 기호 보기 일반적으로 사용되는 기호의 보기를 표 7에 표시한다.

표 7 펌프 및 모터

번 호	명 칭	기 호	비 고
7-1	펌프 및 모터	 유압 펌프　　공기압 모터	• 일반기호
7-2	유압 펌프		• 1방향 유동 • 정용량형 • 1방향 회전형
7-3	유압 모터		• 1방향 유동 • 가변용량형 • 조작기구를 특별히 지정하지 않는 경우 • 외부 드레인 • 1방향 회전형 • 양 축 형

275

표 7 (계 속)

번호	명 칭		비 고
7-4	공기압 모터		• 2방향 유동 • 정용량형 • 2방향 회전형
7-5	정용량형 펌프·모터		• 1방향 유동 • 정용량형 • 1방향 회전형
7-6	가변용량형 펌프·모터 (인력조작)		• 2방향 유동 • 가변용량형 • 외부 드레인 • 2방향 회전형
7-7	요동형 액추에이터		• 공 기 압 • 정 각 도 • 2방향 요동형 • 축의 회전방향과 유동방향과의 관계를 나타내는 화살표의 기 입은 임의 (부속서 참조)
7-8	유압 전도장치		• 1방향 회전형 • 가변용량형 펌프 • 일 체 형
7-9	가변용량형 펌프 (압력보상제어)		• 1방향 유동 • 압력조정 가능 • 외부 드레인 (부속서 참조)

7-10	가변용량형 펌프·모터
	(파일럿조작)
			• 2방향 유동
			• 2방향 회전형
			• 스프링 힘에 의하여 중앙위치
			  (배제용적 0)로 되돌아오는
			  방식
			• 파일럿 조작
			• 외부 드레인
			• 신호 m은 M방향으로 변위를
			  발생시킴 (부속서 참조)

7.2 실 린 더

7.2.1 기호의 표시법 실린더 기호의 표시법은 다음에 따른다.

(1) 실린더의 기호는 기호요소 1-1.4, 1-5.1 및 1-5.2와 기능요소 2-1.1 및 2-1.2를 사용하여 구성한다.

(2) 단동 실린더는 한쪽 포트를 배기(드레인)에 접속시킨다.

또한, 단동 실린더의 간략기호에서는 배기(드레인)측의 실린더단은 표시하지 않는다.

(3) 쿠션은 1-4.3, 쿠션 조정은 2-2.3을 사용하여 표시한다.

(4) 필요에 따라서는 피스톤기호 위에 피스톤 면적비를 표시한다.

7.2.2 기호 보기 일반적으로 사용되는 기호의 보기를 표 8에 표시한다.

표 8 실 린 더

번 호	명 칭	기 호		비 고
8-1	단동 실린더	상세 기호	간략 기호	• 공 기 압 • 압 출 형 • 편로드형 • 대기중의 배기 (유압의 경우는 드레인)
8-2	단동 실린더 (스프링붙이)	(1) (2)		• 유 압 • 편로드형 • 드레인측은 유압유 탱크에 개방 (1) 스프링 힘으로 로드 압출 (2) 스프링 힘으로 로드 흡인
8-3	복동 실린더	(1) (2)		(1) • 편 로 드 • 공 기 압 (2) • 양 로 드 • 공 기 압
8-4	복동 실린더 (쿠션붙이)	2:1	2:1	• 유 압 • 편로드형 • 양 쿠션, 조정형 • 피스톤 면적비 2·1
8-5	단동 텔레스코프형 실린더	※		• 공 기 압
8-6	복동 텔레스코프형 실린더	※		• 유 압

7.3 특수 에너지 - 변환기기 특수 에너지 - 변환기기의 기호 보기를 표 9에 표시한다.

277

표 9 특수 에너지 - 변환기기

번 호	명 칭	기 호	비 고
9-1	공기유압 변환기	단동형 연속형	
9-2	증 압 기	단동형 연속형	• 압력비 1 : 2 • 2종 유체용

7.4 에너지 - 용기 〔어큐뮬레이터(축압기), 가스용기 및 공기탱크〕

  7.4.1 기호의 표시법 에너지 - 용기의 기호 표시법은 다음에 따른다.

  (1) 에너지 - 용기의 기호는 기호요소 1-6.3을 사용한다.

  (2) 어큐뮬레이터의 접속구는 하부 반원과 1-1.1과의 접점으로 표시한다.

  (3) 보조 가스용기의 접속구는 상부 반원과 1-1.1과의 접점으로 표시한다.

  (4) 어큐뮬레이터 부하의 종류(기체압, 추, 스프링력)를 나타내는 경우에는 2-1.2, 1-4.3, 2-3.6 의 기호를 사용한다.

  7.4.2 기호 보기 일반적으로 사용하는 기호를 표10에 표시한다.

표 10 에너지 - 용기

번 호	명 칭	기 호	비 고
10-1	어큐뮬레이터		• 일반기호 • 항상 세로형으로 표시 • 부하의 종류를 지시하지 않는 경우
10-2	어큐뮬레이터	기체식 중량식 스프링식	• 부하의 종류를 지시하는 경우
10-3	보조 가스용기		• 항상 세로형으로 표시 • 어큐뮬레이터와 조합하여 사용하는 보급용 가스용기

278

표 10 (계 속)

번 호	명 칭	기 호	비 고
10-4	공기 탱크		

7.5 동 력 원

7.5.1 기호의 표시법 동력원의 기호는 기호요소 1-2.1 및 1-4.1과 기능요소 2-1.1, 2-1.2 및 2-3.5를 사용하여 구성한다.

7.5.2 기호 보기 일반적으로 사용하는 기호의 보기를 표 11에 표시한다.

표 11 동 력 원

번 호	명 칭	기 호	비 고
11-1	유압(동력)원	▶	• 일반기호
11-2	공기압(동력)원	▷	• 일반기호
11-3	전 동 기	Ⓜ	
11-4	원 동 기	M	(전동기를 제외)

8. 에너지의 제어와 조정

8.1 기호 표시법의 공통 사항 에너지의 제어와 조정의 기호 표시법의 공통사항은 다음에 따른다.

(1) 에너지의 제어와 조정의 기호는 기호요소 1-4.1 또는 1-5.1을 사용한다.

(2) 제어기기의 주 기호는 1개의 직 4 각형 (정 4 각형 포함) 또는 서로 인접한 복수의 직 4 각형으로 구성한다.

(3) 유로, 접속점, 체크 밸브, 교축 등의 기능은, 특정의 기호를 제외하고, 대응하는 기능기호를 주 기호 속에 표시한다.

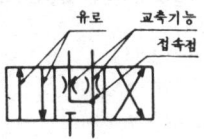

(4) 작동위치에서 형성되는 유로 등의 상태는, 조작기호에 의하여 눌려진 직 4 각형이 이동되어, 그 유로가 외부 접속구와 일치되는 상태가 소정의 상태가 되도록 표시한다.

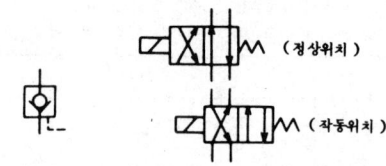

(정상위치)

(작동위치)

(5) 외부 접속구는 도시한 바와 같이 통상, 일정 간격으로 직 4 각형과 교차되도록 표시한다. 단, 2 포트 밸브의 경우는 직 4 각형의 중앙에 표시한다.

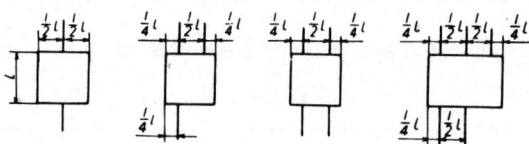

(6) 드레인 접속구는, 도시한 바와 같이, 드레인 관로기호를 직 4 각형의 모서리에서 접하도록 그려 나타 낸다. 단, 회전형 에너지 변환기기의 경우는, 주관로 접속구로부터 45°의 방향에서 주기호(대원)와 교차되도록 표시한다.

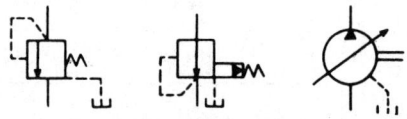

(7) 과도위치를 나타내고자 할 경우에는, 도시한 바와 같이, 명백한 작동위치를 표시하는 인접하는 두 직 4 각형을 분리시키고, 그 중간에 상하변을 파선으로 하는 직 4 각형을 삽입시켜 표시한다.

(8) 복수의 명백한 작동위치가 있고, 교축 정도가 연속적으로 변화하는 중간위치를 갖는 밸브는, 도시한 바와 같이, 직 4 각형 바깥쪽에 평행선을 기입한다.

명백한 작동위치가 2 개 있는 밸브는 통상 다음과 같은 일반기호로 표시한다.
또한, 기호를 완성시키려면 유동방향을 나타내는 화살표를 기입한다.

번 호	명 칭	상 세 기 호	일 반 기 호	비 고
(a)	2포트 밸브			• 상시 폐 • 가변 교축
(b)	2포트 밸브			• 상시 개 • 가변 교축
(c)	3포트 밸브			• 상시 개 • 가변 교축

(9) 제어기기와 **조작기구의 관계를** 나타내는 방법은 **6.1(2)** 및 **6.1(3)**에 따른다.

(10) 적층밸브의 기호는 이 규격에서는 규정하지 않는다.

8.2 전환 밸브

8.2.1 기호의 표시법 전환밸브의 기호는 8.1의 규정에 따르는 것 이외에 기능요소 2-2.1, 2-2.3 및 2-3.2를 사용하여 구성한다.

8.2.2 기호 보기 일반적으로 사용하는 기호의 보기를 표12에 표시한다.

표 12 전환 밸브

번 호	명 칭	기 호	비 고
12-1	2포트 수동 전환밸브		• 2 위 치 • 폐지밸브
12-2	3포트 전자 전환밸브		• 2 위 치 • 1 과도 위치 • 전자조작 스프링 리턴
12-3	5포트 파일럿 전환밸브		• 2 위 치 • 2방향 파일럿 조작

12-4	4포트 전자파일럿 전환밸브	상세 기호	• 주 밸 브
			  3 위 치
			  스프링센터
			  내부 파일럿
			• 파일럿 밸브
			  4 포 트
			  3 위 치
			  스프링센터
			  전자조작 (단동 솔레노이드)

281

표 12 (계 속)

번 호	명 칭	기 호	비 고
		간략기호	수동 오버라이드 조작 붙이 외부 드레인
12-5	4포트 전자파일럿 전환밸브	상세기호 간략기호	• 주 밸 브 3 위 치 프레셔센터 (스프링센터 겸용) 파일럿압을 제거할 때 작동위 치로 전환된다. • 파일럿 밸브 4 포 트 3 위 치 스프링센터 전자조작 (복동 솔레노이드) 수동 오버라이드 조작 붙이 외부 파일럿 내부 드레인
12-6	4포트 교축 전환밸브	중앙위치 언더랩 중앙위치 오버랩	• 3 위 치 • 스프링센터 • 무단계 중간위치
12-7	서보 밸브		• 대표 보기

8.3 체크밸브, 셔틀밸브, 배기밸브

8.3.1 기호의 표시법 체크밸브, 셔틀밸브, 배기밸브 기호의 표시법은 다음에 따른다.

(1) 체크밸브, 셔틀밸브, 배기밸브의 기호는 8.1의 규정에 따르는 것 이외에 기호요소 1-2.3과 기능요소 2-3.6 및 2-3.8을 사용하여 구성한다.

(2) 지장이 없는 한 간략기호를 사용한다.

(3) 간략기호에서 스프링의 기호는 기능상 필요가 있는 경우에만 표시한다.

8.3.2 기호 보기 일반적으로 사용하는 기호의 보기를 표 13에 표시한다.

282

표 13 체크밸브, 셔틀밸브, 배기밸브

번 호	명 칭	기 호	비 고
13-1	체크 밸브	상세 기호 간략 기호 (1) (2)	(1) 스프링 없음 (2) 스프링 붙이
13-2	파일럿 조작 체크밸브	상세 기호 간략 기호 (1) (2)	(1) • 파일럿 조작에 의하여 밸브 폐쇄 • 스프링 없음 (2) • 파일럿 조작에 의하여 밸브 열림 • 스프링 붙이
13-3	고압우선형 셔틀밸브	상세 기호 간략 기호	• 고압쪽의 입구가 출구에 접속되고, 저압쪽의 입구가 폐쇄된다.
13-4	저압우선형 셔틀밸브	상세 기호 간략 기호 ※	• 저압쪽의 입구가 저압우선 출구에 접속되고, 고압쪽의 입구가 폐쇄된다.
13-5	급속 배기밸브	상세 기호 간략 기호	

8.4 압력 제어 밸브

8.4.1 기호의 표시법 압력제어 밸브 기호의 표시법은 다음에 따른다.

(1) 압력제어 밸브의 기호는 8.1 의 규정을 따르는 것 이외에 기능요소 2-2.1 및 2-3.6 을 사용하여 구성한다.

(2) 압력제어 밸브는 8.1 (8)에 규정하는 일반기호로 표시한다.

(3) 정 4 각형의 한쪽에 작용하는 내부 또는 외부 파일럿압력은 반대쪽에 작용하는 힘에 대항하여 작용한다.

(4) 외부 드레인 관로는 표시한다.

8.4.2 기호 보기 일반적으로 사용하는 기호의 보기를 표14에 표시한다.

표 14 압력제어 밸브

번 호	명 칭	기 호	비 고
14-1	릴리프 밸브		• 직동형 또는 일반기호
14-2	파일럿 작동형 릴리프 밸브	상세 기호 간략 기호	• 원격조작용 벤트포트 붙이
14-3 14-3	전자밸브 장착 (파일럿 작동형) 릴리프 밸브		• 전자밸브의 조작에 의하여 벤트포트가 열려 무부하로 된다.
14-4	비례전자식 릴리프 밸브 (파일럿 작동형)		• 대표 보기
14-5	감압 밸브		• 직동형 또는 일반기호
14-6	파일럿 작동형 감압밸브		• 외부 드레인
14-7	릴리프 붙이 감압밸브		• 공기압용

284

표 14 (계 속)

번 호	명 칭	기 호	비 고
14-8	비례전자식 릴리프 감압밸브 (파일럿 작동형)		• 유 압 용 • 대표 보기
14-9	일정비율 감압밸브		• 감압비 : $\frac{1}{3}$
14-10	시퀀스 밸브		• 직동형 또는 일반기호 • 외부 파일럿 • 외부 드레인
14-11	시퀀스 밸브 (보조조작 장착)		• 직 동 형 • 내부파일럿 또는 외부파일럿 조작에 의하여 밸브가 작동됨. • 파일럿압의 수압 면적비가 1:8 인 경우 • 외부 드레인
14-12	파일럿 작동형 시퀀스 밸브		• 내부 파일럿 • 외부 드레인
14-13	무부하 밸브		• 직동형 또는 일반기호 • 내부 드레인
14-14	카운터 밸런스 밸브		

285

표 14 (계 속)

번 호	명 칭	기 호	비 고
14-15	무부하 릴리프 밸브		
14-16	양방향 릴리프 밸브		• 직 동 형 • 외부 드레인
14-17	브레이크 밸브		• 대표 보기

8.5 유량 제어밸브

8.5.1 기호의 표시법 유량 제어밸브 기호의 표시법은 다음에 따른다.

(1) 유량 제어밸브의 기호는 8.1의 규정에 따르는 것 이외에 기능요소 2-2.3 및 2-3.7을 사용하여 구성한다.

(2) 유량 제어밸브의 표시는 다음에 따른다.

 (a) 조작과 밸브의 상태변화 사이의 관계를 표시할 필요가 있는 경우에는, 8.1(8)에서 규정하는 일반 기호를 사용한다.

 (b) 밸브의 상태변화는 존재하나, 조작과의 관계를 명시할 필요가 없는 경우에는 간략기호를 사용한다.

8.5.2 기호 보기 일반적으로 사용하는 기호의 보기를 표15에 표시한다.

표 15 유량 제어밸브

번 호	명 칭	기 호	비 고
15-1 15-1.1	교축 밸브 가변 교축밸브	상세 기호 간략 기호 	• 간략기호에서는 조작방법 및 밸 브의 상태가 표시되어 있지 않 음. • 통상, 완전히 닫혀진 상태는 없 음.
15-1.2	스롤 밸브		

286

표 15 (계 속)

번 호	명 칭	기 호	비 고
15-1.3	감압밸브 (기계조작 가변 교축밸브)		• 롤러에 의한 기계조작 • 스프링 부하
15-1.4	1방향 교축밸브 속도제어 밸브 (공기압)		• 가변교축 장착 • 1방향으로 자유유동, 반대방향 으로는 제어유동
15-2 15-2.1	유량조정 밸브 직렬형 유량조정 밸브	상세 기호　　간략 기호 	• 간략기호에서 유로의 화살표는 압력의 보상을 나타낸다.
15-2.2	직렬형 유량조정 밸브 (온도보상 붙이)	상세 기호　　간략 기호 	• 온도보상은 2-3.4에 표시한다. • 간략기호에서 유로의 화살표는 압력의 보상을 나타낸다.
15-2.3	바이패스형 유량조정 밸브	상세 기호　　간략 기호 	• 간략기호에서 유로의 화살표는 압력의 보상을 나타낸다.
15-2.4	체크밸브 붙이 유량조정 밸브 (직렬형)	상세 기호　　간략 기호 	• 간략기호에서 유로의 화살표는 압력의 보상을 나타낸다.

표 15　(계 속)

번 호	명　칭	기　호	비　고
15-2.5	분류 밸브		· 화살표는 압력보상을 나타낸다.
15-2.6	집류 밸브		· 화살표는 압력보상을 나타낸다.

9. 유체의 저장과 조정

9.1 기름 탱크

9.1.1 기호의 표시법 기름 탱크 기호의 표시법은 다음에 따른다.

(1) 기름 탱크의 기호는 기호요소 1-1.1, 1-1.2, 1-6.1 및 1-6.2를 사용하여 구성한다.

(2) 기름 탱크의 기호는 수평위치로 표시한다.

(3) 각 기기로부터 탱크에의 귀환 및 드레인 관로에는 국소 표시기호〔16-1(4)〕를 사용하여도 좋다.

9.1.2 기호 보기 일반적으로 사용하는 기호의 보기를 표 16에 표시한다.

표 16　기름 탱크

번 호	명　칭	기　호	비　고
16-1	기름 탱크 (통기식)	(1) (2) (3) (4)	(1) 관 끝을 액체속에 넣지 않는 경우 (2) · 관 끝을 액체속에 넣는 경우 · 통기용 필터(17-1)가 있는 경우 (3) 관 끝을 밑바닥에 접속하는 경우 (4) 국소 표시기호
16-2	기름 탱크 (밀폐식)		· 3관로의 경우 · 가압 또는 밀폐된 것 · 각관 끝을 액체속에 집어 넣는다. · 관로는 탱크의 긴 벽에 수직

9.2 유체조정 기기

9.2.1 기호의 표시법 유체조정 기기의 기호의 표시법은 다음에 따른다.

(1) 유체조정 기기의 기호는 기호요소 1-1.2 및 1-4.2와 기능요소 2-2.1을 사용하여 구성한다.

288

(2) 배수기 또는 배수기를 조립 내장한 기기의 기호는 수평위치로 표시한다.

9.2.2 기호 보기   일반적으로 사용하는 기호의 보기를 표17에 표시한다.

표 17   유체조정 기기

번 호	명 칭	기 호	비 고
17-1	필 터	(1) (2) (3)	(1) 일반기호 (2) 자석붙이 (3) 눈막힘 표시기 붙이
17-2	드레인 배출기	(1) (2)	(1) 수동배출 (2) 자동배출
17-3	드레인 배출기 붙이 필터	(1) (2)	(1) 수동배출 (2) 자동배출
17-4	기름분무 분리기	(1) (2)	(1) 수동배출 (2) 자동배출
17-5	에어드라이어		
17-6	루브리케이터		
17-7	공기압 조정유닛	상세 기호 	

289

표 17 (계 속)

번 호	명 칭	기 호	비 고
		간략 기호 ✳	• 수직 화살표는 배출기를 나타 낸다.
17-8 17-8.1	열교환기 냉 각 기	(1) (2)	(1) 냉각액용 관로를 표시하지 않는 경우 (2) 냉각액용 관로를 표시하는 경우
17-8.2	가 열 기		
17-8.3	온도 조절기		• 가열 및 냉각

10. 보조 기기

10.1 계측기와 표시기

10.1.1 기호의 표시법 계측기 및 표시기의 기호의 표시법은 다음에 따른다.

(1) 계측기 및 표시기의 기호는 기호요소 1-2.2와 기능요소 2-2.1, 2-3.4 및 2-3.7을 사용하여 구성한다.

(2) 전기접속은 2-3.1에 따라 표시한다.

10.1.2 기호 보기 일반적으로 사용하는 기호의 보기를 표18에 표시한다.

표 18 보조 기기

번 호	명 칭	기 호	비 고
18-1 18-1.1	압력 계측기 압력 표시기	✳ ⊗	• 계측은 되지 않고 단지 지시만 하는 표시기
18-1.2	압 력 제	✳	
18-1.3	차 압 제	✳	

표 18 (계 속)

번 호	명 칭	기 호	비 고
18-2	유 면 계	※	• 평행선은 수평으로 표시
18-3	온 도 계		
18-4 18-4.1	유량계측기 검 류 기	※	
18-4.2	유 량 계	※	
18-4.3	적 산 유량계	※	
18-5	회 전 속도계	※	
18-6	토 크 계	※	

10.2 기타의 기기 기타의 기기 기호의 보기를 표 19에 표시한다.

표 19 기타의 기기

번 호	명 칭	기 호	비 고
19-1	입력 스위치	※	오해의 염려가 없는 경우에는, 다음과 같이 표시하여도 좋다. ※
19-2	리밋 스위치		오해의 염려가 없는 경우에는, 다음과 같이 표시하여도 좋다.
19-3	아날로그 변환기	※	• 공 기 압

표 18 (계속)

번 호	명 칭	기 호	비 고
19-4	소 음 기	※	· 공 기 압
19-5	경 음 기	※	· 공기압용
19-6	마그넷 세퍼레이터	※	

부 속 서

1. 적용 범위 이 **부속서**는 회전형 에너지 변환기기(이하 기기라 칭함)의 회전방향, 유동방향 및 조립내장된 조작요소의 위치(¹)의 상호관계를 그림기호(이하 기호라 한다)를 사용하여 표시할 때 표시법에 관해서 규정한다.

주 (¹) 기기에 조립내장되어 있는, 배제용적 또는 유동방향 등을 변화시키는 조작요소의 위치를 말한다.

2. 표 시 법

2.1 축의 회전방향과 유동방향의 관계 축의 회전방향은, 동력의 입력점으로부터 출력점을 향해서 주기호와 동심으로 그린 원호형 화살표로 표시한다. 다만, 2방향 회전형 기기(²)에 관해서는, 어느 한 방향의 회전방향만을 표시한다.

또한, 양축형 기기(³)에 관해서는 한쪽 축에 대해서 표시하면 된다.

주 (²) 회전방향을 바꿈으로써 유동방향이 바뀌어지는 기기, 또는 유동방향을 바꿈으로써, 회전방향이 바뀌어지는 기기

(³) 기기의 양쪽으로 돌출되는 관통축을 갖는 기기

(1) **펌프의 회전방향** 펌프의 회전방향은, 입력축으로부터 송출관로를 향해서 그린 동심 원호형 화살표로 표시한다.

(2) **모터의 회전방향** 모터의 회전방향은 유압유의 유입관로로부터 출력축을 향해서 그린 동심 원호형 화살표로 표시한다.

(3) **펌프·모터(⁴)의 회전방향** 펌프·모터의 회전방향은 (1)에서 규정한 펌프의 경우에 순한다.

주 (⁴) 펌프와 모터의 양쪽 기능을 갖는 기기

2.2 축의 회전방향과 조작요소 위치와의 관계 축의 회전방향과 조작요소 위치와의 관계를 표시할 필요가 있는 경우에는, 위치의 표식을 회전방향 화살표의 선단근방에 기입한다.

2.3 축의 회전방향과 출력특성의 관계 축의 회전방향에 따라 출력특성이 달라지는 기기는 회전방향을 나타내는 양쪽의 화살표 선단 구방에 각자의 특성의 상위점을 표시한다 (부속서 표 A-11 참조)

2.4 조작요소의 위치 표시 조작요소의 위치는, 조작요소의 위치와 그 표지를 표시하는 지시선을 사용하여 다음에 따라 표시한다.

(1) **조작요소 위치의 표지** 조작요소의 위치는 기기의 배제 용적이 0인 위치와 최대인 위치를 나타내는 것으로써, 이들의 표지(부속서 그림의 M. O, N)는 실제의 기기에 표시되어 있는 부호를 사용하는 것이 바람직하다.

(2) **조작요소 위치의 지시선** 조작요소의 위치를 표시하는 지시선은 기기의 가변조작 회살표 또는 그 인출선에 수직으로 표시한다.

또 지시선과 가변조작 화살표와의 접점은 운휴 휴지상태를 나타낸다.

부속서 그림

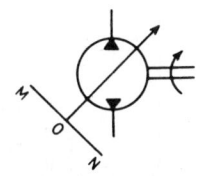

3. 기호 보기 기호 보기를 부속서 표에 표시한다.

부속서 표 기호 보기

번 호	명 칭	기 호	비 고
A - 1	정용량형 유압모터		(1) 1방향 회전형 (2) 입구 포트가 고정되어 있으므로, 유동방향과의 관계를 나타내는 회전방향 화살표는 필요없음
A - 2	정용량형 유압펌프 또는 유압모터 (1) 가역회전형 펌프 (2) 가역회전형 모터		• 2방향 회전 · 양축형 • 입력축이 좌회전할 때 B포트가 송출구로 된다. • B포트가 유입구일 때 출력축은 좌회전이 된다.
A - 3	가변용량형 유압 펌프		(1) 1방향 회전형 (2) 유동방향과의 관계를 나타내는 회전방향 화살표는 필요없음. (3) 조작요소의 위치표시는 기능을 명시하기 위한 것으로서, 생략하여도 좋다.
A - 4	가변용량형 유압 모터		• 2방향 회전형 • B포트가 유입구일 때 출력축은 좌회전이 된다.
A - 5	가변용량형 유압 오버센터 펌프		• 1방향 회전형 • 조작요소의 위치를 N의 방향으로 조작하였을 때, A포트가 송출구가 된다.
A - 6	가변용량형 유압펌프 또는 유압모터 (1) 가역회전형 펌프		• 2방향 회전형 • 입력축이 우회전할 때, A포트가 송출구로 되고, 이때의 가변조작은, 조작요소의 위치 M의 방향으로 된다.

번 호	명 칭	기 호	비 고
	(2) 가역회전형 모터		• A포트가 유입구일 때, 출력 축은 좌회전이 되고, 이때의 가변조작은 조작요소의 위치 N의 방향으로 된다.
A - 7	정용량형 유압펌프·모터		• 2방향 회전형 • 펌프로서의 기능을 하는 경우 입력축이 우회전할 때 A포트 가 송출구로 된다.
A - 8	가변용량형 유압펌프·모터		• 2방향 회전형 • 펌프 기능을 하고 있는 경우, 입력축이 우회전할 때 B포트 가 송출구로 된다.
A - 9	가변용량형 유압펌프·모터		• 1방향 회전형 • 펌프 기능을 하고 있는 경우, 입력축이 우회전할 때 A포트 가 송출구가 되고, 이때의 가 변조작은 조작요소의 위치 M 의 방향이 된다.
A - 10	가변용량형 가역회전형 펌프·모터		• 2방향 회전형 • 펌프 기능을 하고 있는 경우, 입력축이 우회전할 때 A포트 가 송출구가 되고, 이때의 가 변조작은 조작요소의 위치 N 의 방향이 된다.
A - 11	정용량·가변용량 변환식 가역회전형 펌프		• 2방향 회전형 • 입력축이 우회전일 때는 A포 트를 송출구로 하는 가변용량 펌프가 되고, 좌회전인 경우에 는, 최대 배제용적의 정용량 펌프가 된다.

부록 4. 유압 용어

(KS B 0119)

1. **적용 범위** 이 규격은 항공기용을 제외한 각종 기계의 유압작동 계통 및 그 구성부품의 명칭, 형식, 현상, 특성 등에 사용되는 주요한 용어 및 뜻에 관하여 규정한다. 또한, 참고로 대응 영어를 표시한다.

2. **분 류** 유압용어는 다음 다섯으로 분류하여 구분한다.
   (1) 기본 용어
   (2) 유압펌프에 관한 용어
   (3) 유압모우터 및 유압실린더에 관한 용어
   (4) 유압 제어 밸브에 관한 용어
   (5) 부속기기 및 기타 기기에 관한 용어

3. **번호, 용어 및 뜻** 번호, 용어 및 뜻은 다음과 같다.

   비 고 1. 용어의 일부는 큰 괄호〔 〕를 붙였을 경우에는, 큰 괄호 속의 용어를 포함시킨 용어와 큰 괄호 속의 용어를 생략한 용어의 두 가지가 있음을 표시한다.
   2. 2개이상의 용어를 병기하였을 경우에는, 그의 순위에 따라 우선적으로 사용한다.
   3. 뜻 난의 *표시는, 그 용어의 뜻이 유압에 한정됨을 표시한다.

관련 규격 : KS B 0054 (유압 공기압 도면 기호)

(1) 기본 용어

번 호	용 어	뜻	대응 영어 (참고)
101	흡 입 공 기	액체속에 아주 작은 기포상태로 섞여서 있는 공기.	entrained air, aeration
102	공 기 흡 입	액체에 공기가 아주 작은 기포상태로 섞여지는 현상 또는 섞여져 있는 상태.	aeration
103	캐 비 테 이 션	*유동하고 있는 액체의 압력이 국부적으로 저하되어, 포화 증기압 또는 공기 분리압에 달하여 증기를 발생시키거나 또는 용해 공기 등이 분리되어 기포를 일으키는 현상, 이것들이 흐르면서 터지게 되면 국부적으로 초고압이 생겨, 소음 등을 발생시키는 경우가 많다.	cavitation
104	채 터 링	*릴리이프 밸브 등으로, 밸브시이트를 두들겨서 비교적 높은 음을 발생시키는 일종의 자력진동 현상.	chattering; clatter; singing
105	점 핑	*유량제어 밸브(압력보상 붙이)에서 유체가 흐르기 시작할 때 등, 유량이 과도적으로 설정값을 넘어서는 현상.	jumping
106	유체 고착 현상	스푸울 밸브 등으로 내부 흐름의 불균성 등에 의하여, 축에 대한 압력분포의 평향이 깨어져서 스푸울 밸브 몸체(또는 슬리이브)에 강하게 밀려 고착되어, 그 작동이 불가능하게 되는 현상.	hydrauic look
107	디 더	스푸울 밸브등으로 마찰 및 고착 현상 등의 영향을 감소시켜서, 그 특성을 개선시키기 위하여 가하는 비교적 높은 주파수의 진동.	dither
108	유 압 평 형	기름의 압력에 의하여, 힘의 평형을 맞추는 것.	hydraulic balace
109	디 콤 프 레 션	프레스 등으로 유압실린더의 압력을 천천히 빼어 기계 손상의 원인이 되는 회로의 충격을 작게 하는 것.	decompression
110	랩	미끄럼 밸브의 랜드부의 포오트부와의 사이의 겹친상태 또는 그 양.	lap
111	제 로 랩	미끄럼 밸브 등으로 밸브가 중립점에 있을 때, 포오트는 닫히고 밸브가 조금이라도 변위되면 포오트가 열려 유체가 흐르게 되어 있는 겹친 상태.	zero lap
112	오 우 버 랩	미끄럼 밸브 등으로 밸브가 중립점으로부터 약간 변위하여 처음으로 포오트가 열려 유체가 흐르도록 되어 있는 겹친 상태	over lap; posiitve lap
113	언 더 랩	미끄럼 밸브 등에서 밸브가 중립점에 있을 때 이미 포오트가 열려 있어 유체가 흐르도록 되어 있는 겹친 상태.	under lap: negative lap,
114	유 량	단위 시간에 이동하는 유체의 체적.	flow; rate of flow
115	토 출 량	일반적으로 펌프가 단위시간에 토출시키는 액체의 체적.	delivery, rate of flow; flow rate; discharge; discharge rate

번 호	용 어	뜻	대응 영어 (참고)
116	행 정 체 적	용적식 펌프 또는 모우터의 1회전마다에 배제시키는 기하학적 체적.	displacement
117	드 레 인	기기의 통로나, 관로에서 탱크나 매니포올드 등으로 돌아오는 액체 또는 액체가 돌아오는 현상.	drain
118	누 설	정상 상태로는 흐름을 폐지시킬 장소 또는 흐르는 것이 좋지 않은 장소를 통하는 비교적 적은 흐름.	leakage
119	제 어 흐 름	제어된 흐름.	controlled flow
120	자 유 흐 름	제어되지 않은 흐름.	Free flow
121	규 제 흐 름	유량이 미리 설정된 값으로 제어된 흐름. 다만, 펌프의 토출 이외의 것에 사용한다.	metered flow
122	흐 름 의 형 태	*밸브의 임의의 위치에서 각 포오트를 접속시키는 유체흐름의 경로의 모양.	flow pattern
123	인 터 플 로 우	밸브의 변환도중에서 과도적으로 생기는 밸브 포오트 사이의 흐름.	interflow
124	컷 오 프	펌프 출구측 압력이 설정압력에 가깝게 되었을 때 가변 토출량 제어가 작용하여 유량을 감소시키는 것.	cut-off
125	푸 울 컷 오 프	펌프의 컷오프상태에서 유량이 0(영)이 되는 것.	full cut-off
126	압 력 강 하	흐름에 따르는 유체압의 감소.	pressure drop
127	배 압	유압 회로의 귀로쪽 또는, 압력 작동면의 배후에 작용하는 압력.	back pressure
128	압력의 맥동	정상적인 작동 조건에서 발생하는 토출 압력의 변동, 과도적인 압력변동은 제외한다.	pressure pulsation
129	서어지압(력)	*과도적으로 상승한 압력의 최대값.	surge pressure
130	크래킹압(력)	체크밸브 또는 릴리이프 밸브 등으로 압력이 상승하여 밸브가 열리기 시작하고, 어떤 일정한 흐름의 양이 확인되는 압력.	cracking pressure
131	리시이트압(력)	체크밸브 또는 릴리이프 밸브 등으로 밸브의 입구쪽 압력이 강하하여 밸브가 닫히기 시작하여 밸브의 누설량이 어떤 규정된 양까지 감소되었을 때의 압력.	reseat pressure
132	최소 작동 압력	기구가 작동하기 위한 최소의 압력	minimum operating pressure
133	온 유량 최대압력	펌프가 임의의 일정 회전 속도로 회전하고 있을 때, 가변 토출량 제어가 작동하기 전(컷오프 개시 직전)의 토출 압력.	maximum full flow pressure
134	컷 인	언로우드 밸브 등으로 펌프에 부하를 가하는 것. 그 한계 압력을 컷인 압력 (cut out pressure;unloading pressure)라 한다.	cut-in; reloading

번 호	용 어	뜻	대 응 영 어 (참고)
135	컷 아 웃	언로우드 밸브등에서 펌프를 무부하로 하는 것. 그 한계 압력을 컷 아웃 압력 (cut -out pressure; unloading presure) 이라 한다.	cut-out; unloading
136	정 격 압 력	*연속하여 사용할 수 있는 최고 압력	pated pressure
137	파괴 시험 압력	*파괴되지 않고 견디어야 하는 시험 압력	burst pressure
138	실 파 괴 압 력	*실제로 파괴되는 압력	actual burst pressure
139	보 증 내 압 력	정격 압력으로 복귀시켰을 때 성능의 저하를 가져오지 않고 견디지 않으면 안되는 압력, 이 압력은 정해진 조건에서의 값이다.	proof pressure
140	정 격 유 량	일정한 조건하에서 정해진 보증 유량.	rated flow
141	정격회전 속도	*정격 압력으로 연속해서 운전될 수 있는 최고 회전 속도.	rated speed
142	정 격 속 도	*정격 압력으로 연속해서 운전될 수 있는 최고 속도.	rated speed
143	유 체 동 력	유체가 갖는 동력, 유압으로는 실용상 유량과 압력의 곱으로 표시한다.	fluid power; hydraulic power; hydraulic horse power
144	유 압 회 로	각종 유압기기 등의 요소에 의하여 조립된 유압장치의의 구성.	oil hydraulic circuit
145	회 로 도	기호를 사용하여 회로를 표시한 선도.	graphical digram; schematic digram
146	인 력 방 식	인력에 의하여 조작하는 방식.	manual control
147	수 동 방 식	인력 방식의 일종으로 수동에 의하여 조작하는 방식.	manual control; hand control
148	파 일 롯 방 식	파일롯 밸브 등에 의하여 유도된 압력에 의한 제어 방식.	pilot control
149	미 터 인 방 식	액튜에이터의 입구쪽 관로에서 유량을 교축시켜 작동 속도를 조절하는 방식.	meter-in system
150	미터아웃 방식	액튜에이터의 출구쪽 관로에서 유량을 교축시켜 작동 속도를 조절하는 방식.	meter-out system
151	브리드 오프방식	액튜에이터로 흐르는 유량의 일부를 탱크로 분기함으로서 작동 속도를 조절하는 방식.	bleed-off system
152	전기유압(방)식	유압 조작에 솔레노이드 등의 전기적 요소를 조합시킨 방식.	electro-hydraulic system
153	관 로	작동 유체를 연결하여 주는 역할을 하는 관 또는 그 계통.	line
154	주 관 로	흡입 관로, 압력 관로 및 귀환관로를 포함하는 주요 관로	main line
155	바이패스 관로	필요에 따라 유체의 일부 또는 전량을 분기시키는 관로.	by-path; by-pass line

번 호	용 어	뜻	대응 영어 (참고)
156	드 레 인 관 로	드레인을 귀환 관로 또는 탱크 등으로 연결하는 관로.	drain line
157	통 기 관 로	대기로 언제나 개방되어 있는 관로.	vent line
158	통 로	•구성부품의 내부를 관통하거나, 또는 그의 내부에 있는 유체를 연결하는 기계가동이나, 주물 뽑기의 유체를 인도하는 연락로.	passge
159	포 오 트	작동 유체의 통로의 열린 부분.	port
160	벤 트 포 오 트	대기로 개방되어 있는 뽑기 구멍.	vent-port
161	통 로 구	대기로 개방되어 있는 구멍.	breather; bleeder
162	공 기 뽑 기	유압 회로 중에 폐쇄되어 있는 공기를 뽑기 위한 니이들 밸브 또는 가는 관동.	air-bleeder
163	졸 임	흐름의 단면적을 감소시켜, 관로 또는 유체 통로내에 저항을 갖게 하는 기구. 쵸크 졸임과 오리피스 졸임이 있다.	restriction; restrictor
164	쵸 오 크	면적을 감서시킨 통로로서, 그의 길이가 단면 치수에 비해서 비교적 긴 경우의 흐름의 졸임, 이 경우에 압력 강하는 유체 점도에 따라 크게 영향을 받는다.	choke
165	오 리 피 스	면적을 감소시킨 통로로서, 그 길이가 단면 치수에 비해서 비교적 짧은 경우의 흐름의 졸임, 이 경우에 압력 강하는 유체 점도에 따라 크게 영향을 받지 않는다.	orifice
166	피 스 톤	•실린디만을 왕복 운동하면서 유체 압력과 힘을 주고 받음을 실행하기 위한 지름에 비해서 길이가 짧은 기계 부품. 보통 연결봉 또는 피스턴 봉과 같이 사용된다.	piston
167	플 런 저	•실린더 안을 왕복 운동하면서 유체 압력과 힘을 주고 받음을 실행하기 위한 지름에 비해서 길이가 긴 기계부품. 보통 연결봉 등을 붙이지 않고 사용된다.	plunger
168	램	유압 실린더, 어큐뮬레이터 등에 이용되는 플런저.	ram
169	슬 리 이 브	속이 빈 원통형의 구성 부품으로 피스턴 스푸울 등을 안내하는 하우징의 안쪽 붙임.	sleeve
170	슬 라 이 드	•미끄름면에 접촉되어 이동하여, 유로를 개폐하는 구성 부품.	slide
171	스 푸 울	원통형 미끄름면에 내접하여 축방으로 이동하여 유로를 개폐하는 꽂이 모양의 구성 부품.	spcol
172	가 스 키 트	정지 부분에서 사용되는 유체의 누설 방지 부품.	gasket
173	가스키트 접속	가스키트를 사용하여 기구를 접속시키는 방법.	gasket mounting
174	패 킹	미끄름면에서 사용되는 유체의 누설 방지 부품.	packing

(2) 유압펌프에 관련되는 용어

번 호	용 어	뜻	대응 영어 (참고)
201	유 압 펌 프	유압 회로에 사용되는 펌프.	oil hydraulic pump
202	용 적 식 펌 프	케이싱과 아것에 내접하는 가동부재 등의 사이에 생기는 밀폐 공간의 이동 또는 변화에 의하여 액체를 흡입쪽에서 토출쪽으로 밀어내는 형식의 펌프.	positive displacement pump
203	터어보식 펌프	임펠러를 케이싱 안에서 회전시켜, 액체에 에너지를 주어 액체를 토출시키는 형식의 펌프.	turbo-pump
204	정용량형 펌프	1회전마다의 이론 토출량이 변화되지 않는 펌프.	fixed displacement pump, fixed delivery pump
205	가변 용량형 펌프	1회전마다의 이론 토출량이 변화되는 펌프	variable displacement pump; variable delivery pump
209	기 어 펌 프	케이싱 안에서 물리는 2개 이상의 기어에 의하여 액체를 흡입쪽으로부터 토출쪽으로 밀어내는 형식의 펌프.	gear pump
207	외접 기어 펌프	기어가 외접 물림하는 형식의 기어 펌프.	extermal gear pump
207	내접 기어 펌프	기어가 내접 물림하는 형식의 기어 펌프.	internal gear pump
209	베 인 펌 프	케이싱(캠링)에 접해 있는 베인을 로우터 내에 설치하여 베인 사이에 흡입된 액체를 흡입쪽으로부터 토출쪽으로 밀어내는 형식의 펌프.	vane pump
210	피 스 턴 펌 프 플 런 저 펌 프	피스턴 또는 플런저를 경사판, 캠, 크랭크 등으로 왕복운동시켜서, 액체를 흡입쪽으로부터 토출쪽으로 밀어내는 형식의 펌프.	piston pump plunger pump
211	액셜피스턴 펌프 액셜플런저 펌프	피스턴 또는 플런저의 왕복운동의 방향이 실린더 블록 중심축에 대하여 거의 평형인 피스턴 펌프 (플런저 펌프)	axial piston pump axial plunger pump
212	경사 축식(액셜) 피 스 턴 펌 프 플 린 지 펌 프	구동축과 실린더 중심축이 동일 직선상에 있지 않는 형식의 액셜 피스턴 펌프(액셜 플런저 펌프).	bent axis type axial piston pump; bent axis type axial plunger pump; tilting clinder block type axial piston pump tilting clinder block type axial plunger pump
213	경사 판식(액셜) 피 스 턴 펌 프 경사 판식(액셜) 플 런 저 펌 프	구동축과 실린더 블록 중심축이 동일 직선상에 있는 형식의 액셜 피스턴 펌프	swash plate type axial piston pump; swase plate type axial plunger pump; cam plate type axial piston pump can plate type axial plunger pump

번 호	용 어	뜻	대응 영어 (참고)
214	레 이 디 얼 피 스 턴 펌 프 레 이 디 얼 플 런 저 펌 프	피스턴 또는 플런저의 왕복운동의 방향이 구동축 에 거의 직각인 피스턴 펌프(플런저 펌프).	radial piston pump; radial plunger pump
215	나 사 펌 프	케이싱 내에 나사가 달린 로우터를 회전시켜, 액 체를 흡입쪽에서 토출쪽으로 밀어내는 형식의 펌 프.	screw pump
216	복 합 펌 프	동일 케이싱속에 2개 이상의 펌프의 작용 요소를 가지며, 부하의 상태에 따라서 각 요소의 운전을 상호 관련시켜 제어하는 기능을 가지는 펌프.	combination pump
217	더 블 펌 프	동일축상에 2개 펌프 작용 요소를 가지며, 제각기 독립하여 펌프작용을 하는 형식의 펌프.	double pump
218	유체 전동 장치	유체를 매개체로 하여 동력을 전달하는 장치.	hydraulic power transmission
219	유압 전동 장치	유체의 압력 에너지를 이용하는 유체 전동장치, 이 것에는 용적식 펌프 및 액튜에이터(유압실린더 또 는 용적식 모우터가 사용된다.	hydrostatic power transmission
220	터어보식 유체 전 동 장 치	주로 유체의 운동 에너지를 이용하는 유체 전동장 치 터어보식 펌프 및 터어빈이 사용된다.	hydrodynamic power transmission
221	실 린 더 블 록	여러 개의 피스턴 또는 플런저가 들어가는 하나로 된 부품	cylinder block
222	경 사 판	경사판식 피스턴(또는 플런저) 펌프 또는 모우터 에 사용되어 피스턴(또는 플런저의 왕복운동을 규 제 하기 위한 판	swash plate; cam plate
223	캠 링	베인, 레이디얼 피스턴(또는 플런저) 펌프 및 모우 터에 사용되어 베인, 피스턴 또는 플런저의 왕복 운동을 규제하는 안내링.	cam ring;guide ring
224	밸 브 판	베인, 피스턴(또는 플런저) 펌프 및 모우터에 사 용되어 액체의 출입을 규제하는 구멍을 가진 판.	valve plate; ports plate; ports valve
225	압 력 판	기어, 베인 펌프 및 모우터에 사용되어 고압시의 용적 효율의 저하를 방지하기 위하여 뒷면에 압력 을 작용시키는 구조의 측면 시일부재, 밸브판을 겸 치는 경우도 있다.	pressure plate
226	분 배 축	피스턴(또는 플런저) 펌프 및 모우터에 사용되어 유체의 출입을 규제하는 구멍을 가진 축.	distributorshaft; pintle
227	스위벨요오크, 실린더케이싱	가변 용량형의 경사축식 피스턴(또는 플런저) 펌 프 또는 모우터에 사용되어 실린더 블록의 펌프 또는 모우터축에 대한 경사각을 규제하는 부품, 그 내부에 액체 통로를 가지고 있다.	swivel yoke; cylinder casing

(3) 유압 모우터 및 유압 실린더에 관한 용어

번 호	용 어	뜻	대응 영대 (참고)
301	(유압)액튜에이터	유체에 에너지를 사용하여 기계적인 일을 하는 기기.	actuator
302	유 압 모 우 터	유압 회로에 사용되어, 연속 회전 운동이 가능한 액튜에이터.	oil hydraulic motor
303	용적식 모우터	유체의 유입쪽으로부터 유출쪽으로의 유동에 의하여, 케이싱과 이것에 내접하는 가동부재와의 사이에 생기는 밀폐 공간을 이동 또는 변화시켜, 연속 회전 운동을 하는 액튜에이터.	positive displaacement motor
304	정용량형 모우터	1회전마다의 이론 유입량이 변화되지 않는 유압 모우터.	fixed displacement motor
305	가변용량형모우터	1회전마다의 이론 유입량이 변화되는 유압 모우터.	variable displacement motor
306	기 어 모 우 터	유압 액체에 의하여 케이싱 속에서 물리는 2개 이상의 기어가 회전하는 형식의 유압 모우터.	gear motor
307	베 인 모 우 터	케이싱(캠링)에 접해 있는 베인을 모우터 속에 설치하여 베인 사이에 유입한 액체에 의하여 로우터가 회전하는 형식의 유압 모우터	vane motor
308	피스턴 모우터 플런저 모우터	유입 액체의 압력이 피스턴 또는 플런저 끝면에 작용하여, 그 압력에 의하여 경사판, 캠, 크랭크 등을 거쳐 모우터축이 회전하는 형식의 유압 모우터.	piston pump; plunger
309	요 동 형 액튜에이터	회전 운동의 각도가 360° 이내로 제한되어 있는 형식의 회전형 왕복운동을 하는 액튜에이터.	rotary actuator; oscillating rotary actuator
310	유 압 실 린 더	실린더의 힘이 유효 단면적 및 차압에 비례하도록 직선운동을 하는 액튜에이터.	cylinder; (oil) hydraulic cylinder
311	복 동(유압) 실 린 더	액체압을 피스턴의 양 쪽에 공급하는 것이 가능한 구조의 유압 실린더	doubling acting clinder
312	단 동(유압) 실 린 더	액체압을 피스턴의 한쪽면으로만 공급하는 것이 가능한 구조의 유압 실린더	single acting cylinder
313	단 일 로 드 (유압)실 린 더	피스턴의 한쪽 측면에만 로드가 있는 유압 실린더.	single rod cylinder
314	양 로드(유압) 실 린 더	피스턴의 양쪽에 로드가 있는 유압 실린더.	double rod cylinder
315	피 스 턴 형 (유압)실 린 더	피스턴을 주요 부재로 하는 유압 실린더.	piston cylinder
316	램 형(유압) 실 린 더	램을 주요 부재로 하는 유압 실린더.	ram cylinder
317	차 동(유압) 실 린 더	실린더 양쪽에 유효 면적의 차를 이용하는 유압실린더.	differentiall cylinder
313	가 변 행 정 (유압)실린더	행정을 제한하는 가변의 스로퍼를 갖는 유압 실린더.	adjustable stroke cylinder

번 호	용 어	뜻	대응 영어 (참고)
319	쿠 션 붙 이 (유압)실 린 더	충격을 완충하는 기능을 가진 유압 실린더, 보통 실린더의 유출구에서의 유출 유량을 줄여 행정 종 단의 움직임을 늦추어서, 충격을 방지시키는 목적 으로 행정 종단에 자동 죔임기구를 설치한다.	cushioned cylinder
320	텔레스코우프형 (유압)실 린 더	긴 작동 행정을 줄 수 있는 다단 튜우브 모양의 로드가 있는 유압 실린더.	telescoping cylinder; telescopic cylinder
321	회전(이음붙이 유압) 실 린 더	회전 이음을 갖추어 접속 관로에 대하여 상대적으 로 회전 운동이 가능한 유압 실린더.	rotating cylinder
322	실린더 힘(力)	피스턴 면에 작용하는 이론 유체의 힘.	cylinder force
323	실 린 더 행정	피스턴 로드의 움직이는 길이 쿠션부의 경우는, 그 길이를 포함한다.	cylinder stroke
324	실린더 튜우브	내부에 압력을 유지하고 원통형의 내면을 형성하 는 부분, 피스턴형 실린더의 경우에는, 그 내면을 피스턴이 지나가는 실린더의 원통.	cylinder tube; cylinder barrel; barrel
325	서 어 보 액 튜 에 이 터	제어 계통에 사용되는 서어보 밸브와 액튜에이터 의 결합체.	servo actuator
326	서어보 실린더	최종 제어 위치가 제어 밸브에의 입력 신호의 함 수가 되도록 추종기구를 함께 가지고 있는 실린더.	servo cylinder
327	압 력 변 환 기	공급하는 유체압과 다른 출력쪽 유체압을 얻는 기 기.	pressure intensifier
328	증 압 기	입구쪽 압력을 이에 거의 비례하는 높은 출구쪽 압력으로 교환하는 기기.	intensifer; booster
329	압 력 전 달 기	유체압을 같은 압력의 다른 종류의 유체압으로 변 환시키는 기기.	air-oil actuator

(4) 유압 제어밸브에 관한 용어

번 호	용 어	뜻	대응 영어 (참고)
401	밸 브	유체 계통에서 흐름의 방향, 압력이나 유량을 제 어 또는 규제하는 기기.	valve
402	제 어 밸 브	흐름의 상태를 변경시켜, 압력 또는 유량을 제어하 는 밸브의 총칭.	control valve
403	압력 제어 밸브	압력을 제어하는 밸브의 총칭.	pressure control valve
404	유량 제어 밸브	유량을 제어하는 밸브의 총칭.	flow control valvei
405	방향 제어 밸브	흐름의 방향을 제어하는 밸브의 총칭.	directional control valve
406	릴리이프 밸브	회로의 압력이 밸브의 설정값에 달하였을 때 유체 의 일부 또는 전량을 돌려서 회로내의 압력을 설정값으로 유지시키는 압력 제어 밸브	relief valve; relief pressure control valve
407	일 정 비 릴리이프 밸브	주회로의 압력을 파일롯 압력에 대하여 소정의 비 율로 조정(파일롯 조작)하는 릴리이프 밸브.	proportional pressure relief valve

304

번 호	용 어	뜻	대응 영어 (참고)
408	안 전 밸 브	기기나 관 등의 파괴를 방지하기 위하여 회로의 최고 압력을 한정시키는 밸브.	safety valve
409	감 압 밸 브	유량 또는 입구쪽 압력에 관계없이 출력쪽 압력을 입구쪽 압력보다 작은 설정 압력으로 조정하는 압력 제어 밸브.	pressure regulator; (pressure) reducing valve; pressure reducing pressure control valve
410	일 정 비 감 압 밸 브	출구쪽 압력을 입구쪽 압력에 대하여 소정의 비율로 감압시켜 주는 밸브.	proportional pressure nregu lator; proportional pressure reducing valve
411	일 정 차 감 압 밸 브	출구쪽 압력을 입구쪽 압력에 대하여 소정의 차이 만큼 감압시켜 주는 밸브.	differential pressure regulator; fixed differential reducing valve
412	릴리이프 붙이 감 압 밸 브	한쪽 방향의 흐름에는 감압 밸브로 작동하고, 역방향의 흐름에는, 그 유입쪽의 압력을 감압 밸브로서의 설정 압력으로 유지시켜 주는 릴리이프 밸브로서 작동하는 밸브.	pressure reducing and relieving valve
413	언로우드 밸브	일정한 조건으로 펌프를 무부하로 하여 주기 위하여 사용되는 밸브, 보기를 들면 계통의 압력이 설정의 값에 달하면 펌프를 무부하로 하고, 또한 계통 압력이 설정값까지 저하되면 다시 계통으로 압력 유체를 공급하는 주는 압력 제어 밸브.	unloading pressure control valve; unloader
414	시이퀸스 밸브	2개 이상의 분기 회로를 갖는 회로내에서 그의 작동순서를 회로의 압력 등에 의하여 제어하는 밸브.	sequence valve
415	카운터밸런스 밸 브	추의 낙하를 방지하기 위하여 배압을 유지시켜 주는 압력제어 밸브.	counterbalance valve
416	유량 조정 밸브	배압 또는 부압에 의하여 생긴 압력의 변화에 관계없이 유량을 설정된 값으로 유지시켜 주는 유량 제어 밸브.	pressur, compensated flow control valve
417	온도 보상 붙이 유량 조정 밸브	액체의 온도에 관계없이 유량을 설정된 값으로 유지시켜주는 유량 조정 밸브.	pressure-temperature compe nsated flow control valve
418	드 로 틀 밸브	죄임 작용에 의하여 유량을 규제하는 밸브, 보통 압력 보상이 없는 것을 말함.	flow metering valve; restrictor; throttling valve
419	분 류 밸브	유압원으로부터 2개 이상의 유압 관로로 나누어 흐르게 할 때 각각의 관로의 압력의 크기에 관계없이 일정 비율로 유량을 분할시켜서 흐르게 하는 밸브.	flow dividing valve
420	변 환 밸 브	2개 이상의 흐름의 형태를 가지며, 2개 이상의 포오트가 있는 방향 제어 밸브.	directional control valve; selector
421	교환 변환 밸브	밸브의 조작 위치에 따라 유량을 연속적으로 변화시켜주는 변환 밸브.	throttling valve

번 호	용 어	뜻	대응 영어(참고)
422	첵 밸 브	한쪽 방향으로만 유체의 흐름을 가능하도록 하고, 반대 방향으로는 흐름을 저지시키는 밸브.	check valve; directional control check valve
423	디셀러레이션 밸 브	액튜에이터를 감속시켜 주기 위하여, 캠조작 등으로 유량을 서서히 감소시켜 주는 밸브.	deceleration valve
424	프리필 밸브	대형의 프레스 등의 급속 전진 행정으로서는 탱크에서 유압 실린더로의 흐름을 가능하게 하고, 가압 공정에서는 유압 실린더에서 탱크로의 역류를 방지하고 귀환 공정에서는 자유 흐름이 가능하게 되는 밸브.	prefill valve
425	셔 틀 밸 브	1개의 출구와 2개 이상의 입구가 있고, 출구가 최고 압력쪽 입구를 선택하는 기능을 가진 밸브.	shuttle valve
426	서어지감쇠밸브	서어지 압력을 감쇠시켜 주는 밸브.	surge damping valve
427	디컴프레션밸브	디컴프레션을 시켜주는 밸브.	decompression valve
428	서 어 보 밸브	전기 그 밖의 입력 신호에 따라 유량 또는 압력을 제어하는 주는 밸브.	servo valve
429	스 푸 울 밸브	스푸울을 사용한 밸브.	spool (type) valve
430	기계 조작 밸브	캠, 링크 기구 그 밖의 기계적 방법으로 조작되는 밸브.	mechanically operated valve
431	캠 조 작 밸브	캠에 의하여 조작되는 밸브.	cam operated valve
432	인력 조작 밸브	인력에 의하여 조작되는 밸브.	manually operated valve
433	수동 조작 밸브	손으로 조작되는 밸브.	manually operated valve; hand operated valve
434	페달 조작 밸브	발에 의해서 조작되는 밸브.	pedal operated valve
435	전 자 밸 브	전자 조작 밸브 및 전자 파일롯 변환 밸브의 총칭.	solenoid controlled valve
436	전 자 조작 밸브	전자력에 의하여 조작되는 밸브.	selenoid operated valve
437	파 일 롯 밸브	다른 밸브 또는 기구 등에서 제어기구를 조작하기 위하여 보조적으로 사용되는 밸브.	pilot valve
438	파이롯(조작) 변 환 밸 브	파일롯으로서 작용시키는 유체압력에 의하여 조작되는 변환 밸브.	pilot operated directional control valve
439	전 자 파 일 롯 (조작)변환밸브	전자조작이 되고 있는 파일롯 밸브가 일체로 조립된 파일롯 변환 밸브.	solenoid controlled pilot operated valve
440	파 일 롯 조 작 첵 밸 브	파일롯으로서 작용되는 유체 압력에 의하여, 그 기능을 변화시키는 것이 가능한 첵 밸브.	pilot operated check valve
441	밸브의 위치	변환 밸브로서 흐름의 형태를 결정하는 밸브 기구의 위치.	valve position

번 호	용 어	뜻	대응 영어(참고)
442	노오말위치	조작력이 작용되지 않고 있을 때의 밸브 위치.	normal valve position
443	중 립 위 치	변환 밸브로서 결정된 중앙의 밸브의 위치.	center valve position
444	오 프 셋 위 치	변환 밸브에서 중심 위치 이외의 밸브이 위치	offset valve position
445	디 텐 트 위 치	변환 밸브의 밸브기구에 작용하는 유지 장치에 의하여 유지되는 밸브의 위치.	detent valve position
446	2 위 치 밸 브	2개의 밸브 위치가 있는 변환 밸브.	two position valve
447	3 위 치 밸 브	3개의 밸브의 위치가 있는 변환 밸브.	three position valve
448	노오말클로즈드 정 상 폐 쇄	노오말 위치에서는 압력 포오트가 닫혀 있는 형태 이러한 형태의 밸브를 노오말 크로즈드 밸브 또는 정상 폐쇄의 밸브(normally closed valve)라고 한다.	normally closed
449	노 오 말 오 픈 정 상 열 림	노오말 위치에서는, 압력 포오트가 출구 포오트로 통하여 있는 모양. 이 형태의 밸브를 노오말 오픈 밸브 또는 정상 열림 밸브(normally open valve) 라고 한다.	normally open
450	클로즈드 센터	변환 밸브의 중립 위치에서 모든 포오트가 닫혀 있는 흐름의 형태, 이 형태의 밸브를 클로즈드 센터 밸브(closed center valve)라고 한다. 4 포오트 3 위치 밸브를 예시하면 P 포오트(압력구), R 포오트(귀환구), A·B 포오트(실린더구)가 모두 닫혀 있는 상태.	closed center

번 호	용 어	뜻	대응 영어(참고)
451	오 픈 센 터	변환 밸브의 중립 위치에서 모든 포오트가 서로 통하고 있는 흐름의 형태. 이 형태의 밸브를 오픈 센터 밸브(open center valve)라고 한다. 	open center
452	스프링리턴 밸 브	스프링의 힘에 의하여 노오말 위치로 귀환하는 형 식의 변환 밸브.	spring return valve
453	스프링센터 밸 브	스프링 리턴 밸브의 일종으로서, 노오말 위치가 중 립 위치인 3위치 변환 밸브.	spring centered valve
454	스프링오프셋 밸 브	스프링 리턴 밸브의 일종으로 노오말 위치가 오프 셋 위치에 있는 변환 밸브.	spriing offset valve
455	포 오 트 수	밸브와 주관로와를 접속시키는 포오트 수.	number of connections; number of ports
456	2포오트밸브	2개의 포오트가 있는 방향 제어 밸브.	two port connection valve
457	3포오트밸브	3개의 포오트가 있는 방향 제어 밸브.	tree port connection valve
458	4포오트밸브	4개의 포오트가 있는 방향 제어 밸브.	four port conneelion valve
459	랜 드 부	스푸울의 밸브 작용을 하는 미끄름면.	land
460	B R 접 속	변환 밸브의 중립 위치에서, B포오트는 R포오트 로 통하고, P포오트와 A포오트와는 닫혀 있는 흐름 의 형태. 이 형태의 밸브를 BR접속 밸브(BR Port connection valve)라고 한다. 그 밖의 형식의 밸 브는 각각 상통하는 포오트 기호를 열기하여 PA (접속) 밸브 등으로 호칭한다. 	BR port connection

(5) 부속기구 및 그 밖의 기기에 관한 용어

번 호	용 어	뜻	대응 영어(참고)
501	어큐뮬레이터	유체를 에너지원으로 사용하기 위하여 가압 상태 로 저축하는 용기	accumulator
502	블 래 더 형 어큐뮬레이터	가동성의 주머니로서 기체와 액체가 격리되어 있 는 어큐뮬레이터	bladder type hydro-pneumatic accumulator
503	다이어프램형 어큐뮬레이터	가동성의 다이어프램으로서 기체와 액체가 격리되 여 있는 어큐뮬레이터	diaphragm type hydro-pneumatic accumulator
504	피 스 턴 형 어큐뮬레이터	실린더내의 피스턴에 의하여 기체와 액체가 격리 되여 있는 어큐뮬레이터	piston type hydro-pneumatic accumulator

번 호	용 어	뜻	대응 영어(참고)
505	직 접 형 어큐뮬레이터	액체가 압축기체로 직접 가압되어 있는 어큐뮬레 이터.	nonseparator type hydro-pneumatic accumulator
506	스 프 링 형 어큐뮬레이터	액체가 스프링의 힘으로 가압되어 있는 어큐뮬레 이터.	spring type mechanical accumulator
507	중 량 형 어큐뮬레이터	액체가 추 등의 중량물에 의하여 중력으로 가압되 어 있는 어큐뮬레이터.	weighted type mechanical accumulator
508	관 이 음	관로의 접속 또는 기기로의 부착을 위하여 유체 통로에 있는 착탈시킬 수 있는 접속 이음쇠의 총 칭.	connector; fitting; joint
509	플랜지 관이음	플런저를 사용한 관 이음	flange fitting
510	플레어 관이음	관(튜우브)의 끝을 원추형으로 넓힌 구조를 가진 관 이음.	flared fitting
511	플 레 어 리 스 관 이 음	관(튜우브)의 끝을 넓히지 않고, 관과 슬리이브와 의 꼭끼음 또는 마찰에 의하여 관을 유지하는 관 이음.	flareless fitting
512	스 위 벨 이 음	방향 조절이 가능한 팔굽 모형의 고정 이음.	swivel fitting
513	돌 림 이 음 스위벨조인트	압력하에서도 돌림이 가능한 관 이음.	swivel joint
514	로 우 터 리 조 인 트	상대적으로 회전하는 배관 또는 기기를 서로 접속 시키기 위한 관 이음.	rotary joint
515	급 속 이 음	호오스의 접속용 이음으로서 신속하게 착탈이 가 능한 것	quick disconnect coupling
516	셀 프 시 일 관 이 음	두 이음쇠가 연결되었을 때, 자동적으로 열리고 분 리되었을 때, 자동적으로 닫히도록 첵 밸브가 끝부 분에 내장되어 있는 급속 이음.	self-sealing coupling
517	필 터	유체에서 고형물을 여과 작용에 의하여 제거하는 장치.	filter; strainer
518	관로용필터	압력 관로에 사용하는 필터.	line type filter
519	탱크용필터	압력 관로 및 통로 관로 이외에 사용하는 필터.	reservoir type filter
520	통기용필터	대기로의 통기 관로에 부착된 필터.	vent type filter
521	유 압 유	유압기기 등에 사용되는 기름 또는 액체.	hydraulic fluid; hydraulic oil
522	작 동 유	유압기기 또는 유압 계통에 사용되는 액체.	hydraulic operating fluid; working fluid
523	난연성(유압)유	잘 타지 않는 유압유로서 화재의 위협을 최대한 예방하는 것.	fire-resistant fluid
524	유 압 유 니 트	펌프 구동용 전동기, 탱크 및 릴리이프 밸브 등으 로 구성된 유압원 장치 또는 그 유압원 장치에 제 어 밸브도 포함하여 일체로 구성된 유압장치.	hydraulic (power) unit; (hydraulic) power package
525	밸브스탠드	유압원이란, 별도로 밸브, 계기 그 밖의 부속품을 부착하여 일체로 구성된 제어용 스텐드.	valve stand

번 호	용 어	뜻	대응 영어(참고)
526	압력 스위치	유체 압력이 소정의 값에 달하였을 때 전기 접점을 개폐시키는 기기.	pressure switch
527	서브플레이트	*관로에의 접속구가 한면에 집중되어 있는 가스키트 접속식의 제어 밸브를 부착시켜 관과의 접속시켜 주는 보조판.	subplate
528	(기름)탱 크	유압 회로의 작동유를 저장하는 용기.	oil tank; reservoir
529	호오스어셈블리	내압성이 있는 호오스의 양 끝에 관 이음에 접속 이음쇠를 부착시킨 것.	hose-assembly
530	매 니 포 울 드	내부에 배관의 역활을 하는 통로를 형성하여, 외부에 다수의 기구 접속구를 가지고 있는 부착대.	manifold

찾 아 보 기

312

유압기계

1983. 3. 17. 초 판 1쇄 발행
2008. 7. 24. 초 판 25쇄 발행
2011. 2. 16. 초 판 26쇄 발행
2014. 2. 26. 초 판 27쇄 발행

검
인

지은이 | 편집부
펴낸이 | 이종춘
펴낸곳 | **BM** 성안당
주소 | 121-838 서울시 마포구 양화로 127 첨단빌딩 5층(출판기획 R&D 센터)
413-120 경기도 파주시 문발로 112(제작 및 물류)
전화 | 02) 3142-0036
031) 955-0511
팩스 | 031) 955-0510
등록 | 1973.2.1 제13-12호
출판사 홈페이지 | **www.cyber.co.kr**
ISBN | 978-89-315-1614-2 (13550)
정가 | 16,000원

이 책을 만든 사람들
기획 | 황철규
진행 | 김용하
교정·교열 | 이동원
전산편집 | 전미숙
표지 | 임형준
홍보 | 최고운
마케팅 | 구본철, 차정욱, 이상무, 채재석, 강호묵
제작 | 김유석